河（湖）长制系列培训教材

河（湖）长制信息化管理理论与实务

河海大学河长制研究与培训中心　组织编写

丰景春　王龙宝　王山东　申献平　编著

U0238458

中国水利水电出版社
www.waterpub.com.cn
·北京·

内 容 提 要

  河（湖）长制综合管理信息化是确保河（湖）长制综合管理长效管理的重要举措，也是落实生态文明建设、实现水利现代化、维护河湖水域岸线秩序的必然要求。本书从河（湖）长制综合管理信息化建设的必要性和重要性入手，从河（湖）长制综合管理信息化的顶层设计、建设过程、实施路径等角度，阐述了河（湖）长制综合管理信息化建设的重点环节。在编写过程中，本书密切结合当前我国河（湖）长制综合管理信息化的理论和实际，力求图文并茂、语言精练、通俗易懂，突出理论性与实用性有机结合，从而为河（湖）长制综合管理信息平台规划、设计、开发、运维、升级改造等提供参考依据。

  本书可供从事河（湖）长制综合管理信息化建设与管理工作的人员参考借鉴，也可作为全国各级河（湖）长制、高等院校相关专业的培训教材。

图书在版编目（CIP）数据

  河（湖）长制信息化管理理论与实务 / 丰景春等编著 ；河海大学河长制研究与培训中心组织编写. -- 北京：中国水利水电出版社，2019.3
  河（湖）长制系列培训教材
  ISBN 978-7-5170-7554-7

  Ⅰ. ①河… Ⅱ. ①丰… ②河… Ⅲ. ①河道整治－责任制－信息化－管理－业务培训－中国－教材 Ⅳ. ①TV882

  中国版本图书馆CIP数据核字(2019)第056778号

书　　名	河（湖）长制系列培训教材 **河（湖）长制信息化管理理论与实务** HE (HU) ZHANGZHI XINXIHUA GUANLI LILUN YU SHIWU	
作　　者	河海大学河长制研究与培训中心　组织编写 丰景春　王龙宝　王山东　申献平　编著	
出版发行	中国水利水电出版社 （北京市海淀区玉渊潭南路 1 号 D 座　100038） 网址：www. waterpub. com. cn E - mail：sales@waterpub. com. cn 电话：(010) 68367658（营销中心）	
经　　售	北京科水图书销售中心（零售） 电话：(010) 88383994、63202643、68545874 全国各地新华书店和相关出版物销售网点	
排　　版	中国水利水电出版社微机排版中心	
印　　刷	清淞永业（天津）印刷有限公司	
规　　格	184mm×260mm　16 开本　16 印张　379 千字	
版　　次	2019 年 3 月第 1 版　2019 年 3 月第 1 次印刷	
印　　数	0001—3000 册	
定　　价	**75.00 元**	

序

　　江河湖泊是水资源的重要载体，是生态系统和国土空间的重要组成部分，是经济社会发展的重要支撑，具有不可替代的资源功能、生态功能和经济功能。2016 年 11 月，中共中央办公厅 国务院办公厅印发《关于全面推行河长制的意见》（厅字〔2016〕42 号）（以下简称《意见》）。2017 年 12 月，中共中央办公厅 国务院办公厅印发《关于在湖泊实施湖长制的指导意见》（厅字〔2017〕51 号）。全面推行河长制、湖长制是落实绿色发展理念、推进生态文明建设的内在要求，是解决我国复杂水问题、维护河湖健康生命的有效举措，是完善水治理体系、保障国家水安全的制度创新。

　　全面推行河长制以来，地方各级党委政府作为河湖管理保护责任主体，各级水利部门作为河湖主管部门，深刻认识到全面推行河长制的重要性和紧迫性，切实增强使命意识、大局意识和责任意识，扎实做好全面推行河长制各项工作。水利部党组高度重视河长制工作，建立了十部委联席会议机制、河长制工作月调度机制和部领导牵头、司局包省、流域机构包片的督导检查机制，多次在北京召开全面推行河长制工作部际联席会议全体会议。水利部会同联席会议各成员单位迅速行动、密切协作，第一时间动员部署，精心组织宣传解读，与环境保护部联合印发《贯彻落实〈关于全面推行河长制的意见〉实施方案》（水建管函〔2016〕449 号）（以下简称《方案》），全面开展督导检查，加大信息报送力度，建立部际协调机制。地方各级党委、政府和有关部门把全面推行河长制作为重大任务，主要负责同志亲自协调、推动落实。全国各地上下发力，水利、环保等部门联动。水利部成立了"全面推进河长制工作领导小组办公室"（以下简称"部河长办"），全国各地成立了省、市、县三级河长制办公室。

　　两年多来，水利部会同有关部门多措并举、协同推进，地方党委政府担当尽责、狠抓落实，全面推行河长制工作总体进展顺利，取得了重要的阶段性成果，提前半年完成了中央确定的全面建立河长制的工作任务。在方案制度出台方面，31 个省、自治区、直辖市和新疆生产建设兵团的省、市、县、乡四级工作方案全部印发实施，省、市、县配套制度全部出台。各级部门结合实际制定出台了水资源条例、河道管理条例等地方性法规，对河长巡河履职、考核问责等做出明确规定。在组织体系构建方面，全国已明确省、市、县、乡四级河长超过 32 万名，其中省级河长 402 人，59 名省级党政主要负责同志担任总河长。各地还因地制宜设立村级河长 76 万名。在河湖监管保护方面，各地加快完善河湖采砂管理、水域岸线保护、水资源保护等规划，严格河湖保护和开发界线监管，强化河湖日常巡查检查和执法监管，加大对涉河湖违法、违规行为的打击力度。在开展专项行动方面，各地坚持问题导向，积极开展河湖专项整治行动，有的省份实施"生态河湖行动""清河行动"，河湖水质明显提升；有的省份开展消灭垃圾河专项治理，"黑、臭、脏"水体基本清除；有的省份实行退圩还湖，湖泊水面面积不断增加。在河湖面貌改善方面，通过实施河长制，很多河湖实现了从"没人管"到"有人管"、从"多头管"到"统一管"、从"管不住"到"管得好"的转变，推动解决了一大批河湖管理难题，全社会关爱河湖、珍惜河湖、保护河湖的局面基本形成，河畅、水清、岸绿、景美的美丽河湖景象逐步显现。2017 年 6 月 27 日修订发布的《中华人民共和国水污染防治法》第五条写道："省、市、县、乡建立河长制，分级分段组织领导本行政区域内江河、湖泊的水资源保护、水域岸线管理、水污染防治、水环境治理等工作"，河长制纳入到法制化轨道。2018 年 10 月，水利部印发《关于推动河长制从"有名"到"有实"的实施意见》，提出要聚焦管好"盆"和"水"，集中开展"清四乱"行动，落实治理河湖新老水问题，向河湖管理顽疾宣战，推动河长制尽快从"有名"向"有实"转变，从全面建立到全面见效，实现名实相副。

总体来看，全国各地河长制工作全面开展，部分地区已结合实际情况在体制机制、政策措施、考核评估及信息化建设等方面取得了创新经验，形成了"水陆共治，部门联治，全民群治"的氛围，各地形成了"政府主导，属地负责，行业监管，专业管护，社会共治"的格局。河长制工作取得了很大进展和成效，但在全面推行河长制工作过程中，也发现存在一些苗头性的问题。有的地方政府存在急躁情绪，想把河湖几十年来积淀下来的问题通过河长制一下子全部解决，不能科学对待河湖管理保护是项长期艰巨的任务，对河湖治理的科学性认识不足；有的地方河长才刚刚开始履职，一河一策方案还没有完全制定出来，有的地方河长刚刚明确，还没有去检查巡河，各地进展不是很平衡；有的地方对反映的河湖问题整改不及时，整改对策存在一定的局限性等。

两年来，水利部河长办、河海大学举办多次河长制培训班；各省、地或县均按各自的需求举办河长制培训班；各相关机构联合举办了多场以河长制为主题的研讨会。上下各级积极组织宣传工作。2017 年 4 月 28 日，河海大学成立"河长制研究与培训中心"。

　　为了响应河长制、湖长制《意见》的全面落实和推进，为河（湖）长制工作提供有力支撑和保障，在水利部河长办、相关省河长办的大力支持下，河海大学河长制研究与培训中心会同中国水利水电出版社在先期成功举办多期全国河长制培训班的基础上，通过与各位学员、各级河长及河长办工作人员的沟通交流，广泛收集整理了河（湖）长制资料与信息，汲取已成功实施全面推行河（湖）长制部分省、市的先进做法、好的制度、可操作的案例等，组织参与河（湖）长制研究与培训教学的授课专家编写了《河（湖）长制系列培训教材》，培训教材共计 10 本，分别为：《河长制政策及组织实施》《水资源保护与管理》《河湖水域岸线管理保护》《水污染防治》《水环境治理》《水生态修复》《河（湖）长制执法监管》《河（湖）长制信息化管理理论与实务》《河（湖）长制考核》《湖长制政策及组织实施》。相信通过这套系列教材的出版，能进一步提高河（湖）长制工作人员的工作能力和业务水平，促进河（湖）长制管理的科学化与规范化，为我国河湖健康保障做出应有的贡献。

前言

党中央、国务院高度重视水安全和河湖管理保护工作。中共中央办公厅、国务院办公厅印发了《关于全面推行河长制的意见》（2016年12月），标志着"河长制"从地方实践探索正式上升成为国家意志。2017年3月，在十二届全国人大第五次会议上，"全面推行河长制"首次被写入政府工作报告。在全面推行河长制的基础上，针对湖泊自身特点和突出问题，中共中央办公厅、国务院办公厅印发了《关于在湖泊实施湖长制的指导意见》（2018年1月）。这一系列国家政策的出台表明河（湖）长制制度已基本完备。现阶段河（湖）长制工作重点是如何使各项制度得到严格有效的落实，从而保证河（湖）长履职的积极性，加快河（湖）长制的广泛开展与推进。

为了落实党中央、国务院关于建立河（湖）长制的有关文件精神，推进河（湖）长制的长效管理，确保河（湖）长制的顺利推行，提升河（湖）长制管理的科技含量，需要探索"河（湖）长制＋信息化"的新型管理模式。本书以实现河（湖）长制的高效运行为目标，针对河（湖）长制推行过程中存在的突出问题，围绕水资源保护、河湖水域岸线管理保护、水污染防治、水环境治理、水生态修复、执法监管等六大任务，借助信息技术等现代科技手段，开展"互联网＋"技术、智慧平台构建技术、数据管理技术、资源整合技术、物联网技术、集成技术、大数据技术、云平台技术、GIS展示技术与河（湖）长制管理深度融合的研究，从而构建河（湖）长制综合管理信息平台。

本书共分为三篇十四章：第一篇为河（湖）长制综合管理信息化顶层设计与实施路径、第二篇为河（湖）长制综合管理信息化实施与管理、第三篇为河（湖）长制综合管理信息化案例。

第一篇：李锋编写第一章，张可、王山东编写第二章，张可、丰慧编写第三章，王龙宝、王山东、毛莺池、丰景春编写第四章。

第二篇：王龙宝、毛莺池编写第五章，王龙宝、毛莺池、汪玉亭编写第六章，王龙宝、王山东编写第七、第八章，丰景春、李文波编写第九章，薛松、申献平编写第十章，李明编写第十一章，丰景春、李珏编写第十二章。

第三篇：王龙宝、罗永强、张雪洁编写第十三章，王山东编写第十四章。

本书由丰景春统稿、李锋参与统稿。张鑫、顾万、李晟、刘清、杨凯逊、蔡时雨、王祎晨、李雪名、张跃、眭齐、宋哲、芮靖、杨峰、姚健辉、左媛、钟秋萍、潘兵、杨宇、张瑶、孟耀伟、黎敏、徐群、陶国武等参加了资料收集、部分编写等工作。

本书在编写过程中得到了江苏省"世界水谷"与水生态文明协同创新中心、河海大学河长制研究与培训中心、贵州省水利水电勘测设计研究院、河海大学项目管理研究所等单位的大力支持，在此表示衷心的感谢！对于文中和书后参考文献中的作者一并表示感谢！

作者

2018 年 11 月

目录

序

前言

第一篇　河（湖）长制综合管理信息化顶层设计与实施路径

第一篇

河（湖）长制综合管理信息化顶层设计与实施路径

第一章

绪　　论

第一节　河（湖）长制综合管理信息化背景

"河长制"是从河流水质改善领导督办制、环保问责制所衍生出来的，由各级党政主要负责人担任辖区内相关河流的"河长"，负责河道水环境治理和保护的一种管理制度。全面推行河长制和湖长制的目的是为了构建责任明确、协调有序、监管严格、保护有力的河湖管理保护机制，为维护河湖健康生命、实现河湖功能永续利用提供制度保障。良好的制度、利益共享的规则和原则，可以有效引导人们最佳地运用智慧，从而可以有效引导有益于社会目标的实现。河（湖）长制的基本原则是坚持生态优先、绿色发展。各级政府和全社会需要牢固树立尊重自然、顺应自然、保护自然的理念，处理好河湖管理保护与开发利用的关系，强化规划约束，促进河湖休养生息、维护河湖生态功能；坚持党政领导、部门联动。建立健全以党政领导负责制为核心的责任体系，明确各级河长、湖长职责，强化工作措施，协调各方力量，形成一级抓一级、层层抓落实的工作格局；坚持问题导向、因地制宜。立足不同地区不同河湖实际，统筹上下游、左右岸，实行一河一策、一湖一策，解决好河湖管理保护的突出问题；坚持强化监督、严格考核。依法治水管水，建立健全河湖管理保护监督考核和责任追究制度，拓展公众参与渠道，营造全社会共同关心和保护河湖的良好氛围。

国家发展改革委、水利部、住房城乡建设部联合印发的《水利改革发展"十三五"规划》指出：推进水利信息化建设。我国需要结合网络强国战略、"互联网＋"行动计划、国家大数据战略等，全面提升水利信息化水平，以水利信息化带动水利现代化。国家需要加快推进覆盖大中小微水利工程管理信息系统和水利数据中心等应用系统建设，提高水利综合决策和管理能力。国家需要大力推进水利信息化资源整合与共享，建立国家水信息基础平台，提升水利信息的社会服务水平。加强水利信息网络安全建设，构建安全可控的水利网络与信息安全体系。《全国水利信息化发展"十三五"规划》指出，紧紧围绕"十三五"水利改革发展目标，以创新为动力，以需求为导向，以整合为手段，以应用为核心，以安全为保障，强化水利业务与信息技术深度融合，强化水利信息资源开发利用与共享，坚持公共服务与业务应用协同发展，加强立体化监测、精细化管理、智能化决策和便捷化服务能力建设，推动"数字水利"向"智慧水利"转变，为水利改革发展提供全面服务和有力支撑，推进水治理体系和治理能力现代化。

河（湖）长制综合管理信息化应按照"明确目标、落实责任、长效监管、严格考核"的总体要求，通过信息化监控管理举措，推动河湖生态环境保护与修复，全面改善河湖水质和水环境，促进经济社会与生态环境协调发展。为了确保河（湖）长制顺利有效推行和落实，推进河（湖）长制长效管理，切实提升河湖治理成效，应借助信息化建立河（湖）长制长效机制，形成"河（湖）长制＋信息化"新型管理模式。河（湖）长制综合管理信息化是利用现代技术手段，对河（湖）长制综合管理信息进行处理，包括采集、传输、存储、处理和利用，从而提高河（湖）长制综合管理效能及处理水事的效率。随着我国"水利现代化"进程的推进，一些地区相继提出"智慧水利""信息水利"等水利信息化发展目标，水利信息化建设是迈向水利现代化的必经之路。利用领先的信息化技术，搭建技术先进、及时高效和完善可靠的河湖信息管理平台，对于完善水资源治理体系、保障水安全、进一步提高河湖管护工程的综合运用效能具有重要意义。在此背景下，建立河（湖）长制的长效机制也迫切需要实现与信息化的有机结合。以信息技术为基础升级改造现行河（湖）长制，加速河（湖）长制综合管理平台建设，将为河（湖）长制的完善和落实提供强有力的支持，实现河湖管护工作的高效性、便捷性、长效性和实时性等目标，给水污染治理带来积极影响。

河（湖）长制综合管理信息化是信息化的重要内容。河（湖）长制综合管理信息化是衡量河（湖）长、水行政主管部门、相关部门和人员信息化水平、综合业务管理水平的重要标志。它有利于促进河（湖）长制依法行政，有利于规范河（湖）长、水行政主管部门、相关部门和人员的行为，有助于解决河（湖）长制综合管理领域存在的突出问题，弥补制度设计方面存在的缺陷，有利于提高河（湖）长制综合管理效率，满足社会公众对河（湖）长制信息需要，指导河（湖）长制综合管理工作全面、有序地推进规范化、信息化，全面管理河（湖）长制综合管理均具有重要意义。为了全面落实河（湖）长制综合管理改革发展精神，促进政府职能转变，实现由事前向事中事后监管等，需要构建河（湖）长制综合管理信息平台。目前，各地遵循自下而上的建设思路，已经建成功能相对单一的一些河（湖）长制综合管理信息系统，发挥了相应的作用，但未能建成具有"统一交互界面、统一业务应用、统一应用支撑平台、统一空间信息服务、统一资源管理"的信息化平台，依然存在"协同工作能力不足、信息孤岛现象较为严重、信息资源效用低、系统功能较为单一、智能管理功能缺乏"等比较突出的问题，为此，需要加强河（湖）长制综合管理信息化建设与管理工作。

第二节　河（湖）长制综合管理信息化目的与意义

一、目的

河湖"双制"的最大目的是要把河湖管理好、保护好，湖长制是在河长制全面推进基础上的必要补充和进一步延伸，最终将形成全国河湖共管一盘棋。在充分利用现有水利信息化资源的基础上，根据河（湖）长制河湖管护信息平台建设的实际需要，完善软硬件环境，整合共享相关业务系统成果，建设河（湖）长制管理工作数据库，开发相关业务应用功能，可以实现对河（湖）长制基础信息、动态信息的有效管理，支持各级河（湖）长履职尽责，实现管理范围、工作过程以及业务信息的全覆盖，从而为全面科学推进河（湖）长制提供管理决策支持。

（1）实现实时监控、动态管理、信息共享和公众参与。水体污染综合防治与预警预报是河（湖）长制工作的核心业务内容。有了信息化的平台，就能够及时有效地加强对污染源的管理和水功能区的限制纳污，从源头上防止水质污染。同时通过对水体的及时预报、预警，坚持抓早抓小，把影响生态环境的可能问题尽早消除，以及对紧急污染事件应急预案，进行应急处理，能够尽可能减小水体污染对人民群众的生产生活带来的危害。通过构造可迭代、可生长的信息化系统，以智慧化业务应用为向导，综合应用智能硬件监测技术、数据可视化表达技术，建立数据管理平台、场景化应用平台框架。专门面向河（湖）长制工作任务及内容，实现数据可视化、业务流程化、应用场景化、评估智能化、通报自动化，提高问题的处理速度，增加考核透明度，实现河（湖）长制管理制度的平台化，提高河（湖）长制管理工作的实施效果。

（2）通过信息平台提高办事效率，加强监管。依托河（湖）长制河湖管护信息平台建设的需求，能够及时处理河（湖）长制的相关问题，提高办事效率，及时处理河湖的相关问题。信息平台可以将河湖水质、水环境进行实时监管，实现基础数据、涉河工程、水域岸线管理、水质监测等的信息化、系统化。还可通过建立的实时、公开、高效的信息平台，将日常巡查、事件督办、情况通报、责任落实等纳入其中，提高工作效能，接受社会监督。并且可以促进多部门联合治水，辅助建立河湖保护管理联合执法机制，健全行政监管的机制。

二、意义

党的十九大强调，生态文明建设功在当代、利在千秋，要推动形成人与自然和谐发展现代化建设新格局。实行河（湖）长制是将绿色发展和生态文明建设，从理念向行动转化的具体制度安排，也是中国水环境管理制度和运行机制的重大创新，使责任主体更加明确、管理方法更加具体、管理机制更加有效。实施河（湖）长制是贯彻党的十九大精神、加强生态文明建设的具体举措，是关于全面推行河长制的意见提出的明确要求，是加强河湖管理保护、改善河湖生态环境、维护河湖健康生命、实现河湖功能永续利用的重要制度保障。河（湖）长制综合管理信息化建设是支撑河（湖）长制管理工作的重要技术手段，开辟了河湖管护的新模式，进而实现河湖管理的智能化、数字化、可视化和网络化。

（1）有利于打造美丽中国的目标。因为河湖流域面积广、支流多、纵贯线长，河湖管护工作存在监管困难、信息反馈不及时等问题，给河道防洪安全、供水安全、航运安全和水生态安全带来较大影响。河（湖）长制综合管理信息化有效解决河湖管护难的问题，是落实生态文明建设，实现水利现代化，维护河湖水域岸线秩序的必然要求。

（2）有利于推进生态文明建设加速前行。推行河（湖）长制综合管理信息化是践行绿色发展理念、推进生态文明建设的重要抓手，是保护水环境、改善水生态的重要举措。统一的信息平台，可以对乡镇、街道落实河（湖）长制工作进行客观、公正的评价、管理、监督、考核，上级能够实时了解工作人员对河（湖）长制工作落实情况（如工作日志填报、河湖巡查等）；工作人员方便及时处理并上报河湖巡查过程中存在的各类问题，极大地提高了工作效率；可以系统性地将河湖档案和治河策略通过信息化手段体现；实时查看重点河段和敏感区域的视频监控、水污染源等"信息孤岛"，统一整合到同一平台，有效地提供决策依据。

（3）有利于保障民生和改善民生，满足人民群众对良好环境的需要。近几年，牛奶河、酱油河、油画河，这些闻所未闻的新名词出现在公众视野，与之相应的是此起彼伏的"让环保局局长下河游泳"的呼声，反映了百姓对水污染的担忧和水环境改善的急迫心情。实践证明，河（湖）长制能将地方政府对环境质量负责的法定要求落实到具体行政负责人，整合资源、集中力量，解难题、办好事。因此，全面推行河（湖）长制，切实体现了中央满足人民群众对良好环境需求的决心。通过信息平台建设极大调动公众参与的积极性，使公众可以参与河道治理和管护、举报监督，有效弥补了单纯河（湖）长制的不足。

（4）是加快落实生态环境损害责任追究制度的需要。中共中央办公厅、国务院办公厅印发的《党政领导干部生态环境损害责任追究办法（试行）》，目的是促进各级领导干部牢固树立生态文明理念，增强保护环境的责任意识和担当意识，促进五个文明一起抓。中央环保督察组在各地的巡查工作是落实生态环境损害责任追究制度的重要举措。从中央《关于全面推行河长制的意见》（2016年12月）到省、市的《实施意见》都明确了要加强对河长的绩效考核和责任追究，对造成生态环境损害的，严格按照有关规定追究责任。河（湖）长制综合管理信息化让各级党政领导干部切实增强生态文明建设责任感，进一步聚焦辖区内环境保护工作重点，对百姓反映的热点难点问题必须予以呼应和解决。

第三节　河（湖）长制综合管理信息化建设任务

河（湖）长制综合管理信息化建设应坚持"统筹设计、分步实施，整合共享、充分利用，需求牵引、应用主导，方便实用、注重安全"的建设原则。河（湖）长制综合管理信息化建设是以信息化技术来丰富管理手段，加强河（湖）长制河湖管理的技术支撑力量，逐步实现河湖基础数据展示、涉河工程、水域岸线管理、水质监测、考核评价等工作的信息化、数字化。

一、顶层设计与规划

"河（湖）长制"自提出以来，虽已见成效，但也面临不少体制机制的瓶颈制约，亟待突破。"河（湖）长制"这一源于地方的创举上升到国家战略高度，需要做好顶层设计与规划，从推进环境治理领域改革的大局出发，再次启程，再次深化。制定出台高水平的信息化建设规划，事关河（湖）长制工作建设全局和长远，意义十分重大。要深刻认识并准确把握水利工作发展面临的新形势，切实做好统筹谋划和顶层设计，分步实施，确保实现河（湖）长制信息化建设目标任务，为全面实行河（湖）长、提高河湖管理水平提供可靠的技术支撑和保障。

要围绕"水质不恶化、水域面积不萎缩、河湖生态功能不退化"的目标定位做好顶层设计，既立足当前又着眼长远，使河（湖）长制综合管理信息平台建设贴近实际管理需要、符合未来发展要求；要根据当前情况，在挖掘整合现有平台资源上下工夫，全面深入了解"河长制""湖长制"各项政策措施和各方已有平台，加强研究、把握需求，促进互联互通、信息共享；要结合当前实际，不断延伸信息化服务管理功能，按照分期分批实施的要求，尽快提出具有特色、主题明确、操作性强、科学准确的技术方案，为推动河（湖）长制管理工作多出主意、多想办法，以实际成效保障"河畅、水清、岸绿、景美"。实行"河（湖）长"是将绿色发展和生态文明建设，从理念向行动转化的具体制度安排，也是中国水环境管理制度和运行机制的重大创新，使责任主体更加明确、管理方法更加具体、管理机制更加有效。"河（湖）长制"的实施有利于促进绿色生产生活方式的形成，有利于建立流域内社会经济活动主体之间的共建关系，形成人人有责、人人参与的管理制度和运行机制。

二、信息化技术的综合运用

河（湖）长制综合管理信息化技术需求囊括物联网、大数据、云计算和移动互联网，综合应用地理信息系统（GIS）、全球定位系统（GPS）、4G 网络、多媒体及 Web Service 等技术，以数据平台、网络平台和应用平台三个平台为框架，专门面向河流监管内容，实现数据初始化、业务流程化、评估智能化、通报自动化，真正提高河流污染问题的处理速度，增加河（湖）长考核透明度，有效解决河（湖）长制管理工作中出现的"当月问题、下月报告"的通知整改时长过月等问题。着眼人工智能领域在水利方面的应用，紧密围绕河（湖）长制的六大任务，打造"一站式服务"为特征的河（湖）长制综合管理信息平台，利用智能信息感知、大数据挖掘、智能决策等理论技术，实现水质自动评价、水污染趋势预测预警、岸线动态变化智能分析。

三、信息平台建设

以《关于全面推行河长制的意见》《关于在湖泊实施湖长制的指导意见》为指导，按照"明确目标、落实责任、长效监管、严格考核"的总体要求，通过信息化监控管理举措，推动河湖生态环境保护与修复，全面改善河湖水质和水环境，促进经济社会与生态环境协调发展。通过河道网络化管理思想，对省、市、县（市、区）分级管理，整合现有各种基础数据、监测数据和监控视频，利用省、市、县三级传输网络快速收敛至河（湖）长制综合管理信息平台，面向各级领导、工作人员、社会公众提供不同层次、不同纬度、不同载体的查询、上报和管理系统。以目标地区的电子化地图为基础，综合展现涉河湖基础信息、实时断面水质、河湖保护管理突出问题等信息。河（湖）长制综合管理信息平台集工作即时通讯、河长工作平台、巡河信息管理、责任落实督办、投诉处理追查、监督考核评价等功能。河湖管理地理信息平台将逐步实现基础数据、涉河工程、水域岸线管理、水质监测等信息化、数字化，日常巡查、举报投诉、问题督办、情况通报、责任落实、问题办理等将纳入信息化、一体化管理，有效实现河道水质、整治情况动态化管理，确保河道水环境治理效果说得清、看得明。

河（湖）长制综合管理信息平台是强化实时监控、动态管理、信息共享和公众参与的有效平台。能实现巡查日志、信息举报处理、工作考核等基本功能，同时也能进行水质查询、污染源分布查询等。信息平台将满足上传下达的功能，即上级"河（湖）长"对下级"河（湖）长"的任务下达、监督与考核，下级"河（湖）长"主动将信息与问题反馈给上级"河（湖）长"。此外，河（湖）长制综合管理信息化建设还要满足公众参与的需求。

第四节 河（湖）长制组织架构与任务

一、组织架构

在机构设置上，河（湖）长制办公室在层级上分为国家级、流域机构级、省级、市级、县级；从报送层级上，河（湖）长制基础信息需要水利部、省、市、县四级河长办逐级汇总、逐级审核、逐级报送，用户覆盖四级河长办，信息覆盖省、市、县、乡、村等全部层级。在管理层级上，省级河（湖）长制又分为五级，分别为省级、市级、县级、乡级和村级。省级河（湖）长制管理层级见图1-1。

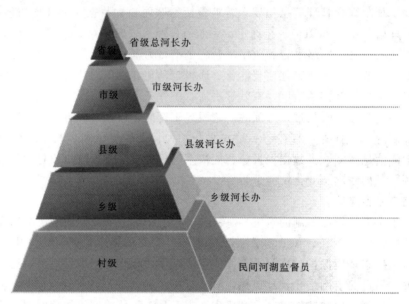

图1-1 省级河（湖）长制管理层级图

（1）省级总河长。负责领导全省范围内的河（湖）长制工作，承担总督导、总调度职责。省级河长负责指导、协调其流域范围内河湖管理和保护工作，督导其流域内市级河长和省直有关责任部门履行职责。

（2）市（地）级河长。负责组织、推进所辖行政区域内的河湖管理和保护工作，督导市（地）级河段长、县（市、区）级河长和相关部门履行职责。

（3）县（市、区）级河长。负责具体实施本行政区域内的河湖管理和保护工作，督导县（市、区）级河段长、乡（镇）级河长和相关部门履行职责。

（4）乡（镇）级河长。负责具体实施乡（镇）范围内的河湖管理和保护工作，督促乡（镇）级河段长和村级河长履行职责。

（5）村级河长。负责具体实施村内的河湖管理和保护工作，按照上级要求，督促村级河段长履行职责，落实监督员、保洁员，负责生活垃圾处理、河湖漂浮物清理等。

二、河（湖）长制任务

"河（湖）长制"工作的主要任务包括六个方面：一是加强水资源保护，全面落实最严格水资源管理制度，严守"三条红线"；二是加强河湖水域岸线管理保护，严格水域、岸线等水生态空间管控，严禁侵占河道、围垦湖泊；三是加强水污染防治，统筹水上、岸上污染治理，排查入河湖污染源，优化入河排污口布局；四是加强水环境治理，保障饮用水水源安全，加大黑臭水体治理力度，实现河湖环境整洁优美、水清岸绿；五是加强水生态修复，依法划定河湖管理范围，强化山水林田湖系统治理；六是加强执法监管，严厉打击涉河湖违法行为。其具体内容如下：

（1）加强水资源保护。落实最严格水资源管理制度，严守水资源开发利用控制、用水效率控制、水功能区限制纳污三条红线，强化地方各级政府责任，严格考核评估和监督。实行水资源消耗总量和强度双控行动，防止不合理新增取水，切实做到以水定需、量水而行、因水制宜。坚持节水优先，全面提高用水效率，水资源短缺地区、生态脆弱地区要严格限制发展高耗水项目，加快实施农业、工业和城乡节水技术改造，坚决遏制用水浪费。严格水功能区管理监督，根据水功能区划确定的河流水域纳污容量和限制排污总量，落实污染物达标排放要求，切实监管入河湖排污口，严格控制入河湖排污总量。

（2）加强河湖水域岸线管理保护。严格水域岸线等水生态空间管控，依法划定河湖管理范围。落实规划岸线分区管理要求，强化岸线保护和节约集约利用。严禁以各种名义侵占河道、围垦湖泊、非法采砂，对岸线乱占滥用、多占少用、占而不用等突出问题开展清理整治，恢复河湖水域岸线生态功能。

（3）加强水污染防治。落实《水污染防治行动计划》，明确河湖水污染防治目标和任务，统筹水上、岸上污染治理，完善入河湖排污管控机制和考核体系。排查入河湖污染源，加强综合防治，严格治理工矿企业污染、城镇生活污染、畜禽养殖污染、水产养殖污染、农业面源污染、船舶港口污染，改善水环境质量。优化入河湖排污口布局，实施入河湖排污口整治。

（4）加强水环境治理。强化水环境质量目标管理，按照水功能区确定各类水体的水质保护目标。切实保障饮用水水源安全，开展饮用水水源规范化建设，依法清理饮用水水源保护区内违法建筑和排污口。加强河湖水环境综合整治，推进水环境治理网格化和信息化建设，建立健全水环境风险评估排查、预警预报与响应机制。结合城市总体规划，因地制宜建设亲水生态岸线，加大黑臭水体治理力度，实现河湖环境整洁优美、水清岸绿。以生活污水处理、生活垃圾处理为重点，综合整治农村水环境，推进美丽乡村建设。

（5）加强水生态修复。推进河湖生态修复和保护，禁止侵占自然河湖、湿地等水源涵养空间。在规划的基础上稳步实施退田还湖还湿、退渔还湖，恢复河湖水系的自然连通，加强水生生物资源养护，提高水生生物多样性。开展河湖健康评估。强化山水林田湖系统治理，加大江河源头区、水源涵养区、生态敏感区保护力度，对三江源区、南水北调水源区等重要生态保护区实行更严格的保护。积极推进建立生态保护补偿机制，加强水土流失预防监督和综合整治，建设生态清洁型小流域，维护河湖生态环境。

（6）加强执法监管。建立健全法规制度，加大河湖管理保护监管力度，建立健全部门联合执法机制，完善行政执法与刑事司法衔接机制。建立河湖日常监管巡查制度，实行河湖动态监管。落实河湖管理保护执法监管责任主体、人员、设备和经费。严厉打击涉河湖违法行为，坚决清理整治非法排污、设障、捕捞、养殖、采砂、采矿、围垦、侵占水域岸线等活动。

第五节　河（湖）长制综合管理信息化建设依据

河（湖）长制综合管理信息化建设涉及河（湖）长制业务管理和信息管理两个方面，建设依据包括党中央、国务院有关河（湖）长制管理方面的有关文件和精神，国务院各部委和地方有关部门的有关文件，信息化建设与管理方面的标准、规程、规范等。河（湖）长制综合管理信息化建设具体依据如下：

（1）中共中央 国务院《中共中央国务院关于加快推进生态文明建设的意见》（2015年4月）。

（2）中共中央办公厅 国务院办公厅印发《关于全面推行河长制的意见》（2016年12月）。

（3）中共中央办公厅 国务院办公厅印发《关于在湖泊实施湖长制的指导意见》（2018年1月）。

（4）《国务院关于印发水污染防治行动计划的通知》（国发〔2015〕17号）。

（5）《水利部关于印发〈水利部信息化建设与管理办法〉的通知》（水信息〔2016〕196号）。

（6）《水利部办公厅关于印发〈2017年水利信息化工作要点〉的通知》（办信息〔2017〕62号）。

（7）《水利部印发河长制湖长制管理信息系统建设指导意见和技术指南》（2018年1月）。

（8）《水利部关于印发水利信息化发展"十三五"规划的通知》（水规计〔2016〕205号）。

（9）《水利信息系统可行性研究报告 编制规定（试行）的通知》（SL/Z 331—2005）。

（10）《水利信息系统初步设计报告编制规定的通知》（SL/Z 332—2005）。

（11）《水利信息系统运行维护定额标准（试行）的通知》（2009年5月）。

（12）《水利信息化项目验收规范》（SL 588—2013）。

（13）《中共中央办公厅国务院办公厅关于加强信息资源开发利用工作的若干意见》（中办发〔2004〕34号）。

（14）《国务院关于大力推进信息化发展和切实保障信息安全的若干意见》（国发〔2012〕23号）。

（15）《国务院办公厅关于促进电子政务协调发展的指导意见》（国办发〔2014〕66号）。

（16）《国务院关于积极推进"互联网＋"行动的指导意见》（国发〔2015〕40号）。

（17）《国务院办公厅关于运用大数据加强对市场主体服务和监管的若干意见》（国办发〔2015〕51号）。

（18）《国务院关于印发促进大数据发展行动纲要的通知》（国发〔2015〕50号）。

（19）《国务院关于促进云计算创新发展培育信息产业新业态的意见》（国发〔2015〕5号）。

（20）《国务院关于推进物联网有序健康发展指导意见》（国发〔2013〕7号）。

（21）《国务院办公厅关于推广随机抽查规范事中事后监管的通知》（国办发〔2015〕58号）。

（22）《国家发展改革委关于加强和完善国家电子政务工程建设管理的意见》（发改高技〔2008〕266号）。

（23）《关于进一步加强政务部门信息共享建设管理的指导意见》（发改高技〔2013〕733号）。

（24）《关于数据中心建设布局的指导意见》（工信部联通〔2013〕13号）。

（25）《水利信息化顶层设计》（水文〔2010〕100号）。

（26）《水利信息化资源整合共享顶层设计》（2014年7月）。

（27）《关于印发水利数据中心建设指导意见和基本技术要求的通知》（水文〔2009〕192号）。

（28）《全国水土保持信息化规划（2013—2030年）》（水保〔2013〕147号）。

（29）《2006—2020年国家信息化发展战略》。

（30）《水利部信息化建设规划（2015—2020年）》（2014年6月）。

（31）《公共资源交易平台管理暂行办法》（国家发展改革委等十四部门令2016年第39号）。

（32）信息化建设与运维相关标准。

（33）《微型数字电子计算机通用技术条件》（GB 9813—2000）。

（34）《信息处理数据流程图、程序流程图、系统流程图、程序网络图和系统资源图的文件编制符号及约定》（GB/T 1526—1989）。

（35）《信息处理程序构造及其表示的约定》（GB/T 13502—1992）。

（36）《信息处理系统计算机系统配置图符号及约定》（GB/T 14085—1993）。

（37）《电子计算机场地通用规范》（GB/T 2887）。

（38）IEEE802.3网络技术标准。

（39）《操作系统标准》（GB 23128）。

（40）《设备可靠性试验》（GB 5080）。

第二章

河（湖）长制综合管理信息化需求

第一节　河（湖）长制综合管理信息化总体目标

以河（湖）长制管理模式为核心，紧密结合先进的信息技术手段开展河（湖）长制综合管理信息平台的建设工作，切实为河湖管护工作中遇到的责权划分难、协调沟通不顺、制度落实与监管不到位等一系列问题提供信息化的支撑手段和解决方案，构建一套对合乎科学的监督、监管和保护的信息化综合管理平台，实现河（湖）长制综合管理工作的高效性、便捷性、长效性、实时性等目标，为河（湖）长制管理模式的推行和落实保驾护航。

一、业务完整

各省在落实河（湖）长制过程中根据区域水资源、环境、生态特点制定了更为详细的管理目标和任务，各省份在河（湖）长制管理业务方面存在一定的差异性。同时，省、市、县、乡等各级河（湖）长在管理过程中的管理权限、职能各不相同。因此，河（湖）长制综合管理信息化的首要任务是因地制宜地对河（湖）长制管理模式中所涉及的业务流程进行全面分析，保证各类管理任务、各级管理职能的业务流程清晰、明确，并根据相应的业务需求设计出系统功能。信息平台建设要全部实现河（湖）长制管理业务的功能并测试无误。平台功能能够全面支撑河（湖）长制管理工作的有效开展，并且运行稳定、便于维护。

二、数据集成

河（湖）长制科学管理的基础是及时、准确掌握各类信息。各地将河道湖泊巡查、水域管控公众投诉、河（湖）长制综合管理等功能实现了数字化和信息化。因此，河（湖）长制综合管理的信息通过互联网、手机移动端等多种载体呈现，这就需要对多种介质数据进行集成。同时，水利、农业、环保、国土、交通等多个部门都保存着河（湖）长综合管理职责范围内的相关信息，这就要求河（湖）长制综合管理平台对多部门异构源数据进行综合集成。

三、系统安全

从信息角度而言，水利行业属于信息十分密集的行业，河（湖）长制综合管理信息平台除水利信息外还包括环保、农林等信息，对信息方面的工作要求更高，其主要体现在信息的完整性、保密性以及价值性等。现阶段，河（湖）长制管理所依托的大量监测设备通常建立在户外，极易受到环境的影响，不利于保障信息安全，其主要存在的安全问题有信息污染、信息遭受恶意攻击等。河（湖）长制综合管理信息平台的建设主要依靠公共网络、专用网络以及信息资源共享等。但是由于信息共享、信息交流以及信息服务的不断应用，导致信息极易出现安全问题。为此，有必要建立主动、开放以及安全的管理体系，从而实现可控制、易管理的安全防护体系。

四、标准统一

"信息资源是生产要素、无形资源和社会财富"的认识不断提高，信息资源的共享开发与利用对提高河（湖）长管理事务与业务的作用尤为突出，"资源共享、标准先行"的理念逐渐被河（湖）长制综合管理信息平台建设和使用单位广泛接受。但是，河（湖）长制综合管理信息平台所依托的水利信息系统，信息资源共享程度低，没有充分考虑业务协同的发展需要，普遍只能满足基本业务处理的需求，不能通过信息资源深度开发应用提升整体业务支撑能力和综合信息服务水平。因此，迫切需要在信息采集、传输与交换、存储、处理和共享等环节采用或制定相关技术标准。

五、接口规范

河（湖）长制综合管理信息平台作为各级政府电子政务的重要组成部分，综合了水文、水资源、水环境、水生态、岸线管理等多部门信息，其功能不仅能够满足河（湖）长综合管理和决策，而且能够为上级河（湖）长、同级政府部门提供信息支持。信息平台所整合的各类岸线管理数据、水利工程数据，能够为同级发展规划部门提供项目审批依据，水文、水资源信息也是上一级河（湖）长办、水利部门所需的重要信息。为此，信息平台应该设计为开放性、共享性系统，按照相关部门和区域制定的信息共享和交换规范，为纵向、横向相关部门设计相应的接口，以便提高信息的交换效率。

第二节　河（湖）长制综合管理信息化业务需求

河（湖）长负责组织领导相应河湖的管理和保护工作，要明确河（湖）长制综合管理信息化业务需求，首先需要从横纵向角度深入分析河（湖）长制综合管理内容，然后依据各项管理内容逐一确定信息化需求。

一、综合管理内容

河（湖）长制管理内容较为全面，包含了河湖管理的主要内容。管理机制较为复杂，既包含纵向的各级河（湖）长直接业务指导和管理，又包含横向的部门间协同和信息共享。因此，要实现河（湖）长制管理的信息化，必须理清河（湖）长制的层次结构，面向不同管理需求，建立具体化、逻辑化的河（湖）长管理的业务模型，实现河湖管理行为的落地。

（1）从纵向看，各级河（湖）长的职责和业务存在一定的差异性。省、市级河（湖）长的管理相对宏观，主要负责指导实施跨设区市水系水环境综合整治规划，协调解决工作中存在的问题，做好督促检查工作。县（市、区）级和乡镇（街道）级河（湖）长具体承担包干河道、湖泊治理工作的指导、协调和监督职责，组织实施水环境治理工作方案，推进河湖水域管控整治和保洁、截污纳管、生态修复、水质改善等水环境治理工作。部分省份还设置了村级河（湖）长，主要职责侧重"查"，主要负责日常巡查以及配合上级河（湖）长、相关职能部门开展工作。

（2）从横向看，河（湖）长制管理职责相关的信息散布在同级行政部门中，为此，必须通过实行基础数据、涉河工程、水域岸线管理、水质监测等信息共享制度，为各级河（湖）长和相关单位全面掌握信息、科学有效决策提供有力支撑。主要共享的信息包括：河湖基本情况，河湖水域及岸线数据及专项整治情况，采砂规划及非法采砂专项整治情况，入河湖排污口设置及专项整治情况，水库山塘情况及水库水环境专项整治情况，水土流失现状及治理情况（水行政主管部门）；河湖水质断面监测数据（按月提供），饮用水源保护，市、县备用水源建设情况（环保部门）；城镇生活污水治理情况，地级及以上城市建成区黑臭水体基本情况及治理情况（住建部门）；畜禽养殖现状及污染控制情况，化肥、农药使用及减量化治理情况，渔业资源现状及保护、整治情况（农业部门）；船舶港口基本情况及污染防治情况（交通部门）等。

二、信息化业务需求

从河（湖）长制管理的纵、横向管理职责角度上看，河（湖）长制综合管理信息化业务需求不仅包含为河湖治理具体工作提供信息服务、为河（湖）长制运行管理提供必要的管理决策信息服务，还应该包括各级各部门的信息共享服务和面向公众的信息服务。

（1）辅助决策。为各级河（湖）长提供管辖范围内河湖水资源、水环境、水生态、岸线管理等基础信息，实时监测主要指标的变动情况，为本级河湖治理目标、治理措施选择、治理过程监督等提供辅助决策功能。

（2）监督管理。实现上级河（湖）长对下级河（湖）长履职情况进行监督检查，拓展公众监督参与渠道。采用信息化手段考核和评估各级河（湖）长履行职责情况和工作目标完成情况，辅助问责制的实施。

（3）信息交互。全面支持河（湖）长制管理的信息工作制度，实现各级河（湖）长，河（湖）长制责任单位，各级河（湖）长制办公室的信息互联互通，借助先进的通信技术，实现下级单位向上级单位实时信息的报送。支持视频会商，运用先进的视频技术，实现异地远程同时开会，减少开支的同时又提高了效率。

（4）公众服务。面向公众开发综合信息服务系统，让公众及时了解河湖的情况，水利工程建设和生态恢复情况。

（5）移动终端。开发移动端 APP，提高河（湖）长制管理工作的效率。

（6）用户管理。设置省、市、县、乡四级用户级别，每级用户工作职责和用户权限不同。

第三节 河（湖）长制综合管理信息化数据需求

河（湖）长制的目标之一是建立省、市、县、乡四级工作方案，形成"天上看、地上查、网上管"的管理运行体系。根据此目标，河（湖）长制是解决水资源、水生态、水环境等复杂水问题的中国方案，搭建河湖治理管护的制度平台，实现河（湖）长牵头、多部门协作、社会公众参与的良好格局。为了达成这种良好的格局，搭建完善的河湖管理保护平台，本节简要介绍搭建河（湖）长制综合管理信息平台所需的数据类型。

一、数据体系结构

河（湖）长制综合管理信息平台数据体系结构可以分横向数据体系和纵向数据体系。

横向数据体系是指协调单位，纵向数据体系是指河（湖）长制组织体系。

（1）协调单位。协调单位包括监察部门、财政部门、国土部门、生态环境部门、规划部门、住房和城乡建设部门、水利部门、农业农村部门、园林绿化部门、交通运输部门、城管局、公安部门等。

（2）河（湖）长制组织体系。根据建立省、市、县、乡四级工作方案，河（湖）长制组织体系数据涵盖省、市、县、乡四级数据中心。其中，总河（湖）长和分级分段河（湖）长将全部设立，各级河（湖）长责任需明确。县级及以上河（湖）长制办公室也要求全部设立，机构到位、人员到位、经费到位、办公场所和工作设施设备到位、工作制度到位，工作运行正常。各部门职责明确，部门协同推进各项工作，河（湖）长制办公室切实履行组织、协调、分办、督办等具体职责。河（湖）长公示牌设立规范，在河湖显著位置树立公示牌，并标明河（湖）长职责、河湖概况、管护目标、监督电话等内容，接受社会监督。

二、数据分类

（一）数据分类原则

数据分类应遵循的基本原则：以专题地图的内容信息为主要分类对象，适当兼顾地图的数学基础，符号化和地图说明信息等各种制图要素；以定位信息为主体，建立宏观的专题地图信息分类体系；基础地理信息与各相关专业的一级分类信息或是一级以下的集成信息一致；以线分类为主，以各种定位信息为基础，组成一个多层次的整体，同时，各层信息均保持自身的开放性、可扩充性。

（二）数据分类结构

基于以上的分类原则考虑，河（湖）长制数据中心的数据分为基础数据、专业数据、管理数据。

（1）基础数据。包括基础地理数据库、遥感影像数据库、河（湖）长公示牌数据库、河（湖）长管理数据库、水利工程管理数据库、河段管理数据库、湖泊管理数据库等。

（2）专业数据。包括河湖岸线管理数据库、水资源管理数据库、水污染防治数据库、水环境治理数据库以及水生态修复数据库。

（3）管理数据。包括巡查执法数据库、系统管理数据库、监督考核数据库。

（三）数据类型

1. 基础数据

基础数据是指行政区划（市、县、乡）、水系（双线河、单线河）、道路（国道、高速、省道、县道）、铁路、居民点数据等，包括以下内容：

（1）省级行政区、市级行政区、县级行政区、城镇、行政界线、居民地、道路、铁路、水系线、水系面、居民地注记图层以及遥感影像图。

（2）河（湖）长公示牌包括河（湖）长职责、河湖概况、管护目标、监督电话等内容。

（3）河（湖）长管理包括河（湖）长分级、各级河（湖）长职责等内容。

（4）水利工程管理包括水文雨量站点、水闸、泵站、堤防等基础水利工程数据。

（5）河段管理包括河流湖泊名称、河流编码、上级河流名称、上级河流编码、岸别、河流长度、流域面积、多年平均降水深、多年平均年径流深、跨区类型（跨省/跨市/跨县/跨乡/乡镇）、流经行政区域（到乡镇）、河流管理级别等。

（6）湖泊管理包括湖泊名称、湖泊编码、湖区土壤、植被地貌、湖长、最大最小湖宽、最大最小湖深、容积等基本特征，入湖流量、出湖流量、蒸发量等水文气象特征，还包括化学与环境特征，生物生态特征，水资源利用特征等信息。

2. 专业数据

（1）河湖岸线管理数据库包括水域岸线空间及岸线功能区划定情况，岸线开发利用与保护情况、河道采砂情况等。

（2）水资源管理包括河湖来水状况、取水供水情况与用水情况等。

（3）水环境管理包括主要污染物入河量及排污口状况、河湖水质状况及水功能区达标状况、集中式饮用水水源地保护情况等。

（4）水生态修复管理包括水土流失状况、水源涵养状况、河湖生态空间情况以及生态环境流量状况等。

3. 管理数据

（1）监督执法主要包括执法监督情况、违法行为处罚与整改等情况。

（2）绩效考核包括河湖绩效考核办法。

（3）系统管理包括用户管理、角色管理、资源管理、部门管理、小组管理、应用管理以及领域管理等。

第四节　河（湖）长制综合管理信息化安全需求

河（湖）长制综合管理信息平台面临的系统安全威胁包括：自然灾害威胁、滥用性威胁、有意人为威胁等。其中，自然灾害威胁是指不可预见的自然灾害造成的系统硬件设备、软件程序故障，对于河（湖）长制管理、调度带来的障碍；滥用性威胁是指利用河（湖）长制综合管理信息化建设传播网络病毒、发布和传播不良信息等；有意人为威胁是指对河（湖）长制综合管理信息平台的旁路监听、破坏计算机网络等硬件设备，有意破坏河（湖）长制管理体系。此外，河（湖）长制综合管理信息化还有其个性的安全问题。由于河（湖）长制综合管理信息化建设需要多部门协同河湖管理数据，系统中包含大量水文、水资源、水环境等重要资源、环境信息，这些信息对于国家资源管理、人民生活具有重要意义，特别是大江大河、国际河流的相关信息不仅涉及国内民生建设、经济发展，而且涉及区域发展、国家关系等问题。为此，如何确保信息平台的安全性，尤其是信息的保密性、完整性、可用性和抗抵赖性等是河（湖）长制综合管理信息化建设的重要任务。从总体上看，河（湖）长制综合管理信息化应从自然灾害威胁、滥用性威胁、人为威胁和信息安全等方面分析安全需求。

一、抗灾容灾的安全需求

河（湖）长制综合管理信息平台管理与保存的主要对象是各级辅助河（湖）长综合管理的相关数据。在实现过程中，这些系统数据都保存在数据库中，然后经由河（湖）长制综合管理信息平台的界面实现动态的展现与数据的更新。平台安全设计的最终目的是为了更安全可靠地存储系统的数据，即使遭遇临时停电、火灾、地震、洪水等不可预见灾害时能够及时保存数据，避免数据丢失的灾难事件发生。

（1）从物理层建设上加强系统抗灾能力，从机房装修、供配电系统安装、空调新风系统安装、消防报警系统安装、防雷接地系统安装、安防系统安装及机房动力环境监控系统安装等方面加强河（湖）长制综合管理信息平台物理层的安全建设。

（2）采取数据库备份的方式强化数据抗灾容灾能力，这样即使遇到系统崩溃的情况，也能及时地更新并恢复数据，使得系统数据正常使用不受影响。

（3）为了进一步确保系统数据的安全，需要制定数据保护的相关制度，尤其应该选用专业的人士进行数据库的日常维护及修复工作，适时地增加相关数据库服务器访问权限，这样的管理方式能够进一步加强系统数据库的安全性。

二、系统滥用性安全需求

为了保证河（湖）长制综合管理信息平台不被非法用户滥用，各类授权用户能够安全可靠地访问河（湖）长制综合管理信息平台，需要软件系统开发和网络建设两个方面保证系统安全性。

（1）软件系统建设需要避免用户的非法访问，在系统的设计过程中建立 CA 证书系统，建立统一的门户，避免多点登录情况。为增加系统安全性，除 CA 认证外，还可以建立 Session 超时机制及登录校验机制。在用户访问河（湖）长制综合管理信息平台的过程中，都需要输入专有的账号与密码。这些专有的账号和密码是由系统管理员分配的，登录系统的用户只可能是账号及密码都合法的用户，系统根据用户的权限赋予了不同的操作选项，这样的设置是为了系统得到安全可靠的访问，系统的数据不会遭到破坏，也能够避免由于登录的用户长时间不操作而被其他用户占用的情况出现。另外 Session 超时机制的缺省默认时间是半小时，即当用户登录后，超过半小时而没有进行任何操作时，系统会要求用户重新登录之后才能进行操作，Session 超时机制能更好地避免非法的访问。Session 超时机制及登录校验机制是为了系统软件的安全性考虑的，可以杜绝用户的非法访问。

（2）采用网络防火墙技术提高系统安全性，防止病毒入侵和非法用户传播不当信息。防火墙是关键的安全保障设备之一，其原理是通过过滤存在隐患及不安全信息的数据包，达到保护网络安全的目的，通过制定网络协议，达到控制数据流的作用。防火墙能够禁止不安全的 NFS 协议，阻止外部攻击者利用脆弱的协议来攻击内部网络。防火墙是一个重要的内外网隔离设备，通过设置网络内外隔离，达到限制外部网段对内网中敏感网段的访问。防火墙是隐私保护的重要设备，随着信息社会的不断发展，现阶段隐私保护越来越被重视，防火墙可以通过对敏感网段的屏蔽，对敏感信息进行简单的加噪声来保护隐私不被泄露。

（3）操作系统的可靠性、稳定性、安全性都会相应地影响系统的安全运行。在河（湖）长制综合管理信息平台建设时，需要在服务器端和客户端选择较为合适的操作系统。同时，需要在操作系统下安装杀毒软件，进行定期安全检查及定期杀毒，以确保及时发现操作系统漏洞并进行弥补，避免操作系统的故障影响河（湖）长制综合管理信息平台的正常使用及安全访问。

三、人为威胁的安全需求

人为威胁包括外部人员的刻意盗取系统有用信息和内部人员误操作导致系统受损两个方面。

（1）外部人为威胁。通常是当用户在网络上传输数据时受到来自网络的攻击与破解，当用户的数据被侵入者获取的时候，往往会导致用户的重大损失。入侵者想非法获取河（湖）长制综合管理信息平台的数据，通过界面查询入侵者自己想要的信息是最直接有效的方法。访问界面就必须要有系统的登录账号及密码，所以系统登录的账号及密码的保护显得尤为重要，为此需要在系统设计和实现过程中采用较为可靠的加密技术，以实现账号登录的安全可靠性。入侵预防系统也是河（湖）长制综合管理信息化建设不可缺少的部分，该系统是一种主动入侵检测设备，可以查找其备案的具有潜在攻击的数据包，并将其过滤。在网络设施方面也可以加强人为威胁的监控，其中网络安全审计是发现网络及系统漏洞入侵行为的重要手段，通过制定安全策略，利用记录和数据挖掘等功能找到可疑数据IP及访问行为，最后生成报表供网络管理员查看。网络管理员对可疑的数据、IP、网络行为进行屏蔽。

（2）内部人为威胁。需要加强河（湖）长制综合管理信息平台的运行管理制度建设。通常可以从硬件机房管理、运行管理和日志管理等方面建立相关制度体系。硬件机房管理制度需要明确操作人员的各项操作，制订管理人员出入规定，制订防止计算机病毒感染和传播的相应制度，建立各系统专人管理制度和其他相关规定（如电力供应、温度、湿度、清洁度、安全防火等）。运行管理制度包括对系统运行过程中的异常情况做好记录，及时报告；严禁以非正常方式修改河（湖）长制综合管理信息平台中的各种数据；明确数据备份制度，确保系统数据安全。系统运行日志不仅可以为平台运行提供历史资料，而且可以为查找系统故障提供线索。因此，必须准确记录并妥善保存系统运行日志，主要包括时间、操作人员、系统运行情况、异常情况记录、值班人员签字、负责人签字等内容。

四、信息安全需求

河（湖）长制综合管理信息安全涉及各类数据采集、传输、存储、发布分发和备份过程，主要指数据的机密性、完整性和可用性。数据的机密性主要依靠加密算法来保证，数据的完整性主要利用数据备份和还原措施来保证，数据的可用性主要利用数据校验来保证。

第五节　河（湖）长制综合管理信息化性能需求

河（湖）长制综合管理信息平台的性能强调的是一种事务处理与决策支持相结合的要求。性能需求不仅仅是满足众多县、乡级甚至村级河（湖）长的项目实施、巡查监督，而且需要满足省、市级河（湖）长的决策支持。因此，信息平台建设需要在假设可以完成河湖治理业务事项的前提下，需要多长时间可以响应宏观管理功能请求，在单位时间内可以处理该请求的数量以及可以同时承载多少个用户发动该功能的请求等。由此看出，性能需求描述的是对响应时间、吞吐量及并发用户数等这类性能参数的期望。信息平台的性能包括响应时间可靠性、灵活性、易用性、可维护性、可扩展性。

一、响应时间要求

响应时间是用户对系统性能最直观的感受，因此直接表现了系统的性能。本系统的时间特征要求如下：

（1）对于县、乡级河（湖）长的信息查询、信息报送等业务操作，响应时间不超过 10s。

（2）对于省、市级河（湖）长的宏观管理和决策支持功能，由于系统需要能够实时显示河道基本情况和相关指标的统计分析结果，实时响应时间适当延长，但应该在 20s 以内。

二、可靠性要求

可靠性是指河（湖）长制综合管理信息平台无故障执行指定事件的概率，即为正确执行操作所占的百分比和系统发生故障之前正常运行的平均时间长度。一个系统的可靠性越高，其可以正常工作的时间就越长。

（1）系统平均无故障年运行率要求达到 99.9% 以上。

（2）对于河（湖）长管理业务操作的并发用户数要求。信息平台需满足各级河（湖）长同时进行业务操作使用的需求，具体并发数据量可由各省河（湖）长总数确定上限，这样有利于保证操作的稳定性和可靠性。

（3）对于河（湖）长决策支持功能的并发用户数要求。决策支持功能由于面向的用户数量相对较少，由省级总河（湖）长、副总河（湖）长，各河流湖泊河（湖）长、副河（湖）长等用户角色构成，并发连接数上限相对较少。

三、灵活性要求

（1）查询功能作为河（湖）长制综合管理信息平台所应具备的众多功能中最重要的一部分，对查询的数据源、方式和操作等方面应充分考虑系统的灵活性。需要做到如果数据库中表结构性变化，不影响用户的查询结果，并可以根据用户感兴趣的字段进行查询。

（2）系统开发应采用组件模式，这样可以延长系统的有效时限。若日后系统需要进行升级，组件开发模式可以方便升级操作。

四、易用性要求

系统用户界面应操作简洁、易用、灵活，风格统一易学。系统的用户帮助文档要求齐备，易于使用，充分考虑系统的易用性。对于非专业技术人员，经过短期的培训可熟练地掌握整个系统的操作。系统须具有合理的使用成本，有利于河（湖）长以及公众长期、有效地利用平台进行河（湖）的综合管理与监督。

五、可维护性要求

河（湖）长制综合管理信息平台的各种设备均具有良好的可维护性，各部件可进行模块式拆装与调整，便于日常维护。然而，再精密的系统也不能保证没有错误、故障的发生。平台故障及处理预想包括以下几个方面：

（1）对由本系统用户操作不当引发的故障，采取表 2-1 所列的方式加以解决。

（2）对软件本身出现的故障，可能是由于受到病毒的攻击或软件需要升级，所以一般通过杀毒及软件升级来解决。

表 2 - 1　　　　　　　由于用户操作不当引发的故障的处理要求

解决方法	具 体 解 释
屏蔽错误的键盘输入	除界面上预先定义的热键外，其他任何键盘操作对应系统不起作用
防止错误动作	在进行任何重要的操作，如存盘、删除、确认、退出等之前，出现提示对话框，提示中说明该操作的后果，用户确认后再执行
数据限制	用户输入的数据不合理时，可以通过界面设计时加以控制，如数字位数等；也可以通过在程序中加以日期检查之类，避免不合理的数据进入数据库

六、可扩展性要求

由于河（湖）长制综合管理信息化建设工作尚处于起步阶段，因此其信息化建设也不可能一步到位，应采用循序渐进式的建设模式。首先，要搭建信息平台的总体框架。其次，明确各业务需求和决策支持的功能需求，针对各种功能需求采用模块化设计，逐个开发和上线应用。在平台建设初期，可根据各地河（湖）长管理的重点领域，先行建设部分应用功能模块，然后再根据用户的需求不断周期性更新平台设计。此外，还需要为不同功能模块的扩展预留接口，利于平台后续的升级和完善。

第六节　河（湖）长制综合管理信息化标准需求

河（湖）长制综合管理信息化是一项涉及多个部门、多项任务、多样信息的复杂工程。如何确保有效地开发与利用信息资源和信息技术、确保基础设施建设的优质高效和信息网络的互联互通以及确保各相关系统的互操作和信息的安全可靠等是河（湖）长制管理信息化建设所面临的关键问题。

标准需求是推进河（湖）长制综合管理信息平台的技术支撑和重要基础。标准需求分析的目的主要是为了满足平台建设与管理、信息资源共享以及应用开发的需要。

一、专业术语

专业术语包括与河（湖）长制管理有关的术语标准，统一信息化建设中遇到的主要名词、术语和技术词汇，避免引起对它们的歧义性理解。

二、分类和编码

分类和编码包括水利信息的分类和信息编码标准，适用于各种应用系统的开发、数据库系统的建设和信息交换，保证信息的唯一性及共享和交换，包括河流编码、水文测站编码、供水水源地代码、水质测站编码、水土保持监测站编码等。

三、信息传输与交换

信息传输与交换包括水利通信、计算机网络、网络交换与应用、网络接口、传输与接入、网络管理、电缆光缆、综合布线、数据格式等。适用于通信和计算机网络基础设施建设，为各种数据的互联和互通提供技术支撑。

四、信息存储

信息存储包括河（湖）数据库数据字典和表结构、国家基础水文数据库数据字典和表结构、水质数据库数据字典和表结构等各种数据库的数据字典和表结构。此外还包括水文元数据标准等。

五、信息处理

信息处理包括业务流程规范、计算机软件产品开发文件编制指南、计算机软件需求说明编制指南、计算机软件测试文件编制规范、软件文档管理指南等。

六、安全标准

安全标准包括系统网络安全设计指南、系统涉密网安全技术规程、系统安全评估准则等，此外还要参照许多国家标准和行业标准，如：计算机场地安全要求、计算站场地技术条件、网络代理服务器的安全技术要求、路由器安全技术要求等。

七、地理信息

地理信息包括水利电子地图图式标准、水利空间数据交换格式、水利基础电子地图产品模式，水利地理空间数据元数据标准等，还要参照地形图要素分类与代码、地理信息基本术语、地理空间数据交换格式、地形数据库与地名数据库接口技术规程等国家标准。

第七节　河（湖）长制综合管理信息化接口需求

河（湖）长制综合管理信息平台接口是信息平台与纵向、横向部门之间进行交互的通道。通过向各级相关系统提供网络接口、数据接口和系统接口，可以使各类信息得到充分共享，各级河（湖）长办公室以及有关单位成为一个有机的整体。常见的接口需求包括：外部接口和内部接口。

一、外部接口

外部接口即河（湖）长制综合管理信息平台与其他业务系统的接口。在开发本平台与其他业务应用系统间交互数据的接口时，应采用统一的标准接口方式，整合数据输入流程和格式、成果输出流程和格式等，实现对其他业务系统的直接调用。从纵向组织结构来看，本平台的外部接口需求包括：上级河（湖）长制综合管理信息平台，上级水利部门，上级环保部门等。从横向组织结构来看，外部接口需求包括：地区发展改革委员会、旅游局、公安机关、司法机关等。

在外部接口设计时，需要同时考虑网络、数据和系统接口。网络接口可以采用政务网的接口规范，使其他业务部门和上下级河（湖）长之间保持网络的物理联通性，为信息交互提供基础保障。数据接口需要按照各省制定的河（湖）长制综合管理信息工作制度，实现河（湖）长管理部门和其他业务部门之间的信息双向流动。系统接口设计则需要充分考虑各部门对于河（湖）长制综合管理信息平台中相关功能模块的需求，包括水质、水量的统计分析功能，行政处罚公告功能，为其他部门直接调用系统功能模块做好预留接口。

二、内部接口

内部接口是指河（湖）长制综合管理信息平台的二次开发接口。面向对象的组件式开发技术，有利于系统模块化，便于系统升级、功能扩展和延伸。在河（湖）长制综合管理信息平台内部接口设计时，需要与各级河（湖）长、开发人员及运维人员进行充分交流，明确平台的当前需求、短期需求和前瞻性功能需求，各类功能需求所需的数据、设备资源，从而能够设计出较为全面的平台扩展接口。

在进行扩展接口设计过程中，组件图是一种较好的交互模式，它能够展示平台各个有机组成部分，表达出对平台扩展和部署的思路，同时为各个组件进行二次开发提供帮助。组件图能够描述每个组件的接口规范如：方法、事件、属性以及调用的例子，便于平台维护与升级。

此外，内部接口设计需要为二次开发和功能扩展提供较为全面的数据、消息和系统资源，即二次接口包括数据接口、应用接口、消息接口等。同时，为尽可能减少接口使用难度，需要面向开发者提供专门的软件开发工具包（SDK 包）、标准开发文档、二次开发用例等文档和工具。

第三章

河（湖）长制综合管理信息化功能

第一节 水资源保护功能

水资源保护要落实最严格水资源管理制度，严守水资源开发利用控制、用水效率控制、水功能区限制纳污三条红线。根据河（湖）长制关于水资源保护的需求，水资源保护信息化具有水量实时监控、水资源保护审批管理、节水管理、水资源优化配置、水资源论证管理、水功能区监督管理、入河污染物总量监督管理和水资源信息发布的功能。

一、水量实时监控

远程计量可自动采集水量数据，对于没有纳入自动数据采集管理的取水工程和用水户，可人工现场抄表记数，手工录入实际取水量，实现水资源管理系统对于自动数据采集和人工管理的取水工程、用水户的统一管理。还可以查看并获取所有带远传功能的取水工程和用水户的实时数据，包括瞬时流量、表底数、水系工作状态、远传设备工作状态等，并可根据组织机构分类进行召测或者根据目前设备在线情况进行召测。同时可在线查询历史信息，对设备的工作情况按照时段做一个大概的评估，对发现的问题能自动上报设备故障情况。

二、水资源保护审批管理

对河湖干线沿岸建设项目及大中型水利工程环境影响报告书及文件的进行审批管理；对建设项目将对水资源造成的影响进行分析，并提出审批参考方案；对取水许可和文件的审批管理；对取水许可预申请、申请的水环境影响进行综合分析，提出初步的审批参考方案，例如取、退水口位置是否合适、取水口的水质是否能满足要求、退水口的水质是否产生较大影响，是否符合要求；规范取水许可预申请、申请的水环境影响报告书；对取水工程竣工后的核验、日常监督检查和年度审验等资料进行分析，并检查取水和退水水质、水量是否符合规定；输出许可、出发、批准通知书等文件。

三、节水管理

用水户用水计划管理和地区用水总量控制管理，用水计划实行"年计划""季考核""月抄表"的管理模式。按照"优先利用客水，合理利用地表水，控制开采地下水，积极利用雨洪水，推广使用再生水，大力开展节约用水"的用水方略，根据省、市、县水资源的开发利用情况及省水利厅下达的用水总量指标，遵循用水计划指标不得超过取水许可量、区域的取水许可量应小于用水总量控制指标的原则，编制下一年度的用水计划。计划一经下达，必须严格执行。确需调整用水计划的，通过提交申请，待现场勘查核定后予以批复。用水户收到指标后，根据实际生产经营情况，按水源类型将水量分配至各月，系统审核通过后，会自动以此数据作为季度考核的依据。系统审核不合格的予以退回，并重新上报审核，逾期未填报的，系统会自动平均分配。每季度对用水计划实施情况进行考核。系统对各省、市、县用水量进行统计，通过汇总全省、市、县和企业的实际水量，统计查询计划用水情况，便于进行考核和统计。

四、水资源优化配置

根据省、市、县水资源状况，编制水资源调度、配置方案。在灌区内的河湖，系统可根据来水情况、灌区面积、渠系过水量、灌区种植结构、地下水补给等对各灌区的用水量进行分配。

五、水资源论证管理

资源论证作为企业新建、扩建项目的前置条件，不提交水资源论证报告书或报告书未通过评审的，建设项目不予批准。该系统涵盖水资源论证项目、编制单位基本信息、资质单位、水资源论证专家库等资料信息，并对水资源论证项目进行评审、统计和分析。对实际用水量小于取水许可量的下调取水许可量，实际用水量远大于计划用水量实行超计划加价收费。

六、水功能区监督管理

根据各个水功能区的水质情况，分别对河湖的保护区、保留区、缓冲区、开发利用区等水功能区编制水质监控计划；利用水质模型，提出缓冲区划分方案；对供水水源地提出保护措施优化方案；对水功能区合理性进行调查分析，结合社会经济发展要求，及时对部分水功能区进行调整。

七、入河湖污染物总量监督管理

通过对支流口、排污口的水质、水量等数据的分析计算，得出各行政区、支流及排污口的污染物排放总量情况，并依据总量控制方案，对不达标者报警；根据河湖的特征及水流特点，通过水质数学模型，计算河道、湖泊的环境容量，确定水域纳污能力；根据河湖的水功能区要求及环境容量和水质模型推算污染物的排放总量；根据批准的河湖水资源保护规划和水量调度方案，可以编制不同水量的旬、月污染物总量控制计划；编制年度污染物总量排放方案，即最优化方案。

八、水资源信息发布

将水资源管理动态、水资源调查评价成果、水务改革等成果信息通过网站进行发布，为社会公众和用水企业提供水资源相关的实时信息和其他相关信息，方便社会公众和用水企业了解水资源工作情况，增强社会公众的水资源保护意识。水资源信息发布平台具有信息维护与发布、信息浏览、信息查询以及用户交互等功能。

第二节　河湖水域岸线管理功能

河湖水域岸线管理任务包括水域岸线和水生态管控、岸线保护和节约集约利用、突出问题的清理整治、湖泊岸线分区管理等，河（湖）长制综合管理信息化建设应围绕这些主要任务开展功能设计和开发。

一、水域岸线和水生态管控功能

河（湖）水域岸线管理职责中排在第一位的是"严格水域岸线等水生态空间管控，依法划定河湖管理范围"。水生态空间是生态空间和国土空间的重要组成部分，水生态保护红线是生态保护红线的重要组成部分。划定并严守水生态保护红线，对于防止河湖水域被侵占、维护河湖健康稳定、水生态系统良性循环具有重要作用。无论是水生态红线划定还是河湖保护管理范围划定，均属于划界管理，具有共性的信息化功能。

划界管理功能包括：水文分析计算成果展示；测绘数据、图元及其属性显示；管理范围显示；划界工作全过程管理等功能。其中：水文分析计算成果展示主要是对河流断面、洪峰流量、洪水水面线进行管理。测绘数据管理主要包括：堤防护岸、拦河坝、水闸、沿河引堤水建筑物等涉河建筑物及参数（建筑物名称、建成时间、坐标、行政区划、地址、高程、宽度、长度、投资、管理单位、说明及图片等）。管理范围显示包括：提供界桩、告示牌的地理坐标及属性参数。划界工作全过程管理是指前期管理、施工管理及验收管理资料上传、查阅；运行期管理，每个河段的管理员巡查记录及情况上报的查阅、汇总。

二、岸线保护和节约集约利用功能

落实规划岸线分区管理要求，强化岸线保护和节约集约利用。要求划定岸线保护区、保留区、限制开发区、开发利用区等不同开发利用类别，禁止不符合河道、湖泊功能定位的开发活动。

岸线保护与节约集约利用的信息化需要解决基础信息问题。首先需要调查河道涉河建筑物、河流区域利用规划等信息，才能开展岸线分区。然后，根据以河道管理带状地形图为基础绘制的河道管理线（包括临水控制线、外缘控制线）、河道中泓线，划定岸线功能区范围线（保护区、保留区、控制利用区、开发利用区），进行河势变化趋势分析，编制岸线管理范围划界报告。

岸线保护信息化则是对岸线功能区划分和利用管理规划的内容及成果进行管理，实现方式以图表、电子地区和辅助文字描述为主。岸线管理范围及功能区范围以在电子地图上表现为主，直观展示功能区基本情况描述，设立、划定、撤销等情况，并能按类型统计区域内的涉河建筑物类别及个数等功能。

三、岸线利用突出问题整治功能

在岸线管理中，侵占河道、围垦湖泊、非法采砂，对岸线乱占滥用、多占少用、占而不用等问题较为突出。为治理上述问题需要相关制度与信息化技术相互配合，形成移动巡查与自动监控预警相结合的岸线问题治理功能。一方面，按照"要建立河湖日常巡查责任制"的要求，为巡查人员量身定制河湖巡检移动 APP 功能，可便捷地录入和查询河湖水域岸线、涉水工程及活动的巡检记录，主要以文字和图片为主，应该支持现场拍摄与录入，为相关问题的治理和行政执法提供相关依据；另一方面，应用影像自动识别技术，实现对河湖管理要素的动态监控。对重点河湖、水域岸线、河道采砂等行为进行动态监控，及时发现围垦河湖、侵占岸线、非法设障、水域变化及非法采砂等情况，为河湖管理和水行政执法提供及时信息。

第三节　水污染防治功能

水污染防治主要需求为河湖排污管控、污染源监测、污染防治以及排污口整治。根据需求，水污染防治信息化功能细分为污染源监测、水污染预警预测、水污染联合防治、排污口监督管理、河湖水质预测模拟和生态环境综合评价。

一、污染源监测

需要明确污染源数量和分布情况，在条件允许的情况下，尽可能做到污染源、入河（湖）口的全面自动化监测系统建设，将相关监测数据统一纳入河（湖）长制综合管理信息平台，为河（湖）长的水污染治理决策提供基础数据；针对污染事故调查和入河排污口巡测，通过移动实验室进行实时水质数据采集，配合数字地图，利用卫星地面定位，将监测数据和水污染事故发生地的经纬度坐标数据等传送到处理中心。处理中心在综合数据库的支持下，对污染事故发生、发展的过程以及影响范围作出科学评价，使管理部门能够随时掌握事故发展动态，有效监视水污染事故发生地，防止事故扩大，减少损失，为调查和处理污染事故提供决策依据。

二、水污染预警预测

水污染治理不仅应该做到及时治理，更应该做到提前预防。为此，河（湖）长制综合管理信息平台在采集污染源数据和污染事故数据的基础上，设计相应的预警预测功能。该功能应该对信息源的监测数据进行自动处理，并对超标的数据进行自动报警，利用水质模型预测出污染影响的范围、程度等，并提供事故发生地点及影响范围的各种用水情况，为及时处理重大水污染事件提供科学依据。

三、水污染联合防治

水污染治理需要多部门之间的相互协调，而河（湖）长制的推行为联合防治提供了有利条件。为此，在信息化建设时，需要根据水质趋势预报和评价结果，做出河湖重点区域水污染联防方案，并对联合防治方案的传递、协调提供必要的信息支持；同时支持调查处理、仲裁省际间水事矛盾纠纷；提出各行政区、支流口、排污口的消减计划；利用实际监测数据与消减计划进行分析，并输出执行情况结果；系统还需要支持召开远程水污染联防会议。

四、排污口监督管理

需要确定主要排污口等监控对象，河（湖）长制综合管理信息平台建设需要对排污口的废污水水质、入河量进行远程监控及计算，精确获得污染物总量；采用国家或地方污水排放标准，监控其水质和总量是否达标；计算出各行政区、河段、水功能区的主要污染物；系统获得的排污口监测数据，需要支持河流干流和支流上新建、改建或扩大排污的审查意见。

五、河湖水质预测模拟

河（湖）长制综合管理信息平台需要针对不同河湖特征集成多种水质预测模型，通过模型计算实施展示预测结果，并且提高预测结果的可视化水平。通常，预测结果在全流域干流图层上以不同灰度或者色彩表示不同水域的监测项目的浓度分布结果。系统还可以根据不同年度污染物排放、流量等参数预测不同年份河湖水质状况，客观评价排污量对河湖水质的影响，实施对河湖的规划管理，预测结果以数据可视化的结果进行呈现。

第四节　水环境治理与水生态修复管理功能

根据河（湖）长制对水环境治理的要求，水环境治理与水生态修复模块具有流域社会、经济、资源、环境数据管理，水环境监测，水环境模拟分析，水环境信息遥感评价，水质预警，水环境治理辅助决策等功能。

一、流域社会、经济、资源、环境数据管理

区域经济、社会、资源等信息是科学制定水环境、水生态治理战略和规划的基础信息。这些数据的管理功能应该包括数据输入、编辑修改、输出、更新、查询、检索、演示及空间分析等。与水环境综合治理有关的流域社会、经济、资源、环境信息具有多源性特点，这种空间数据的多源性表现为多语义性、多时空、多尺度、获取手段和存储格式的多样性等方面，利用多源空间数据无缝集成技术，实现多格式数据直接访问、格式与位置无关数据集成、多源数据复合分析等空间数据操作。

二、水环境监测

河（湖）长制综合管理信息平台需要全面接入各部门水环境质量监测点（断面），并且对环境质量监测信息进行地图表达与处理，河（湖）长制不仅需要在 GIS 技术支持下收集并管理水环境监测信息，而且还需要为水环境监测点的选取和调整提供必要的分析工具。在综合各类监测点数据的基础上，可以通过对监测点历年数据、现状数据、环境监测目标等数据的比较分析，反映各类监测点（包括国控、省控、一般及省、市交接断面）水环境变化状况和目标趋势，从而科学地掌握监测点绝对或相对污染情况，并提供监测对象的污染程度分析和专题图。同时，在综合数据库的支持下，进行监测站资料的统计、整编、分析和水环境状况评价等。可分别对常规监测、省界监测、水量调度监测等不同业务，不同服务对象、不同技术要求，进行不同的数据处理分析，并将成果提供有关部门使用，以满足河（湖）长管理业务上的需要。

三、水环境模拟分析

在水环境监测的基础上，各级河（湖）长需要了解区域水环境演化规律。为此，河（湖）长制综合管理信息平台需要为基于 GIS 的生态环境信息模拟分析功能预留接口。该功能是对生态环境数据较为深层次的处理，也是 GIS 应用于生态环境研究最为重要的组成部分。该功能以 GIS 技术以及其他信息技术为基础，对河湖水环境、水生态环境信息进行加工、再生以获得某一生态环境问题解决的计划和策略信息。

四、水环境信息遥感评价

除直接水环境监测数据外，为全面掌握管辖范围内河湖水生态、水环境的整体情况，河（湖）长管理系统还需要在遥感数据的支持下，获取需采样的生态环境指标的定性信息，然后制定出合理的采样方案，划出重点采样区，以提高工作效率和样品的利用率。采样完成后，将预处理的信息输入到系统中，利用插值或拟合方法，得到有关生态环境因子的分布图，然后利用地理信息系统的叠加分析、缓冲区分析、路径分析、趋势面分析等进

行全区域生态环境的综合评价，再将评价指标输入到生态环境管理规划模型中，指定出该区域的生态环境规划策略。总的来说，该功能模块能利用遥感技术，通过对不同时间卫片进行处理与分析，展示不同时期、不同污染条件下的水质情况，定性探测到污染排放源，结合地面观测，分析并查明污染状况，同时也对未来污染情况的发展进行预测，为水环境治理提供科学的技术支持。该功能模块在系统建设初期可以预留相应的接口。

五、水质预警

常规水污染物浓度超标或突发性水污染事故发生后，依据污染物特点和预警需求选择合适的预警模型建立预警任务，并将预警任务纳入任务队列进行调度管理。与此同时，通过预测预警模型计算、校正，对水质状况进行分析、评价，开展水环境预警过程模拟预测，形成基于 GIS 的可视化模拟结果。在确定水质状况和水质变化趋势、速度以及达到某一变化限度的时间等信息基础上，预报不正常状况时空范围和危害程度，按需要适时地给出变化或恶化的各种警戒信息及相应的综合性对策，即对已出现的问题提出解决措施，对未出现或即将出现的问题给出防范措施及相应级别的警戒信息，从而保障水环境的安全。

六、水环境治理辅助决策

该功能模块应该包含水环境容量、决策方案专家咨询、多源数据空间分析与演示、水环境综合治理工程规划和评价等 5 个方面的实用辅助决策分析手段。水环境容量指水体功能区边界范围内对污染的可承载负荷量，随时间和决策目标的变化而改变。水环境容量分析提供利用水质模型计算不同水体水环境容量的计算机算法。水环境综合治理工程规划，利用水污染治理工程规划模型和水土流失治理工程规划模型，在治理目标和资金等约束条件下，计算出最佳治理措施（或工程安排方案）。水环境综合治理工程费用预算与环境经济评价，利用水污染治理工程费用模型、水土流失治理工程费用模型、水污染治理工程环境经济评价模型、水土流失治理工程环境经济评价模型计算工程费用，利用费用—效果评价方法评价治理工程。

第五节 执法监管功能

为落实《关于全面推行河长制的意见》《关于在湖泊实施湖长制的指导意见》中加强执法监管的相关要求，需要在河（湖）长制综合管理信息化建设中从以下几个方面构建较为完善的功能。

一、水政监察队伍信息管理功能

河（湖）长制的执法监督首先需要建立专业执法队伍，这就需要整理各地水政监察队伍建设情况和在岗水政监察员个人简历，建立信息库，并对离岗人员的证件进行一次清理、注销。因此，有必要在河（湖）长制综合管理信息平台中加入水政监察队伍信息管理模块，对队伍建设和人员工作状态按年度录入相关信息，实行动态监管。

二、水事纠纷预警功能

通过水事矛盾隐患的排查，及时掌握水事矛盾新动向、新情况，建立水事矛盾和水事纠纷信息库，标明水事矛盾的名称、所在区域、主要原因、预防措施、责任单位和责任人等。将上述信息接入河（湖）长制综合管理信息平台，加强实时监控，及时采取相应措施，防止事态激化、扩大。

三、水行政许可项目实时监控功能

为加强水行政许可项目的监督检查，在河（湖）长制综合管理信息化建设过程中，需要引入水行政许可项目实时监控功能。在该功能中首先录入重大行政许可项目的名称、规模、地址、具体要求（控制性要素）、补救措施等基本情况，然后，在信息平台建设实施阶段，由项目所在地的水行政主管部门将该项目的实施进展情况以及监督检查情况，以图片和文字的形式，实时登录到监控功能模块，以便河（湖）长及时了解，提高监管的效率。同时，通过卫星遥感系统与已批的行政许可项目进行对比，及时发现并制止未经批准填占水域或不按照批准要求兴建工程等违法行为。

四、水行政处罚实时监控功能

按照各地省级行政监察对行政许可项目实行实时监控的方式，河（湖）长制综合管理信息化建设需要研发水行政处罚实时监控功能。通过该功能，对各级水行政主管部门立案查处的案件，从受理立案开始，到执行结案的全过程，进行监控，及时监督、指导，规范水行政处罚行为，及时纠正不当处罚，树立河（湖）长制行政执法的良好形象。

五、行政处罚信息公开功能

按照河（湖）长制、"水十条"等对于严格水环境执法方面的要求，对超标和超总量的企业予以"黄牌"警示，一律限制生产或停产整治；对整治仍不能达到要求且情节严重的企业予以"红牌"处罚，一律停业、关闭。定期公布环保"黄牌""红牌"企业名单。定期抽查排污单位达标排放情况，结果向社会公布。为此，河（湖）长制综合管理信息平台应加入水环境行政处罚信息的公开功能，针对相关企业的水环境违法行为及时上网公布。

六、多主体联合惩戒功能

在河（湖）长制执法监管的同时，应当积极开展水环境、水生态、水资源、岸线管理等领域的社会化监管机制研究。以河（湖）长制管理为核心，联合金融机构、公益性组织、社会公众等参与主体，对水事违法行为主体形成惩戒合力。这就需要为各类参与主体提供信息接口和系统接口。在河（湖）长制综合管理信息化建设初期，联合惩戒机制尚不完善，可以考虑预留相应的接口。

第六节　其他功能

河（湖）长制相关文件中，将"强化考核问责""加强社会监督"作为河（湖）长制推行的保障措施，通过信息化手段加强这些措施的实现，可以进一步促进河（湖）长制的全面建立。相应的信息化功能包括以下几方面。

一、绩效考核功能

根据当前治理情况自动生成考核报表，同时提供上报接口，上级河（湖）长能够在此对下级河（湖）长的工作进行考评，同时可以根据考核指标，通过柱状图、饼状图和表格展现年度各项工作的完成情况，使得各部门有序推动工作，提高工作成效，确保完成各项治水目标。

二、信息公开功能

实现治水案例和新闻动态的功能。治水案例主要是展示与河湖信息相关的最新动态信息，以图片、文字和列表的形式展现，点击进去，可以查看信息的详细内容。

三、公众监督功能

通过提供公众服务平台，从而引导公众实时参与和监督河湖治理，构建全社会共同推进生态环境保护的工作格局，实现政府与社会对区域内水治理的共同管理。

第四章

河（湖）长制综合管理信息平台设计

第一节　河（湖）长制综合管理信息平台建设目标

河（湖）长制综合管理信息平台建设目标：以河（湖）长制综合管理模式为核心，紧密结合现代信息化技术手段，切实为河湖管护工作中遇到的责权划分难、协调沟通不顺、制度落实与管理不到位等问题提供信息化的支撑手段和解决方案，构建一套对河湖科学地监督、监管和保护的信息化综合管理平台，实现河湖管护工作的高效性、便捷性、长效性、实时性等目标，为河（湖）长制管理模式的推行和落实保驾护航。

第二节　河（湖）长制综合管理信息平台建设思路

"互联网＋河（湖）长制"为河（湖）长制模式的演化提供了新路径。水利作为国家背景、民生工程，是一项传统的行业。行业市场化缓慢，地方保护性强，并且互联网对于水利行业的改造速度还较缓慢。因此，探索以河（湖）长制管理模式为核心，利用互联网、移动互联的创新技术，开展河（湖）长制综合管理平台关键技术应用研究。

以信息化技术来丰富管理手段，加强河（湖）长制管理的技术支撑力量，逐步实现河湖基础数据展示、涉河工程、水域岸线管理、水质监测、考核评价等工作的信息化、数字化。建立河（湖）长制河湖管护系统，相关工作人员随时查看和处理相关信息，提高办事效率。

河（湖）长制综合管理信息平台建设思路：通过现代信息化手段，确保各级各部门从组织体系全覆盖、保护管理全域化、履职定责全周期、问题整改全方位、社会力量全动员、考核问责全过程等六个方面全力推行河（湖）长制。河（湖）长制综合管理信息化建设思路见图4-1。

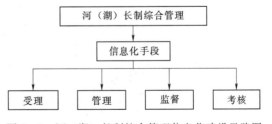

图4-1　河（湖）长制综合管理信息化建设思路图

第三节　河（湖）长制综合管理信息平台架构

根据河（湖）长制管理任务与信息化建设目标，河（湖）长制综合管理信息化将从基础设施体系、资源管理与服务体系、应用体系、安全体系、保障体系等五个方面，围绕七个一［统一门户（一张脸）、统一业务应用（一应用）、统一应用支撑平台（一平台）、统一空间信息服务平台（一张图）、统一数据资源整合共享（一个库）、统一基础设施（一朵云）、统一保障体系（一保障）]建设思路，实现基于同一平台，跨地域、跨部门、跨级别、跨平台业务系统的相互操作、资源调用、服务共享。依据数据共享、一图表达、统一平台支撑、业务协同以及统一门户的技术路线，河（湖）长制综合管理信息化建设项目的任务分解为基础设施体系、资源管理与服务体系、应用体系、安全体系、保障体系。体系总体架构见图 4-2。

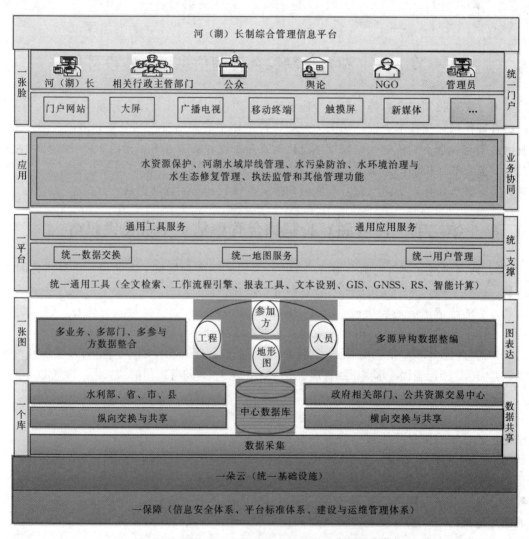

图 4-2 河（湖）长制综合管理信息化体系架构图

第四节 河（湖）长制综合管理信息平台结构

河（湖）长制综合管理信息平台包括三个层次：数据层、业务层、客户层。

（1）数据层。包括河（湖）长制综合管理信息平台对基础数据［包括空间地图数据、遥感数据、水利工程数据、河段数据、河（湖）长数据等]、专业数据（水域岸线管理数据、水资源管理数据、水环境管理数据、水生态修复数据、水污染防治数据）、管理数据（包括巡查执法数据、绩效考核数据以及系统管理数据）等信息进行维护，包括空间数据处理、数据增删改、信息查询。数据之间可以实现信息共享，资源协调一致。

（2）业务层。包括水资源保护、河湖水域岸线管理、水污染防治、水环境治理与水生态修复管理、执法监管和其他管理功能。

（3）客户层。包括各级河（湖）长、相关行政主管部门、公众、舆论、NGO、管理员等。

河（湖）长制综合管理信息平台结构见图4-3。

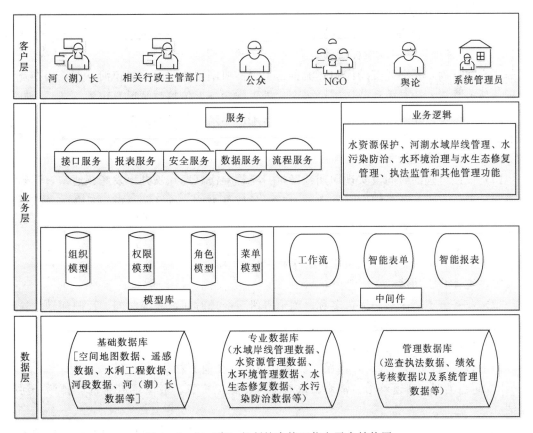

图4-3 河（湖）长制综合管理信息平台结构图

第五节 河（湖）长制综合管理信息平台功能设计

一、基础信息功能

（1）河（湖）长制文件：列出所有多层级河（湖）长制文件信息，可根据时间和区域进行排序和分类。

（2）权限：上级登录用户可查看本级及下级文档，下级登录用户可查看本级文档。

（3）政策法规：列出国家和省市水利相关政策法规，并定期更新，可根据地区进行分类。

（4）河（湖）长制网络图：提供河（湖）长制网络图和联系方式，并支持字段方式查询。

二、信息交流功能

（1）工作信息：河（湖）长办报送的信息的入口，以动态文本形式保存在后台，并支持在线修改，并将录用的信息进行明文发布，作为河（湖）长制工作信息的刊登和发布，同时每月针对各区河（湖）长办报送的信息数和录用率进行评分和排名。

（2）评分排名：按照信息报送评分方法确定加分值，汇入考核表。

三、日常业务功能

（1）河（湖）长办主动发现的问题：流程为发现问题→登记分类→任务派遣→河（湖）长办任务处置→整改情况反馈→上级河（湖）长办核查。

（2）河（湖）长办递交的问题：流程为上报需协调解决的问题→市河（湖）长办登记受理→任务派遣。一是由责任区（可多个）处置问题→上传整改情况→市河（湖）长办核查；二是牵头部门签署意见→河（湖）长办在部门意见基础上派遣给责任区→责任区上传整改情况→河（湖）长办核查。

四、绩效考核功能

（1）按照可选的时间段实现周期性考核：流程＝河（湖）长办下发考核通知，明确考核时间、考核方式、考核细则→发送到考核组各成员单位、各区河（湖）长办→考核组成员单位上报参加人员及联系方式。各上报联系人、考核地点→汇总形成考核信息表→考核打分→通报。

（2）分组：牵头单位、成员单位、考核组成员。

五、统计分析功能

（1）业务分类：区划、河道名称、河道等级、受理时间、完成时间、反映问题、处理结果、问题所属部门、问题类型。

1）河道等级：省级、市级、区级、镇级、村级。

2）问题所属部门：水利、环保、城管、市政、交通、农林、住建。

3）问题类型：河道整治、清淤、水质黑臭、施工扰民、驳岸栏杆维修、排污、河道保洁。

（2）数据分析：在每一个问题录入完成后，就可以在数据分析中看到具体分析结果。

按区域、河道等级、问题所属部门、问题类型进行分类统计，并计算所占比率。水草打捞、其他类型（支持自定义输入）。

六、数据库建设

数据库建设包括实时监测信息数据库（河流水系、水质监测、污水处理厂分布图、巡查数据、视频监控图像频等）、水产养殖分布图、排水管网分布图、易涝点分布点及进行数据交换的临时数据库等。

七、数据汇集交换功能

数据主要包括从各监测站直接获取的实时数据、由人工录入的基础数据及父间数据等；数据交换主要包括与其他相关业务部门的数据交换，主要采用基于数据库复制的数据同步和基于消息机制的数据推送。

八、应用支撑与服务平台功能

应用支撑与服务平台包括：一是数据库管理系统，为多种数据库并存提供条件，满足不同应用需求；二是数据存储及备份系统，有效储备系统运行生成的大量数据，满足系统容量不断增加和分布式网络环境下数据处理的需求，同时为出现故障时数据的及时回复提供保障；三是对各类共享中间件进行有效管理，包括数据仓库和数据挖掘软件、GIS 及影像处理软件、消息服务、数据访问服务、地图服务、工作流管理等。

九、综合汇展功能

综合汇展系统分为综合展示、五水专题、项目进度、智慧分析、人机巡河、河（湖）长制、实时监控七个模块。

十、项目管理功能

管理对象包括项目信息、劣Ⅴ类水体整治、河道清淤。项目管理模块包括项目基本信息填报、项目过程管理、查询统计和项目地图查询显示接口四大功能。项目管理系统区分两种角色用户：项目填报用户和项目浏览用户。

十一、移动督查功能

移动督查系统由移动端和网页端两部分组成。移动端系统为管理督查人员提供外业数据采集、巡查手段，可对重点项目、考核河道、三类河（沿河景观、沿河截污、侵占河道、河道保洁）、水管爆裂、水库、堤坝、低洼易涝区、水源地污染等实际问题进行检查和考核。督查员通过移动终端对发现的问题现场生成督查整改单和位置信息，并进行即时上传。系统会根据督查单生成位置根据问题类别自动通知相关部门的管理人员，管理人员登录移动督查 Web 端系统能够按图索骥看到需要整改的对象及其在地图上显示的位置，无需反复沟通确认。同时，系统提供反馈单一键发送功能，可大大简化整改反馈工作，提高工作效率。

十二、微信公众号

利用已有的微信公众号，集成环保部门的重点监测断面水质信息，通过列表、折线图方式展示水质情况，让公众及时了解水质情况。

第六节　河（湖）长制综合管理信息平台数据库设计

采用自上而下和自下而上相结合的方法，设计河（湖）长制综合管理信息平台的概念数据模型，以业务类为单元，分别定义业务类基本情况说明、局部概念模式定义、实体联系概念说明等内容。

河（湖）长制综合管理信息平台对基础数据〔包括空间地图数据、遥感数据、水利工程数据、河段数据、河（湖）长数据等〕、专业数据（水域岸线管理数据、水资源管理数据、水环境管理数据、水生态修复数据、水污染防治数据）、管理数据（包括巡查执法数据、绩效考核数据已经系统管理数据）等信息进行维护，包括空间数据处理、数据增删改、信息查询。

一、数据库设计原则

河（湖）长制数字信息化系统中涉及的数据来源多样（地形图、实地测量、已有的电子数据、实时监测数据、水利系统各部门提供历史数据等）、数据格式各异（GIS格式、Word文档、电子表格等）、数据形式丰富（数值型数据与非数值型的文本、图像信息）。数据的这种特点无疑给数据库的设计与实现增添了困难，必须遵循以下原则才能保证数据库设计的合理性，更好地支撑应用系统开发建设：

（1）统一性：包括坐标系统的统一性与编码规则的统一性。利用空间数据库管理空间坐标时，无论以何种方式、何种格式获取的数据必须归化到同一空间坐标系下，无论是地理坐标系还是平面坐标系；另外，数据库中所有要素必须按统一编码体系来进行编码，避免出现建库时因编码不一致而无法入库或在应用时出现歧义。

（2）规范化：属性数据编码、表结构、表名设计、字段标识、定义等要符合规范，采用一致的标准。

（3）安全性：建立备份，防止数据丢失和损坏；建立数据访问机制，防止非法用户入侵。

（4）可扩展性：考虑到随着时间的推移，系统数据将会不断扩充的要求，所以，在设计数据库的阶段保证满足日后扩展的需求。

二、数据库建设要求

河（湖）长制综合管理数据库是支撑河（湖）长制管理业务应用的基础，为了与其他业务应用之间实现信息共享和业务协同，数据库设计与建设应遵守以下要求：

（1）应采用面向对象方法，贯穿河（湖）长制管理数据库设计建设的全过程，实现河（湖）长制相关数据时间、空间、属性、关系和元数据的一体化管理。

（2）在全国范围内采用统一对象代码编码规则，确保对象代码的唯一性和稳定性，为各级河（湖）长制综合管理信息平台信息共享提供规范、权威和高效的数据支撑。

（3）在全国范围内采用统一的信息分类与代码标准，并针对每类对象及其相关属性，明确编码规则和具体代码。

（4）应按照河（湖）长制对象生命周期和属性有效时间设计全时空的数据库结构，保障各种信息历史记录的可追溯性。

三、数据库的设计与建设

（一）建设方式

（1）根据河（湖）长制综合管理业务需要梳理相关承载信息的对象，如：河流（河段）、湖泊、行政区划、河（湖）长〔总河（湖）长〕、湖长、事件等。

（2）构建河（湖）长制综合管理业务相关对象、对象基础、对象管理业务、对象之间关系等信息。

（3）装载该地区（系统服务范围）相关对象基础信息，动态信息由河（湖）长制综合管理信息平台在运行过程中同步更新。

（4）与相关业务系统实现共享信息的自动同步更新，或采用服务调用方式相互提供数据服务。

（二）基础数据库

河（湖）长制综合管理信息平台基础数据库主要包括以下信息：

（1）河湖（河段）信息、行政区数据、河（湖）长［总河（湖）长］数据、湖长数据、遥感影像数据、国家基础地理数据等基本信息。

（2）联席会议以及成员、河（湖）长湖长树结构、河（湖）长办树结构等组织体系信息。

（3）工作方案、会议制度、信息报送制度、工作督察制度、考核问责制度、激励制度等制度体系信息。

（4）一河一档的水资源动态台账、水域岸线动态台账、水环境动态台账、水生态动态台账等。

（5）一河一策的问题清单、目标清单、任务清单、责任清单、措施清单，以及考核评估指标体系与参考值等。

（三）动态数据库

河（湖）长制综合管理信息平台动态数据库主要包括以下信息：

（1）巡河管理、事件处理等工作过程信息。

（2）抽查督导的工作方案、抽查样本、工作过程、检查结果等信息。

（3）考核评估指标实测值、考核评估结果等信息。

（4）社会监督、卫星遥感、水政执法等监督信息。

（5）水文水资源、水政执法、工程管理、水事热线等水利业务应用系统推送的信息，以及环境保护等部门共享的信息。

（四）属性数据库

河（湖）长制综合管理信息平台属性数据库建设要求如下：

（1）河（湖）长制对象表：用来按类存储系统内对象代码及生命周期信息。

（2）河（湖）长制对象基表：用来按类存储系统内对象基础信息，用于识别和区别不同对象。

（3）河（湖）长制主要业务表：用来按类和业务存储管理河（湖）长制管理业务信息。

（4）河（湖）长制对象关系表：用来存储河（湖）长制对象之间的关系。

（5）河（湖）长制元数据库表：用来存储元数据信息。

（五）空间数据库

河（湖）长制综合管理信息平台空间数据主要包括遥感影像数据、基础地理数据、河（湖）长制对象空间数据、河（湖）长制专题数据、业务共享数据等，主要内容与技术要求如下：

（1）遥感影像数据主要包括原始遥感影像、正射处理产品、河（湖）长制管理业务监测产品等。

（2）基础地理数据包括居民地及设施、交通、境界与政区、地名等内容。

（3）河（湖）长制对象空间数据主要包括行政区划、河流湖泊、河湖分级管理段、监督督察信息点等数据。

（4）河（湖）长制专题数据主要包括河（湖）长湖长公示牌、水域岸线范围等。

（5）业务共享数据主要包括水功能区、污染源、排污口、取水口、水文站（含水量水质监测）等。

（6）空间数据库采用 CGCS 2000 国家大地坐标系，坐标以经纬度表示，高程基准采用 1985 国家高程基准，地图分级遵循《地理信息公共服务平台电子地图数据规范》（CH/Z 9011—2011），地图服务以 OGC WMTS、WMS、WFS、WPS 等形式提供。

四、数据质量控制

数据质量控制强调过程管理，包括从数据收集过程中工作大纲和收集表格的制定准备、收集方法的选择和工作责任的落实、数据审核考证的跟进，到数据整编过程中信息分类和编码、录入等技术规范的编制确定及实施，再到数据录入过程中质量审核、录入过程管理、数据核对验收等，保证数据质量控制的各个步骤、各项措施环环相扣。数据质量控制的关键是要明确数据处理各关键环节的工作程序和保证得到遵守，使得整个数据处理过程可控、可溯、可查。

（一）数据收集质量控制

数据收集质量包括收集前、收集中和收集后三个阶段对数据质量的控制。

（二）数据整编质量控制

为保证数据整编质量，对收集审核后的数据，按照《水利地理空间信息元数据标准》（SL 420—2007）和《实时雨水情数据库表结构与标识符》（SL 323—2011）对水利信息进行分类及编码。

（三）数据入库质量控制

（1）数据录入前质量审核。数据入库前须经过严格的质量检查控制，数据在入库之前，组织专家对数据质量进行抽样检查，抽样数据不得低于总数据的 5%，合格率不得低于 95%，提交《评估报告》，提出综合评估意见和数据质量问题的处理意见。

（2）导入过程管理。

1）数据入库可以成批和单独录入。

2）成批导入软件提供自动检测数据的功能，对数据格式、类型、长度及合理性等错误进行检测和提示。

3）单独录入是对新增、修改等不适合成批导入的数据，通过数据库数据录入功能进行手工逐条录入，录入成果由系统软件自动进行对照发现错误数据。

4）在数据资料入库完成后，批量导出再次进行脱机核对。

第二篇

河（湖）长制综合管理信息化实施与管理

第五章

河（湖）长制综合管理信息化顶层设计

第一节　河（湖）长制综合管理信息化现状

国家、流域机构、各省在河（湖）长制综合管理信息化方面均开展了一定的工作，目前已初步建成并正在运行的河（湖）长制综合管理信息平台有全国河（湖）长制管理信息平台、浙江省河（湖）长制管理平台、宁夏河（湖）长制综合管理信息平台。这些系统的使用为其他河（湖）长制综合管理信息化建设提供了一定的参考价值。但是这些已建成的河（湖）长制管理信息系统（平台）存在当前信息化建设存在的一些普遍问题，包括协同工作能力不足、信息孤岛现象较为严重、信息资源效用低、系统功能较为单一、智能管理功能缺乏、系统（平台）升级改造困难，导致现有的信息系统（平台）难以持续使用，从而难以满足河（湖）长制综合管理的需要。

第二节　河（湖）长制综合管理信息化顶层设计体系

一、信息化层次

（一）中央层面

全国河（湖）长制综合管理信息平台应根据水利部河（湖）长办实际工作需要，按照急用优先的原则制定分步上线计划，首先实现旬报统计的线上填报功能，之后实现有关数据的自动导入和集成。此外，有必要出台河（湖）长制综合管理信息化建设的指导性意见，明确各级河（湖）长办信息化建设重点及分工，明确各级数据共享内容及接口标准，尽量避免全国河（湖）长制综合管理信息平台和各省级河（湖）长制综合管理信息平台的功能重复建设。

（二）省级层面

省级河（湖）长制综合管理信息平台建设应充分考虑市、县级的实际，力争在省级河（湖）长制信息平台建设中覆盖全部市、县级应用需求，采用客户端技术，无需市、县河（湖）长办再单独建设。

二、顶层设计结构

河（湖）长制综合管理信息化由数据中心层、应用平台层、展示层、运行环境以及保障措施等组成。数据中心层一部分负责存储从各业务系统汇集的数据，另一部分为其他系统提供数据共享接口；河（湖）长制业务应用平台围绕河（湖）长制六大任务开展工作，为展示层提供服务；展示层支持应用系统、APP、门户、微信公众号等多种形式的访问；

运行环境包括网络、机房、安全等方面；保障措施包括建设与运行管理、标准与规范等。

河（湖）长制综合管理信息化顶层设计结构图见图 5-1❶。

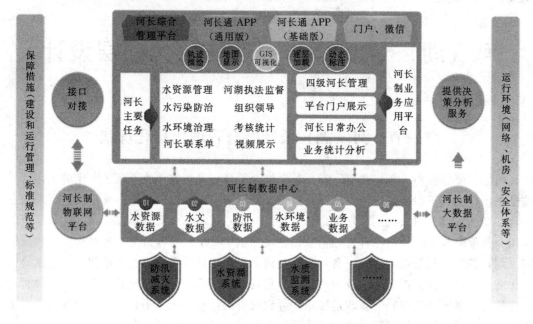

图 5-1　河（湖）长制综合管理信息化顶层设计结构图

第三节　河（湖）长制综合管理信息化分项业务系统

一、统筹河湖管理保护规划

遵循河湖自然规律和经济社会发展规律，坚持严格保护与合理利用，根据河湖功能定位，将生态理念融入城乡建设、河湖整治、旅游休闲、环境治理、产业发展等项目的规划、设计、建设、管理全过程，科学编制经济社会发展规划和各领域、各部门、各行业专项规划。各部门与河湖环境有关的规划应相互衔接、统筹、谋划。河湖管理保护规划要统筹上下游、左右岸、干支流，综合考虑地区水资源条件、环境承载能力、防洪要求和生态安全，针对河湖具体特点，实行一河一策、一湖一策、一库一策，注重生态环境保护和可持续发展。

二、落实最严格水资源管理制度

坚持以水定城、以水定地、以水定人、以水定产，全面落实用水总量控制、用水效率控制、水功能区限制纳污和水资源管理责任与考核等四项制度，全面实行水资源消耗总量和强度双控行动，严格水资源用途管控。建立水功能区水质达标评价体系，健全控制指标体系，着力加强监督考核。严格落实环境影响评价、水资源论证、取水许可和有偿使用制度，积极推进水权制度改革、水权交易试点。加快水资源监控能力建设，探索建立区域水

---

❶　基础图来源于江苏移动关于"江苏河长制信息化综合管理平台汇报材料"。

资源、水环境承载能力预警工作机制。严格入河湖排污口监督管理，开展入河湖排污口普查，核定水功能区的纳污能力，明确功能区的允许纳污总量。实施全民节水计划，全面推进节水型社会建设，加强工业、城镇、农业节水。

三、加强江河源头、水源涵养区和饮用水源地保护

加强主要江河源头、重要水源涵养地的水环境保护，划定禁止开发红线范围，实现江河源头保护区污染物零排放。依法划定饮用水水源保护区，禁止在水源保护区内开展一切与水源保护无关的活动。强化饮用水水源应急管理，建立完善饮用水水源地突发事件应急预案。

四、加强水体污染综合防治

全面贯彻国务院《水污染防治行动计划》，持续实施《水污染防治行动计划工作方案》，加强工矿企业污染、城镇生活污染、畜禽及水产养殖污染、农业面源污染及船舶港口污染防治，落实部门职责，分头推进防治措施。在环境敏感区、生态脆弱区、水环境恶化区域，制定严于国家标准的水污染排放标准或执行特别排放限制。统筹环境保护、水利等部门现有监测断面，统一规划加密设置监测点位，以县为单位加密设置出入境监测断面。建立水质恶化倒查机制，追溯污染来源，严格落实整治责任和限期整改措施。进一步加大力度，对水系实施分区域、分阶段科学治理。

五、强化水环境综合治理

按照水功能区确定各类水体的水质保护目标，加强河湖水环境综合整治，以县级行政区域为单元实施农村综合整治。大力推进生态乡镇、生态村寨和绿色小康村创建活动，积极推进城镇污水、垃圾处理设施建设和服务向农村延伸，探索多元化农村污水、垃圾处理等环境基础设施建设与运营机制，积极推动农村环境污染第三方治理。加快推进水环境治理网格化和信息化建设，结合城市总体规划，因地制宜建设亲水生态岸线，加大黑臭水体治理力度，实现河湖环境整洁优美、水清岸绿。

六、推进河湖生态保护与修复

禁止侵占自然河湖、湿地等水源涵养空间。稳步实施退田还湖还湿、退渔还湖还库，提高水生生物多样性和水体净化调节功能，构建自然生态河湖。加强河湖湿地修复与保护，维护湿地生态系统完整，开展河湖沿岸及库区绿化造林，改善河湖生态环境；制定湿地保护修复方案，实施草海高原喀斯特湖泊生态保护和综合治理规划。及时开展河湖健康评估。严格落实生产建设项目水土保持"三同时"制度，严格控制人为的水土流失，加大水土流失综合治理，推进坡耕地治理、水土保持重点工程、生态清洁型小流域建设；加快水源涵养林建设，全面保护天然林，提高森林覆盖率；因地制宜连通河湖水系，科学制定河湖水系的调度方案，保证河流生态流量。

七、加强水域岸线及挖砂采石管理

加快推进岸线管理与利用规划编制工作，严格分区管理和用途管制，划定岸线保护区、保留区、限制开发区、开发利用区，依法划定河湖及水利工程管理范围和保护范围，加强涉河建设项目管理，严格履行报批程序和行政许可。强化河道挖砂采石管理，完善日常执法巡查制度，禁止超时超量超范围挖砂采石，经批准的挖砂采石作业完成后及时恢复河道原貌，禁止在河道内堆放挖砂采石尾料或弃料。建立网格化、全方位的河湖水域岸线

巡查检查制度和违法行为监督举报制度。

八、完善河湖管理保护法规及制度

建立完善河湖管理保护法规体系，加快《河湖管理条例》《环境影响评价条例》等的立法进程，适时修订《生态文明建设促进条例》《环境保护条例》。加快推行自然资源资产负债表管理，建立自然资源资产离任审计制度。加大《湿地保护条例》执法力度，落实党政领导干部生态环境损害责任追究办法。探索建立与生态文明建设相适应的河湖健康评价体系。制定流域生态保护补偿办法，逐步推广覆盖其他水系、统一规范的流域生态保护补偿制度。完善河湖、水库及堤防管理养护制度。

九、加强行政监管与执法

落实最严格的水环境监管制度，强化行政监管与执法。省级要强化河湖执法联合监管，市、县两级落实河湖执法监管机构，落实执法监管人员、设备和经费，增强河湖执法监管职能职责，切实履行河湖执法监管工作。大力开展河湖"乱占乱建、乱围乱堵、乱采乱挖、乱倒乱排"等突出问题专项整治，依法清理饮用水水源保护区内违法建筑和排污口，加大河湖管理和保护范围内违章建筑排查和整治力度，及时发现并采取有效措施制止河湖水事违法行为，杜绝危害工程安全和破坏水生态环境的活动。健全行政执法与刑事司法衔接配合机制，严厉打击非法侵占水域岸线、擅自取水排污、非法采砂、非法采矿洗矿、倾倒废弃物等破坏河湖生态环境的违法犯罪行为。

十、加强河湖日常巡查和保洁

组织开展"百千万"清河行动，并纳入河（湖）长制考核评估。按照分级负责的原则，组织对主要河流开展重点执法检查，启动"清畅整治行动"；开展"清岸清水活动"；各县（市、区）根据辖区内河流实际需要，按照属地负责的原则，聘请巡查保洁员负责河湖日常巡查和保洁工作。

十一、加强信息平台建设

建立河湖大数据管理信息系统，逐步实现信息上传、任务派遣、督办考核数字化管理。利用遥感、GPS等技术，对重点河湖、水域岸线、区域水土流失等进行动态监测，实现基础数据、涉河工程、水域岸线管理、水质监测等信息化、系统化。建立河（湖）长制即时通信平台，将日常巡查、问题督办、情况通报、责任落实等纳入信息化、一体化管理，及时发布河湖管理保护信息，接受社会监督。

第四节 河（湖）长制综合管理信息化保障措施

河（湖）长制综合管理信息化的保障措施包括标准体系、建设管理、运行管理、安全管理、经费保障和人才队伍等。

一、标准体系

标准体系是指在一定范围内的标准、办法、规定等，按其内在联系形成的科学有机整体。按照《水利信息化标准指南》的规定，水利信息化标准体系由术语、分类和编码、规划与前期准备、信息采集、信息传输与交换、信息存储、信息处理、信息化管理、安全、地理信息十个部分组成。

二、建设管理

河（湖）长制综合管理信息化建设管理体制首先应遵循国家、水利部和地方有关基本建设管理的相关法规和制度，同时，应充分分析信息化项目建设的特点，制定出既满足基本建设管理要求，又适应河（湖）长制综合管理信息化项目建设的管理体制。

河（湖）长制综合管理信息化管理建设体制主要包括：建设管理机构及其职责、建设管理基本流程、计划管理办法、资金管理方法、质量管理办法、验收管理方法和档案资料管理办法等。

三、运行管理

河（湖）长制综合管理信息化的运行管理是一项复杂和繁重的工作，对于充分发挥河（湖）长制综合管理信息化的效用具有重要的作用。目前，基本的运行管理体制有两种：一种是成立专门的信息化运行管理机构，负责整个单位的信息化运行管理；另一种是委托专门的运行管理公司，负责信息化的日常运行管理。

河（湖）长制综合管理信息化运行管理体制主要包括：建设运行管理机构及其职责、制定各类运行管理制度（如网络使用管理办法、数据中心运行管理制度、数据共享管理办法等）、运维经费管理办法、信息资产管理办法等。

四、安全管理

安全管理是对一个组织机构中平台的生存周期全过程实施符合安全等级责任要求的管理，包括：落实安全管理机构及安全管理人员，明确角色与职责，制定安全规划；开发安全策略；实施风险管理；制定业务持续性计划和灾难恢复计划；选择与实施安全措施；保证配置、变更的正确与安全；进行安全审计；保证维护支持；进行监控、检查，处理安全事件；安全意识与安全教育；人员安全管理等。

管理安全应遵循《信息安全技术　信息系统安全管理要求》（GB/T 20269—2006）、《信息技术　安全技术　信息安全管理实用规则》（GB/T 22081—2008）、《信息技术　安全技术　信息安全管理体系要求》（GB/T 22080—2008)、《信息安全技术　信息安全风险管理指南》（GB/T 24364—2009）和《信息安全技术　信息安全应急响应计划规范》（GB/T 24363—2009）。

河（湖）长制综合管理信息安全管理体制建设内容包括：制定安全策略体系、建立安全组织机构、制定安全管理制度、开展安全管理培训、加强日常安全管理等。

五、经费保障

政府部门应积极争取将河（湖）长制综合管理信息化建设投入单独列项，并且应在每年的项目预算中加大研究资金用的投入。河（湖）长制综合管理信息化项目建设完成后，应及时列支运行维护经费。

六、人才队伍

以岗位培训和继续教育为重点，把信息化知识培训纳入干部、职工的培训内容。加强河（湖）长制综合管理信息化人才队伍的建设，培养和造就一批从事河（湖）长制综合管理信息平台规划、开发、信息应用技术、管理、善于引进吸收和应用先进技术的多层次高素质复合型人才和跟踪国际先进水平并具有创新能力的专家队伍。同时，广泛、深入、持久地开展信息化的宣传教育，形成信息化的共识。

第五节　河（湖）长制综合管理信息化实施步骤

一、实施步骤

按照统筹规划、分步实施、急用先行的原则，河（湖）长制建设内容分步骤实施（建设步骤示意图见图 5-2）。

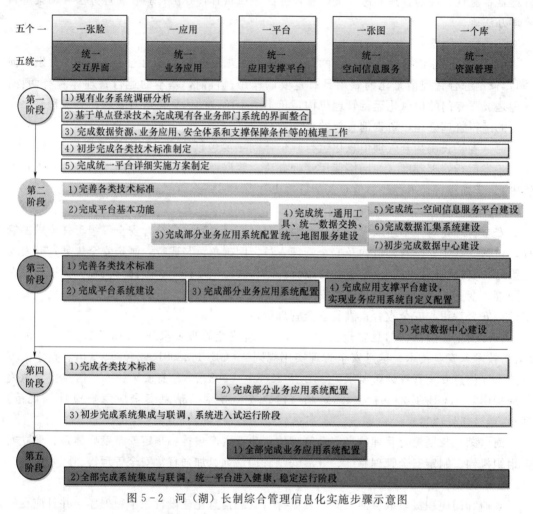

图 5-2　河（湖）长制综合管理信息化实施步骤示意图

（一）第一阶段主要任务

（1）现有业务系统调研分析。

（2）基于单点登录技术，完成现有各业务部门系统的界面整合。

（3）完成数据资源、业务应用、安全体系和支撑保障条件等的梳理工作。

（4）初步完成各类技术标准制定。

（5）完成统一平台详细实施方案制定。

（二）第二阶段主要任务

（1）完善各类技术标准。

（2）完成门户系统基本功能。

（3）完成部分业务应用系统配置。

（4）完成统一通用工具、统一数据交换、统一地图服务建设。

（5）完成统一空间信息服务平台建设。

（6）完成数据汇集系统建设。

（7）初步完成数据中心建设。

（三）第三阶段主要任务

（1）完善各类技术标准。

（2）全部完成门户系统建设。

（3）完成部分业务应用系统配置。

（4）完成应用支撑平台建设，实现业务应用系统自定义配置。

（5）完成数据中心建设。

（四）第四阶段主要任务

（1）完成各类技术标准。

（2）完成部分业务应用系统配置。

（3）初步完成系统集成与联调，系统进入试运行阶段。

（五）第五阶段主要任务

（1）全部完成业务应用系统配置。

（2）全部完成系统集成与联调，统一平台进入健康、稳定运行阶段。

（六）预期效果

实现资源充分共享与业务协同，与相关政府部门实现业务关联，全面支撑河（湖）长制各项业务高效运行。

二、重点工作

（一）业务应用平台研发

结合水利一张图，紧扣河（湖）长制任务，率先研发水资源保护、水污染防治、水环境治理、水生态修复业务应用系统。

（二）基础设施和信息资源整合

（1）计算存储资源。整合服务器计算资源、数据存储资源和网络资源，实现计算和存储资源充分整合共享。

（2）数据信息资源。建立数据管理系统、信息共享交换系统、信息服务与发布系统以及基础数据的资源目录和元数据库，实现数据资源目录、基础数据、应用共享数据的集中统一管理与服务。建立信息采集标准和传输规约，制订视频采集和自动监控系统规范标准，实现水利系统内数据、视频和工程监控的互联互通和信息共享。

（三）业务应用系统整合

已建的业务应用系统要整合数据资源，新建系统要充分利用已有的软硬件资源，全面共享数据与服务平台资源。系统建设要包含决策支持、业务管理和服务平台功能，决策支持主要面向决策层，业务管理主要面向管理层，服务平台是实现业务协同的共享平台，为信息发布和系统调用提供定制的应用服务。

第六章

河（湖）长制综合管理信息化关键技术

第一节 河（湖）长制综合管理信息化开发框架和开发工具

一、开发框架

软件工程对框架有如下定义：一个框架是一组相互协作的类；对于特定的一类软件，框架构成了一种可重用的设计。这个定义虽然主要着眼于面向对象的软件开发，但已经基本上给出了这个词的核心含义：框架是软件系统的设计、开发过程中的一个概念，它强调对已完成的设计、代码的重复使用，并且，一个框架主要适用于实现某一特定类型的软件系统。

（一）框架的主要特点和要求

1. 代码模板化

框架一般都有统一的代码风格，同一分层的不同类代码，都是大同小异的模板化结构，方便使用模板工具统一生成，减少大量重复代码的编写。在学习时通常只要理解某一层有代表性的一个类，就等于了解了同一层的其他大部分类结构和功能，容易上手。团队中不同的人员采用类同的调用风格进行编码，很大程度提高了代码的可读性，方便维护与管理。

2. 重用

开发框架一般层次清晰，不同开发人员开发时都会根据具体功能放到相同的位置，加上配合相应的开发文档，代码重用会非常高，想要调用什么功能直接进对应的位置去查找相关函数，而不是每个开发人员各自编写一套相同的方法。

3. 高内聚（封装）

框架中的功能会实现高内聚，开发人员将各种需要的功能封装在不同的层中，给大家调用，而大家在调用时不需要清楚这些方法里面是如何实现的，只需要关注输出的结果是否是自己想要的就可以了。

4. 规范

框架开发时，必须根据严格执行代码开发规范要求，做好命名、注释、架构分层、编码、文档编写等规范要求。因为你开发出来的框架并不一定只有你自己在用，要让别人更加容易理解与掌握，这些内容是非常重要的。

5. 可扩展

开发框架时必须要考虑可扩展性。当业务逻辑更加复杂、数量记录量暴增、并发量增大时，能否通过一些小的调整就能适应，还是需要将整个框架推倒重新开发。当然对于中小型项目框架，也不必考虑太多这些内容，当个人能力和经验足够时水到渠成，自然就会注意到很多开发细节。

（二）常用框架

1. Struts

Struts 是 Apache 软件基金下 Jakarta 项目的一部分。Struts 是一个稳定、成熟的框架，并且占有了 MVC 框架中最大的市场份额。

2. Spring

Spring 是一个开源框架，由 Rod Johnson 创建并且在他的著作《J2EE 设计开发编程指南》里进行了描述。它是为了解决企业应用开发的复杂性而创建的。Spring 使用基本的 JavaBeans 来完成以前只可能由 EJB 完成的事情变得可能了。然而，Spring 的用途不仅限于服务器端的开发。从简单性、可测试性和松耦合的角度而言，任何 Java 应用都可以从 Spring 中受益。

3. ZF

Zend Framework（简写 ZF）是由 Zend 公司支持开发的完全基于 PHP5 的开源 PHP 开发框架，可用于开发 Web 程序和服务。ZF 采用 MVC（Model‐View‐Controller）架构模式来分离应用程序中不同的部分方便程序的开发和维护。

4. . NET

. NET MVC 是微软官方提供的以 MVC 模式为基础的 . NET Web 应用程序（Web Application）框架，它由 Castle 的 MonoRail 而来（Castle 的 MonoRail 是由 java 而来）。

二、开发工具

开发工具一般是指一些被软件工程师用于为特定的软件包、软件框架、硬件平台、操作系统等建立应用软件的特殊软件。其中主要的语言开发工具有几大类：java 开发工具、net 开发工具等。

（一）Java 开发工具

1. MyEclipse

MyEclipse 应用开发平台是 J2EE 集成开发环境，包括了完备的编码、调试、测试和发布功能，完整支持 Java、HTML、Struts、Spring、JSP、CSS、Javascript、SQL、Hibernate。MyEclipse 应用开发平台结构上实现 Eclipse 单个功能部件的模块化，并可以有选择性地对单独的模块进行扩展和升级。

2. Eclipse

Eclipse 是目前功能比较强大的 Java IDE（Java 编程软件），是一个集成工具的开放平台，而这些工具主要是一些开源工具软件。在一个开源模式下运作，并遵照共同的公共条款。Eclipse 平台为工具软件开发者提供工具开发的灵活性和控制自己软件的技术。

3. NetBeans

NetBeans 是开放源码的 Java 集成开发环境（IDE），适用于各种客户机和 Web 应用。Sun Java Studio 是 Sun 公司最新发布的商用全功能 Java IDE，支持 Solaris、Linux 和 Windows 平台，适于创建和部署 2 层 Java Web 应用和 n 层 J2EE 应用的企业开发人员使用。

（二）. Net 软件开发工具

Visual Studio 是一套完整的开发工具，用于生成 ASP NET Web 应用程序、XML Web services、桌面应用程序和移动应用程序。Visual Basic、Visual C♯ 和 Visual C++ 都使用相同的集成开发环境（IDE），这样就能够进行工具共享，并能够轻松地创建混合语言解决方案。

三、基于关键技术的开发框架和开发工具

本节内容将主要介绍关于大数据分析和人工智能技术的开发框架和开发工具。

（一）大数据开发框架和工具

1. MongoDB

MongoDB 是一个基于分布式文件存储的数据库，使用 C++ 语言编写。旨在为 Web 应用提供可扩展的高性能数据存储解决方案。应用性能高低依赖于数据库性能，MongoDB 则是非关系数据库中功能最丰富，最像关系数据库的，随着 MongoDB 3.4 版本发布，其应用场景适用能力得到了进一步拓展。

MongoDB 的核心优势是灵活的文档模型、高可用复制集、可扩展分片集群。你可以试着从几大方面了解 MongoDB，如实时监控 MongoDB 工具、内存使用量和页面错误、连接数、数据库操作、复制集等。

2. ElasticSearch

ElasticSearch 是基于 Lucene 的搜索服务器。它提供了分布式多用户能力的全文搜索引擎，基于 RESTful web 接口。ElasticSearch 是用 Java 开发的，并作为 Apache 许可条款下的开放源码发布，是比较流行的企业级搜索引擎。

ElasticSearch 不仅是一个全文本搜索引擎，还是一个分布式实时文档存储，其中每个 field 均是被索引的数据且可被搜索，也是一个带实时分析功能的分布式搜索引擎，并且能够扩展至数以百计的服务器存储及处理 PB 级的数据。ElasticSearch 在底层利用 Lucene 完成其索引功能，因此其许多基本概念源于 Lucene。

3. Cassandra

最初是由 Facebook 开发的，旨在处理许多商品服务器上的大量数据，提供高可用性，没有单点故障。

Apache Cassandra 是一套开源分布式 NoSQL 数据库系统。集 Google BigTable 的数据模型与 Amazon Dynamo 的完全分布式架构于一身。于 2008 年开源，此后，由于 Cassandra 良好的可扩展性，被 Digg、Twitter 等 Web 2.0 网站所采纳，成为了一种流行的分布式结构化数据存储方案。

因 Cassandra 是用 Java 编写的，所以理论上在具有 JDK6 及以上版本的机器中都可以运行，官方测试的 JDK 还有 OpenJDK 及 Sun 的 JDK。

4. Redis

Redis 是一个开源的使用 ANSI C 语言编写的、支持网络、可基于内存亦可持久化的日志型、Key - Value 数据库，并提供多种语言的 API。Redis 有三个主要使其有别于其他很多竞争对手的特点：Redis 是完全在内存中保存数据的数据库，使用磁盘只是为了持久性目的；Redis 相比许多键值数据存储系统有相对丰富的数据类型；Redis 可以将数据复制到任意数。

5. Hazelcast

Hazelcast 是一种内存数据网格 in-memory data grid，提供 Java 程序员关键任务交易和万亿级内存应用。虽然 Hazelcast 没有所谓的"Master"，但是仍然有一个 Leader 节点（the oldest member），这个概念与 ZooKeeper 中的 Leader 类似，但是实现原理却完全不同。同时，Hazelcast 中的数据是分布式的，每一个 member 持有部分数据和相应的 backup 数据，这点也与 ZooKeeper 不同。

（二）人工智能开发框架和工具

1. TensorFlow

语言：C++或 Python

TensorFlow 是一个使用数据流图表进行数值计算的开源软件。这个框架被称为具有允许在任何 CPU 或 GPU 上进行计算的架构，无论是台式机、服务器还是移动设备。这个框架在 Python 编程语言中是可用的。TensorFlow 对称为节点的数据层进行排序，并根据所获得的任何信息做出决定。

2. Microsoft CNTK

语言：C++

微软的计算网络工具包是一个增强分离计算网络模块化和维护的库，提供学习算法和模型描述。在需要大量服务器进行操作的情况下，CNTK 可以同时利用多台服务器。

3. Theano

语言：Python

Theano 是 TensorFlow 的强有力竞争者，是一个功能强大的 Python 库，允许以高效率的方式进行涉及多维数组的数值操作。Theano 库透明地使用 GPU 来执行数据密集型计算而不是 CPU，因此操作效率很高。出于这个原因，Theano 已经被用于为大规模的计算密集型操作提供动力大约十年。

第二节　河（湖）长制综合管理信息化数据处理与应用技术

河（湖）长制综合管理信息化平台涉及的数据量众多，数据结构多样，需要以大数据的技术来对数据进行处理与应用。而大数据处理技术不同于传统的计算与信息处理技术，大数据处理具有显著的技术综合性和交叉性特征。任何一个单一和隔离的技术层面和技术方法，都难有效完成大数据的处理，需要从计算技术的多个层面出发，采用新的技术方法，才能提供有效的大数据处理技术手段和方法。大数据的有效处理需要将存储、计算与分析层面的技术紧密结合、交叉综合，形成一种完整的大数据处理技术，构成一体化的大数据处理平台。

一、基于数据处理的用户调研

本阶段的工作完全以大数据处理技术为基础，即设计人员可以根据自身的需求利用爬虫技术对相关数据展开收集。例如，网站交互设计中，设计者就可以对不同规模的网站进行流量统计与分析，并对网站的内容设计、结构设计等展开深层次的分析。利用爬虫技术收集数据的意义在于可以通过某种既定的规则，对网络信息的脚本与程序进行自动化抓取。对数据信息的处理则需要利用分布式与并行处理技术展开，设计者可以根据受众的关注点对数据进行分类与处理，如结构布局、色彩搭配等，其中分布式处理能够将功能、地点、数据各异的计算机连接到一起，实现协调控制以及统一管理，从而有效提升系统的性能。最后通过有价值的数据规律与模型，对用户行为作出准确预测。

河（湖）长制综合管理信息系统中蕴含着大量离散数据，数据之间又存在一对多，多对一或者是多对多的关系数据，离散数据随着时间变量又衍生出时间维度的海量数据。这些数据信息一直客观存在，随着技术进步能够收集并记录这些数据，形成了水系统的大数据。而空间属性决定了其复杂的地理信息，通过地理信息系统组织水系统，将抽象的水系统信息接入地理信息系统，在数据存储与处理、数据挖掘及可视化等技术支持下，实现水系统的空间信息化。为实现水系统的健康构建而决定某一水系统单元的实施策略或方法，或者说是利用水系统信息进行合理地水系统规划、设计、建设，信息技术——决策支持平台可为决策者提供定性与定量相结合的工作环境。因此，大数据的存储处理、地理信息系统、决策支持平台是目前城市水系统信息技术的关注点。

二、大数据的储存处理

在大数据时代，短时间之内将产生海量的数据，需要面对的挑战是数据的存储与处理。数据的存储一般可分为基于文件的存储模式和基于数据库的存储模式。基于文件的存储模式主要用于非结构化数据的储存，根据其连接方式的不同，可分为直连式存储、网络化存储和集群文件系统。直连式存储是伴随计算机的发明而发展的存储方式，当数据量超过 TB 时，其在备份、恢复、扩展及灾备等方面的问题变得突出。网络化存储主要有网络接入存储和存储区域网络两种不同模式。

存储区域网络通过光纤通道的交换机连接存储阵列与服务器主机，建立数据的专用区域网络。网络接入存储则通过网络交换机连接存储系统和服务器主机，同样建立专用于数据存储的存储私网。集群文件系统是指协同多个节点提供高性能、高可用或负载均衡的文件系统，其分布式文件存储特性解决了单点故障和性能瓶颈的问题。目前典型的集群文件系统有 PNFS、GPFS、Lustre、Net APP - GX、PVFS2、Gluster、FS、谷歌文件系统、LoongStore、CZSS 等。大数据时代的到来产生了大量的结构化数据和非结构化数据，这些数据的分析和处理要求数据库具有高并发读写、高存储效率、高可扩展性和高可用性的需求。应运而生的是较传统关系型数据库 SQL 对应的非关系型数据库 No SQL。根据 CAP（Consistency，Availability，Partition Tolerance）理论，一致性、可用性和分区容错性不可兼得，必须有所取舍。No SQL 通过降低数据一致性寻求可用性和分区容错性来达到数据库高并发的需求。由于 No SQL 数据存储不需要固定的表结构，在大数据存取上具备关系型数据库无法比拟的性能优势。但是，数据完整性难以保证和商业支持不足都是处在实验阶段的 No SQL 的不足之处。在未来一段时间内，大数据的数据库设计将是 No SQL 和 SQL 数据库的结合。

三、决策支持平台的构建

目前，基于 Web 的决策支持系统开始受到持续关注。随着"互相网＋"概念的深入，智能化、网络化、分布式、远程化、协同化的综合决策支持系统正走向应用。决策支持系统的主要类型包括：数据驱动决策支持系统、模型驱动决策支持系统、基于 Web 的决策支持系统、仿真模拟决策支持系统、群体决策支持系统、分布式决策支持系统、智能决策支持系统等。

（1）数据驱动决策支持系统，强调以大规模历史数据分析时间序列访问的内部数据。通过查询和检索相关文件，提供了最为基本的功能体系。后来出现数据仓库系统，可以采用针对于特定任务的计算工具来操纵数据。之后出现了结合联机分析处理的数据驱动型支持系统，为更高级的功能和决策支持提供了便利。

（2）模型驱动决策支持系统，强调对模型的访问和操纵。一些允许复杂数据分析的联机分析处理系统，可以分为混合 DSS 系统，并可检索模型和数据。一般来说，模型驱动的 DSS，综合了仿真模型、金融模型、优化模型。模型驱动的 DSS 利用数据和参数来辅助决策者进行分析某种状况。模型驱动的 DSS 一般不需要很大规模的数据库。

（3）基于 Web 的决策支持系统，是通过 Web 浏览器向商情分析者或管理者提供决策支持信息或者工具。基于 Web 的 DSS 可以是数据驱动、通信驱动、文件驱动、模型驱动、知识驱动或者混合驱动类型。

Web 技术可实现任何种类的 DSS。基于 Web 的决策支持系统意味着全部的应用均以 Web 技术为平台。

（4）仿真模拟决策支持系统，可以提供决策支持信息和工具，以帮助管理者分析半结构化问题。这些种类的系统全部称为决策支持系统。DSS 可以支持金融、行动管理以及战略决策。此外，优化及仿真等多种模型均可应用于 DSS。

（5）群体决策支持系统（GDSS），是指在决策系统环境中，多个决策参与者共同讨论、交流，以寻求最优化的可行性方案，并由某个特定的决策者做出终决，并负有责任。这有利于拥有相同目标的决策群体解决半结构化的决策问题，有利于决策群体发挥最大主观能动性，也可限制小团体对群体决策活动的控制，避免了个体决策的片面性和独断专行等弊端。

（6）分布式决策支持系统（DDSS），是基于计算机技术、网络技术以及分布式数据库技术的发展与应用而诞生的。从架构上来说，DDSS 是由分布在不同地区的若干个计算机系统组合而成，其终端机与大型主机进行联网，决策者在个人终端机上利用人机交互模式，通过系统共同完成判断、分析，从而得到正确的决策。

（7）智能决策支持系统（IDSS），是人工智能和 DSS 的结合，应用专家系统技术，使 DSS 能够更充分地应用人类的知识，如关于决策过程中的过程性知识、决策问题的描述性知识、求解问题的推理性知识等，并通过逻辑推理来帮助解决复杂的决策问题。

第三节　河（湖）长制综合管理信息化安全防范技术

在河（湖）长制综合管理信息化实现过程中安全防范技术占有重要地位。提升安全防范技术的应用，采用适当的措施来进行安全防范，对于切实提高安全防范水平，加强河（湖）长制综合管理信息化建设具有重要意义，同时也给水污染治理带来积极影响。

一、安全防范

1. 安全防范的概念

安全防范是一个历史范畴的概念。它首先是人类生存的一种自然选择，随着生产力的不断发展和社会、经济的不断进步，其内容和形式也不断变化，逐步形成了专门的技术和相应的产业，成为社会经济生活的一个重要组成部分，安全防范技术是用于安全防范的专门技术。人类生存环境中一切可能对生命或财产带来危害的因素，都属于安全风险，都需要加以防范。各类安全防范所采用的基本手段不外乎有三种，即人力防范（简称人防）、技术防范（简称技防）和实体防范（简称物防），其中人防和物防是古已有之的传统防范手段，相对而言，技防是现代科学技术综合应用于安全防范的一种新手段。将安全防范技术应用于安全防范活动是安全技术防范区别于传统防范的基本特征。通过安全防范技术的应用（技防）将人防、物防有机结合，使人防功能大大延伸，物防强度大大增强，进而使安全防范整体防范能力大大提高，是安全技术防范有别于传统安全防范的新理念。

安全防范的三个基本防范要素：探测、延迟与反应。探测（Detection）即感知显性和隐性风险事件的发生并发出报警。延迟（Delay）即延长和推延风险事件发生的进程。反应（Response）即组织力量为制止风险事件的发生所采取的快速行动。在安全防范的三种基本手段中，要实现防范的最终目的，都要围绕探测、延迟、反应这三个基本防范要素开展工作，采取措施以预防和阻止风险事件的发生。

2. 安全防范目标

现阶段采用安全防范技术的目标，即运用安全防范技术和其他相关科学技术实现技防与人防、物防的有机结合，预防、制止重大安全事件发生。对于河（湖）长制的实现而言，安全防范技术可以避免河（湖）长制执行过程中出现差错，减少质量事故的发生，维护河（湖）长制综合管理信息平台的建设，实现河湖管护工作的高效性、便捷性、长效性。

3. 安全防范技术分类

随着社会的发展和不断进步，安全防范技术已经成为保证系统正常稳定运行，保障人民生命财产安全的重要手段和基本途径，在各行各业得到了广泛应用。在国外，安全防范技术通常分为三类：物理技术防范（Physical Protection）、电子防范技术（Electronic Protection）、生物统计学防范技术（Biometric Protection）。这里的物理防范技术主要指实体防范技术，如建筑物和实体屏障以及与其匹配的各种实物设施、设备和产品（如门、窗、柜、锁等）；电子防范技术主要是指以传感、通信、网络、计算机、自动控制等科学技术为基础的防范技术，如：电子报警技术、视频监控技术、出入口控制技术、计算机网络技术以及其相关的各种软件、系统工程等；生物统计学防范技术是法庭科学的物证鉴定技术和安全防范技术中的模式识别相结合的产物，他主要是指利用人体的生物学特征进行安全技术防范的一种特殊技术门类，现在应用较广的有指纹、掌纹、眼纹、声纹等识别控制技术。

各类科学技术的发展是安全防范技术朝着数字化、网络化、智能化、集成化方向迅猛发展的助推器，而安全防范技术的进步则为安全技术防范的作用发挥不断注入新的活力。根据我国安全防范行业的技术现状和未来发展，可以将安全防范技术按照学科专业、产品属性和应用领域的不同进行如下分类：

（1）入侵探测与防盗报警技术。

（2）视频监控技术。

（3）出入口目标识别与控制技术。

（4）报警信息传输技术。

（5）移动目标反劫、防盗报警技术。

（6）电子巡更技术。

（7）实体防护技术。

（8）防爆安检技术。

（9）安全防范网络与系统集成技术。

（10）安全防范工程设计与施工技术。

二、安全防范技术

1. 一体化安全防范技术

在河（湖）长制综合管理信息平台建设过程中可采用一体化安全防范技术，一体化要求采用多种安全防范手段综合使用配合联动，通过数据收集和融合，更好地实现安全防范的目的，具体分为三个层次。第一层次是原有的单个安全防范技术；第二层次是多个单项安全防范技术的整合、配合和联动，实现多种安全防范技术的整合；第三层次是多个单项安全防范技术的数据整合、综合预警报警、预案和综合应急处置。第二层次和第三层次不是传统的多个单项安全防范技术的综合和简单叠加，而是在完全融合的基础上，提取、融合综合安全防范数据，提升安全防范内容，综合全面、整体、实时地、有预见性地一体化地处理安全防范报警和突发应急事件，达到事前预警、事中控制、事后有效处理的目的。

结合河（湖）长制综合管理信息平台的建设，可在数据采集层将各种传感器手段进行联合集成。在网络层通过有线、无线、GPS 等网络进行本地或远程传输，在应用层除了传统的安全防范单一技术目标实现外，更加体现了一体化安全防范集成、综合、整体性的要求，在应急联动、安全规划、应急预案、事案件协同处置、指挥控制、辅助决策等方面提供更深入、更全面的应用，更加贴近安全防范的实战技术要求，有利于安全目标的分解、落实和达成。

2. 具体措施

（1）电子监控。结合物联网的方法对河湖进行安全防范。物联网（IOT，Internet of Things）是指通过装置在物体上的各种信息传感设备，如 RFID 装置、红外感应器、全球定位系统、激光扫描器等等，赋予物体智能，并通过接口与互联网相连而形成一个物品与物品相连的巨大的分布式协同网络。借鉴此方法，依托电子监控、遥感影像等方法进行河湖水域岸线动态监测，实现河（湖）长制的及时性，采用多种手段、多种方式进行高频率的河湖岸线巡查，遏制乱占乱建、乱围乱堵、乱采乱挖、乱倒乱排现象。

（2）定期报告。不仅需要对河湖实现电子监控，仍需要形成书面的文字报告。以重点河湖水库等水体为对象，编制河湖管理年报、健康状况报告和健康评估报告，为河（湖）长制的落实及宣传提供支撑。组建专门的队伍对上述报告进行审阅，加强河（湖）长制工作的执行力度，更好地实现安全防范的目的。将报告、情况通报、责任落实等纳入已建立的实时、公开、高效的信息平台，可以促进多部门联合治水，辅助建立河湖保护管理联合执法机制。

（3）事件上报。建立电话、网络通信等联系制度，加强与河湖管制人员的联系，及时了解河湖整治过程中出现的问题。相关工作人员需要对重要事件进行上报，上报内容主要包括事件类型、河道信息、情况反馈情况，相关工作人员可以拍摄相关照片进行上传，并且支持自动定位的功能。通过移动互联技术，将河（湖）长制河湖管护系统做到能够实时查看、监督、移动巡查等功能，使河湖管护建设能够更加健全，有效及时地治理河道的相关问题，进一步提高安全水平。

第四节 河（湖）长制综合管理信息化远程监控技术

远程监控技术是计算机网络技术和监控技术的结合。目前，远程监控技术在医疗诊断中的应用、发展较为完善，但在工业控制、设计行业的发展和应用则较为缓慢。监控技术经历了三个发展阶段：单机监控系统，即用单台计算机进行设备的监控；集中式监控系统，由多台计算机组成，由其中一台计算机对其他多台计算机进行监控；集散型监控系统发展到网络范围内的远程监控。目前，远程监控技术正处于积极研究、发展、应用的探索中，并且已有相应的应用系统使用。

一、远程监控应用领域

（1）远程维护：计算机系统技术服务工程师或管理人员通过远程控制目标维护计算机或所需维护管理的网络系统，进行配置、安装、维护、监控与管理，解决以往服务工程师必须亲临现场才能解决的问题。大大降低了计算机应用系统的维护成本，最大限度减少用户损失，实现高效率、低成本。

（2）远程协助：任何人都可以利用一技之长通过远程控制技术为远端电脑前的用户解决问题。如安装和配置软件、绘画、填写表单等协助用户解决问题。

（3）远程办公：这种远程的办公方式不仅大大缓解了城市交通状况，减少了环境污染，还免去了人们上下班路上奔波的辛劳，更可以提高企业员工的工作效率和工作兴趣。

（4）远程教育：利用远程技术，商业公司可以实现和用户的远程交流，采用交互式的教学模式，通过实际操作来培训用户，使用户从技术支持专业人员那里学习示例知识变得十分容易。而教师和学生之间也可以利用这种远程控制技术实现教学问题的交流，学生可以不用见到老师，就得到老师手把手的辅导和讲授。学生还可以直接在电脑中进行习题的演算和求解，在此过程中，教师能够轻松看到学生的解题思路和步骤，并加以实时的指导。

二、远程监控应用现状

对于远程监控技术，国内外都展开了积极的研究。国外对远程监控技术的研究起步较早，1997 年 1 月，首届基于 Internet 的远程监控诊断工作会议由斯坦福大学和麻省理工学院联合主办。这次会议得到了制造业、计算机厂商、网络行业和仪表行业等许多大公司的热情支持，如 Sun、HP、Boeing、Intel、Ford 等。许多著名的国际组织如 SMFPT、MIMOSA 等，也展开了对远程监控技术的研究，并提出、建立了一定的数据交换和信息处理的标准。在国外，对远程监控技术的研究已从理论研究阶段过渡到开发应用阶段，如已成功地应用在输油管线的远程监控、工业过程远程监控以及楼宇的智能化监控等系统中。

目前，我国围绕远程监控技术展开了相关的研究，取得了大量的研究成果，主要集中于各大学，如西安交通大学研制的"大型旋转机械计算机状态监测系统及故障诊断系统（RMMD）"，华中科技大学开发的"汽轮机工况监测和诊断系统（KBGMD）"等。远程监控能够实现信息的快速采集、综合处理，利用及时的信息提高管理决策水平。随着社会生活的自动化，特别是一大批智能设备的出现，远程监控的应用领域将越来越广。

三、远程监控系统的功能

1. 监测功能

远程监控系统可以实现各级用户对工程的监测数据共享功能，并对流域内的业务数据进行流程分析，它主要包括与工程运行相关数据的全方位采集、传输、存储、计算、查询和显示等主要功能。

2. 监控功能

监控功能是远程监控的最主要功能，它主要用于水利工程的远程启动和关闭操作，从而实现远程的实时控制，以提高流域内水利工程的自动化程度，提高水利工程管理工作的高效率。同时，也为水权分配机构提供有效的监控手段，来完成流域水量调度的科学监督。监控功能在实现水利工程的远程自动化控制时，还可实现自身安全系统的自动保护。

3. 运行维护管理功能

远程监控技术还可实现对监控设备运行的全面维护和检测，及时地发现系统中存在的故障隐患，并进行调整，从而实现远程的系统运行、维护管理。

四、远程监控系统的结构

（一）远程监控系统的结构及原理

远程监控系统由摄像、传输、控制、显示、录像登记五大部分组成。摄像机通过将视频图像传输到控制主机，控制主机再将视频信号分配到各监视器及录像设备，同时可将需要传输的语音信号同步录入到录像机内。通过控制主机，操作人员可发出指令，对云台的上、下、左、右的动作进行控制及对镜头进行调焦变倍的操作，并可通过控制主机实现在多路摄像机及云台之间的切换。利用特殊的录像处理模式，可对图像进行录入、回放、处理等操作。监控系统示意图见图 6-1。

远程监控是进行实时监控的基础。项目各级管理部门可在网络上通过设定的权限获得有效数据、图像或声音信息，并对突发性异常事件的过程进行及时的监视和记忆，用以提供高效、及时地指挥和管控。其特点是：监控画面实时显示，录像图像质量单路调节功能，每路录像速度可分别设置，快速检索，多种录像方式设定功能，自动备份，云台/镜头控制功能，网络传输等。

（二）远程监控系统的设备组成

1. 视频采集设备

这部分设备主要用于被监控区域图像光信号的采集，并将其转化成数字信号，也称为摄像装置。它是整个视频采集系统的重要部件，是收集一手信息的关键设备。

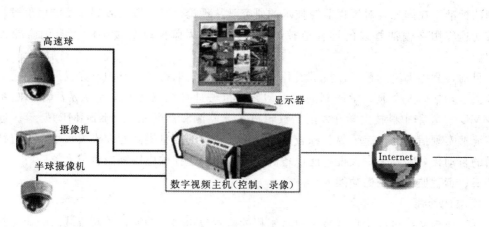

图 6-1 监控系统示意图

2. 数据通信设备

现代的水利工程所采用的数据通信设备种类较多，应用较为频繁的是 DST. 323MCS 所组成的网络监控系统，它采用 TCP/IP 标准协议，可以直接与局域网或者互联网进行连接。它支持不同的网络接入方式，适应于水利工程采集点距离较远的特点。

3. 控制中心设备

控制中心设备的良好运行是保证水利工作人员进行正确决策的关键，所以控制中心设备十分重要。控制中心主要由计算机设备、数据交换设备、图像显示设备以及终端摄像设备组成。它是实现水利工程远程监控技术的核心所在，也是进行决策和操作的终端设备。控制中心能够实现多画面的影像显示和多路输出控制，以保证水利工程整个远程监控系统的实时性和有效性。

第五节　河（湖）长制综合管理信息化大数据分析技术

"大数据"是需要新处理模式才能具有更强的决策力、洞察发现力和流程优化能力来适应海量、高增长率和多样化的信息资产。大数据技术的战略意义不在于掌握庞大的数据信息，而在于对这些含有意义的数据进行专业化处理。换而言之，如果把大数据比作一种产业，那么这种产业实现盈利的关键，在于提高对数据的"加工能力"，通过"加工"实现数据的"增值"。

一、大数据分析技术内涵

大数据分析是在数据密集型环境下，对数据科学的重新思考和进行新的模式探索的产物。严格来说，大数据更像是一种策略而非技术，其核心理念是以一种比以往有效得多的方式来管理海量数据并从中提取价值。大数据分析（Big Data Analytics，BDA）是大数据理念与方法的核心，是指对海量类型多样、增长快速、内容真实的数据（即大数据）进行分析，从中找出可以帮助决策的隐藏模式、未知的相关关系以及其他有用信息的过程。大数据分析技术两大技术问题非常关键：一个是文本的分析学，另一个是机器学习。大数据分析是伴随着数据科学的快速发展和数据密集型范式的出现而产生的一种全新的分析思维和技术，大数据分析与情报分析、云计算技术等内容存在密切的关联关系。大数据特征可以归纳为4个"V"——Volume，Variety，Value，Velocity。

二、大数据技术的必要性

随着遥感、传感网、射频技术等信息技术的发展，河（湖）长制数据采集能力不断提升，能够接收更多、更广的数据。这些数据呈现出多源异构、分布广泛和动态增长的特点。从数据类别看，既有来自物联网设备的水文气象、水位流量、水质水生态等大量的实测信息，还有全国水利普查成果以及与水利相关的各类辅助信息，如人文经济信息、生态环境数据、地质灾害数据和互联网数据等。这些数据并不完全相互独立，而是存在复杂的业务和逻辑关系，如气候气象数据变化会引起水资源量和空间分布的变化，从而对水利工程、水生态环境、洪旱灾害、水资源分配等产生影响。从数据格式看，这些海量的水利数据既包括传统的结构化数据，还包括图片、语音、视频、位置等非结构化数据，导致目前的技术架构无法高效地处理如此海量、异构的数据。从价值密度看，随着物联网设备和遥感技术的发展，信息感知无处不在，产生的信息量巨大，但是信息的价值密度相对较低。如何通过模型算法快速地从这些数据中提取有用的信息是目前亟待解决的难题。从时效性看，某些水利数据比如洪涝灾害预警等需要及时高效地信息处理和反馈，因此，需要利用大数据技术来提高这类数据的处理能力。

水利大数据是由水利业务数据（如水质、水资源、实时水雨情、实时工情、气象、灾情、水土保持、水利工程建设管理、农田水利和水政监察等）、水利相关行业和领域数据（如环境、人口和规划等）以及社会公众提供的数据（如通过微信、微博、论坛等提供的文字、图片、音视频等）构成的，并且用常规的数据分析方法难以在合理时间内获取、存储、处理和分析的数据集，为此需要借助大数据相关的技术和方法对其进行处理、分析和信息挖掘以实现水利管理决策。水利大数据研究方法与传统的水利数据分析方法相比，具体表现为：传统的数据分析方法通常是基于抽样数据，而大数据分析方法则是基于海量数据进行数据分析；传统的水利分析法往往是基于某个专业或者某个部门内部的数据进行分析，而水利大数据分析方法则是在跨专业、跨部门的基础上进行多维度、多角度的数据分析。用大数据分析方法，处理这些随机、海量、多样的数据，可以提升水利工作的效率。

三、大数据的应用

水利大数据目前重点在洪旱灾害管理、水利工程管理和水资源管理等方面开展了应用研究。其中洪旱灾害管理包括干旱监测及预警、洪灾监测及预警等；水利工程管理主要包括大坝安全监测、水库及水域水环境管理和水资源工程管理等；水资源管理主要包括水资源配置、水环境管理和水资源保护等。

（一）洪旱灾害管理

随着全球气候变化，降水的时空分布将更加不均匀，从而导致极端气候灾害频发。其中，特大致洪暴雨对社会经济影响巨大，然而中国年最大致洪暴雨的出现具有随机性，为此需要在长期气候尺度上对致洪暴雨进行分析。传统洪涝灾害预测通常是通过在辖区设置雨量监测站，再分析监测站的雨情数据，然后做出预测。这种方法洪水发生前预警时间短，而利用大数据技术，融合更多的洪涝灾害相关数据，可以提高预测的准确性和延长预测期。贵州省"东方祥云"将大数据与水利结合，利用卫星遥感、地形地貌和气象预报等信息，并通过算法分析将洪涝灾害预测期延长至 72h，在修文县 40 年水文数据实测检验中准确率超过 85%。IBM 在加拿大南安大略省建立了水利大数据共享平台，基于该平台能够较精确地预测洪旱灾害。欧洲洪水感知系统（EFAS）融合遥感、地理信息和水文气象数据，实现欧洲范围内长达 10d 的极端天气预测和洪水预警。美国先进水文预报系统（AHPS）在融合气象水文、防汛减灾、灌溉和供水等数据的基础上为防灾减灾决策提供依据和支撑。

大数据在洪旱灾害管理方面可以通过对卫星遥感、地形地貌、降雨量、江河水位和历史灾情等海量数据进行数据整合，建立综合性的大数据库，并在此基础上建立洪旱灾害预测模型。从而使得水利管理部门能够有效地预测洪水流量，提前优化水库蓄水，合理进行洪水调度与管理；针对旱灾，在对旱情预测的基础上，增加引水调水工程的建设投入，加强水资源优化调度，加大节水宣传等，降低旱灾发生的可能性，减少旱灾损失。

（二）水利工程管理

水利工程是水资源有效保护、利用和开发的重要水利设施，具有防洪、排涝、供水、灌溉、水运和水力发电等功能。随着全球气候变化，极端洪水事件强度不断增大，对水利工程的安全性构成了巨大威胁，为此需要借鉴计算机等信息技术，提高大坝安全风险计算的准确率，从提升水利工程的安全性。大数据在水利工程管理方面可以通过对地形、地质、气象、水雨情、蓄滞洪区空间分布以及社会和经济等大数据进行分析，并构建面向水利工程分析主题的多维数据库，实现水利工程大数据进行重组和综合，从而实现大坝安全监测、汛情分析、暴雨洪水预报、旱情预测以及灾情评估等。

（三）水资源管理

水资源管理关联领域多、涉及面广、数据资源庞大，对于出现的问题往往难以直接找到原因，需要借助大数据技术对各种相关信息进行分析，找出问题的主要影响因子，从而为水资源管理决策提供支撑。研究利用大数据改善水资源管理，在分析水资源大数据采集和整合机制的基础上提出需要构建水资源大数据云平台。水利部以水利一张图为基础构建云化的水利通用服务支撑平台。中国国家水资源监控能力建设项目融合基础业务信息、监测信息、空间信息和多媒体信息等实现多个水利业务系统的交互互联。

过去由于技术的限制，难以处理庞杂的水资源数据，工作人员只能依据部分水资源数据根据经验制定水资源管理方案。水利大数据时代，可以利用大数据技术预测水文、水质、水环境变化，从而制定更加可行、合理的水资源政策和方案。在水资源配置方面，通过对水量分配、水资源调度、用水户及水权交易等数据进行多维度的统计分析，可以实时调整水库蓄泄水量和供水分配，从而高效地协调政府与市场关于水资源配置问题的关系。在水环境监测方面，随着通信技术和移动互联网的发展，通过对公民在网站、论坛、微信、微博等发布的突发水灾害事件进行数据共享、关联分析和挖掘利用，能够为水资源研究、水资源监测和预警、水资源管理决策等提供依据。在水资源保护方面，通过对重点工业行业的用水数据分析，可以不断完善水资源的使用制度，从而提高用水效率和效益。

水利大数据是水利科学发展的趋势，也是大数据研究的重要应用领域。一方面随着水利行业数字化水平和程度的不断提高，积累了大量多源、异构、独立分布的业务数据，如何共享、分析、处理这些数据，并挖掘其内在价值，是水利行业面临的问题；另一方面大数据是一门综合性很强的科学，其理论体系仍在发展进步中，随着新的理论和方法的形成，将会催生新的技术，水利行业工作者应充分学习利用大数据技术，以提升水利行业的管理决策水平。目前，国内外对水利大数据的研究尚处在起步阶段，为推动水利大数据发展，需要从国家层面制定国家级的发展战略和行业标准，同时需要各级水利相关部门协同努力，达成共识，才能使水利大数据得到健康有序的发展。

水利大数据的研究是一项复杂的工程。本文对国内外水利大数据的相关研究成果进行总结和分析，阐述了水利大数据的产生背景、数据特征和研究方法；分析了水利大数据的存储和共享方法，系统总结了水利数据的分析处理方法，提出了水利大数据的重要研究内容；并在上述研究基础上从水利大数据集成、分析挖掘算法、安全机制和综合决策分析平台等对水利大数据的发展提出了建议，供各级河（湖）长、管理者和研究者参考。

第六节　河（湖）长制综合管理信息化云平台技术

信息化经历了 T/S 模式（终端/主机）、C/S 模式（PC 时代客户机/服务器）、B/S 模式（互联网时代浏览器/服务器），新时代则发展为以服务的方式被发布和访问的"云计算"模式。为响应国家节能减排的号召，减少信息化硬件重复投资，增强数据中心的运维和安全管理，构建高可用的新一代数据中心，云平台建设被纳入议事日程。

一、云平台内涵和分类

云平台（Cloud Platform），或称为云计算平台，是指基于硬件的服务，提供计算、网络和存储能力。云平台能力具备如下特征：

（1）硬件管理对使用者/购买者高度抽象。用户根本不知道数据是在位于哪里的哪几台机器处理的，也不知道是怎样处理的，当他需要某种应用时，他向"云"发出指示，一会儿的工夫结果就呈现在他的屏幕上。云计算分布式的资源向用户隐藏了实现细节，并最终以整体的形式呈现给用户。

（2）使用者/购买者对基础设施的投入被转换为 OPEX（Operating Expense，即运营成本）。企业和机构不再需要规划属于自己的数据中心，也不需要将精力耗费在与自己主营业务无关的 IT 管理上。他们只需要向"云"发出指示，就可以得到不同程度、不同类型的信息服务。节省下来的时间、精力、金钱，就都可以投入到企业的运营中去了。对于个人用户而言，也不再需要投入大量费用购买软件，云中的服务已经提供了他所需要的功能，任何困难都可以解决。

（3）基础设施的能力具备高度的弹性（增和减），可以根据需要进行动态扩展和配置。

目前可以将云平台分为以数据存储为主的存储型云平台、以数据处理为主的计算型云平台、计算和数据存储处理兼顾的综合云计算平台三类。

二、云平台服务类型

（1）软件即服务（SaaS）。软件即服务的应用完全运行在云中。软件即服务面向用户，提供稳定的在线应用软件。用户购买的是软件的使用权，而不是购买软件的所有权。用户只需使用网络接口便可访问应用软件。对于一般的用户来说，他们通常使用如同浏览器一样的简单客户端。现在最流行的软件即服务的应用可能是 Salesforce.com，当然同时还有许多像它一样的其他应用。供应商的服务器被虚拟分区以满足不同客户的应用需求。对客户来说，软件即服务的方式无需在服务器和软件上进行前期投入。对应用开发商来说，只需为大量客户维护唯一版本的应用程序。

（2）平台即服务（PaaS）。平台即服务的含义是，一个云平台为应用的开发提供云端的服务，而不是建造自己的客户端基础设施。例如，一个新的软件即应用服务的开发者在云平台上进行研发，云平台直接的使用者是开发人员而不是普通用户，它为开发者提供了稳定的开发环境。

（3）基础架构即服务（IaaS）。IaaS通过互联网提供了数据中心、基础架构硬件和软件资源。IaaS可以提供服务器、操作系统、磁盘存储、数据库和/或信息资源。IaaS的主要用户是系统管理员。最高端IaaS的代表产品是亚马逊的AWS（Elastic Compute Cloud），不过IBM、Vmware和惠普以及其他一些传统IT厂商也提供这类的服务。IaaS通常会按照"弹性云"的模式引入其他的使用和计价模式，即在任何一个特定的时间，都只使用需要的服务，并且只为之付费。

三、云平台建设思路

（一）建设原则

（1）标准化。当前云服务在整个信息产业中还不够成熟，相关的标准还没有完善。为保障方案的前瞻性，在设备选型上力求充分考虑对云服务相关标准的扩展支持能力，保证良好的先进性，以适应未来的信息产业化发展。

（2）高可用。为保证数据业务网的核心业务的不中断运行，在网络整体设计和设备配置上都是按照双备份要求设计的。在网络连接上消除单点故障，提供关键设备的故障切换。关键设备之间的物理链路采用双路冗余连接，按照负载均衡方式或active-active方式工作。关键主机可采用双路网卡来增加可靠性。全冗余的方式使系统达到电信级可靠性。要求网络具有设备/链中故障毫秒的保护倒换能力，具有良好扩展性，网络建设完毕并网后应可以进行大规模改造、服务器集群、软件功能模块应可以不断扩展。良好的易用性，简化系统结构，降低维护量。对突发数据的吸附，缓解端口拥塞压力，能保证业务的流畅性等。

（3）增强二级网络。云平台下，虚拟机迁移与集群式两种典型的应用模型，这两种模型均需要二层网络支持。随着云计算资源池的不断扩大，二层网络的范围正在逐步扩大，甚至扩展到多个数据中心内，大规模部署二层网络则带来一个必然的问题是二层环路问题。采用传统的STP＋VRRP技术部署二层网络时会带来部署复杂、链路利用率低、网络收敛时间慢等诸多问题，因此网络方案的设计需要重点考虑增强二级网络技术（如IRF/VSS、TRILL等）的应用，以解决传统技术带来的问题。

（4）虚拟化。虚拟资源池化是网络发展的重要趋势，将可以大大提高资源利用率，降低运营成本。应有效开展服务器、存储的虚拟资源池技术建设，网络设备的虚拟化也应进行设计实现。服务器、存储器、网络及安全设备应具备虚拟化功能。

（5）高性能。由于云服务网络中的流量模型发生了变化，随着整个云平台相关业务的开展，业务都分布在各个服务器上，流量模型从纵向流量转换成复杂的多维度混合的方式，整个系统具有较高的吞吐能力和处理能力，满足PB级别的数据处理请求，具备对突发流量的承受能力。

（6）开放接口。为保证服务器、存储、网络等资源能够被云平台良好的调度与管理，要求系统提供开放的 API 接口，云计算运行管理平台能够通过 API 接口、命令行脚本实现对设备的配置与策略下发。

（7）绿色节能。节能减排是目前网络建设的重要系统工程之一，从网络机房的整体能耗来看，IT 设备运行占到 30％，空调等制冷系统约占 45％，UPS、照明等辅助系统约占 25％。所以作为 IT 设备的节能，不仅要考虑本身能耗比较低，而且要考虑其热量对空调散热系统的影响。应采用低功耗的绿色网络设备，采用多种方式降低系统功耗。

（二）分层架构

鉴于云计算平台应用需求的满足是一个渐进的过程，云平台建设是一项复杂的系统工程，建议云平台建设遵循长期规划、分步实施的原则，前期立足于满足 IaaS 层，后续根据实际需求逐步支持 PaaS 和 SaaS 的实现。云平台建设的分层架构见图 6-2。

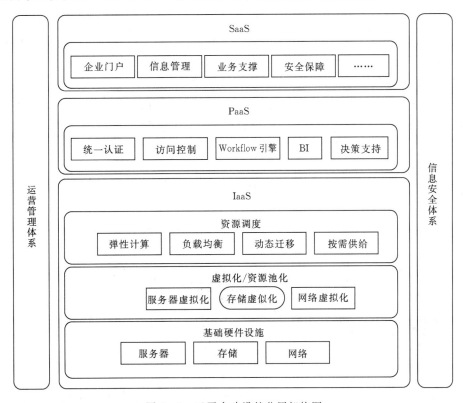

图 6-2 云平台建设的分层架构图

（1）基础架构即服务部分（IaaS）。包括硬件基础实施层、虚拟化和资源池化层、资源调度与管理自动化层。其中，硬件基础实施层包括主机、存储、网络及其他硬件在内的硬件设备，他们是实现云服务的最基础资源；虚拟化和资源池化层：通过虚拟化技术进行整合，形成一个对外提供资源的池化管理（包括内存池、服务器池、存储池等），同时通过云管理平台，对外提供运行环境等基础服务；资源调度层是在对资源（物理资源和虚拟资源）进行有效监控管理的基础上，通过对服务模型的抽取，提供弹性计算、负载均衡、动态迁移、按需供给和自动化部署等功能，是提供云服务的关键所在。

（2）平台即服务（PaaS）。在 IaaS 基础上，提供统一的平台化系统软件支撑服务，包括统一身份认证服务、访问控制服务、工作量引擎服务、通用报表、决策支持等。这一层不同于传统方式的平台服务，这些平台服务也要满足云架构的部署方式，通过虚拟化、集群和负载均衡等技术提供云状态服务，可以根据需要随时定制功能及相应的扩展。

（3）软件即服务（SaaS）。可以对外提供终端服务，分为基础服务和专业服务。基础服务提供统一门户、公共认证、统一通信等，专业服务主要指各种业务应用。通过应用部署模式，底层的稍微变化，都可以在云计算架构下实现灵活的扩展和管理。按需服务是SaaS 应用的核心理念，可以满足不同用户的个性化需求，如通过负载均衡满足大并发量用户服务访问等。

（4）信息安全管理体系。是针对云计算平台建设，以高性能高可靠的网络安全一体化防护体系、虚拟化为技术支撑的安全防护体系、集中的安全服务中心应对无边界的安全防护、利用云安全模式加强云端和用户端的关联耦合和采用非技术手段补充等保障云计算平台的安全。

（5）运营管理体系。可以保障云计算平台的正常运行，提供故障管理、计费管理、性能管理、配置管理和安全管理等。

（三）网络拓扑设计

基于以物理分区为基本单元的设计理念，整个云平台的计算中心可分为：核心交换区、管理区、DMZ 区、业务应用区以及云存储区，拓扑架构见图 6-3。

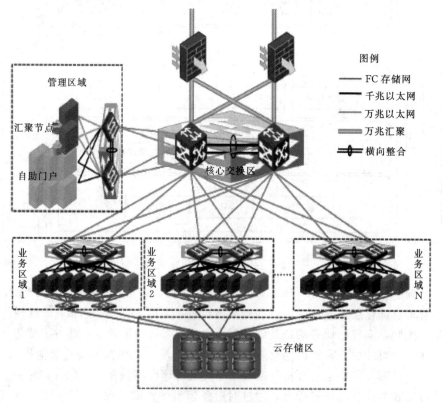

图 6-3　网络拓扑设计图

（1）核心交换区。负责核心网络交换。

（2）管理区。对云计算平台进行整体管理，单独建设一套管理网络。

（3）DMZ区。考虑云计算中心整体安全性，设置专门的DMZ区，承载各业务部门的业务应用系统的WEB发布，同时支撑云计算中心互联网的接入，该区可采用全虚拟机进行支撑或者采用虚拟机和物理服务器共同支撑。

（4）业务应用区。包括两部分：一是数据库逻辑分区和应用系统逻辑分区，其中数据库逻辑分区用高端八路物理机支撑；二是应用系统逻辑分区采用虚拟化和物理服务器支撑，根据具体的业务应用特点，决定支撑平台选用虚拟机还是物理服务器。数据库分区主要为建设支撑各应用系统的结构化数据库，考虑到数据库数据量的庞大和系统对数据的访问I/O吞吐，该区建议采用高端物理机进行支撑；业务应用逻辑分区主要根据业务部门的不同业务需求及业务部门对平台安全级别要求的不同，采用虚拟机和物理服务器共同支撑。未来，随着云计算中心业务量的增加和复杂度的增加，可以按照相同的架构进行节点的扩展，达到整个云计算平台的可扩展性和很好的伸缩性。

（四）运营管理

整个云计算中心设计采用业务区域的理念。业务区域（即以服务器集群为核心的物理资源区域，不同的业务区域设备配置可以不同）是系统的基本硬件组成单元，整个系统共包括若干个业务区域。系统规模的扩大可以通过增加业务区域方式，使得整个系统具有很好的可扩展性。业务区域的业务网络交换机通过万兆方式上联到核心交换区，通过核心交换区与其他业务区域和域外系统互联。在每个业务区域内，通过云资源管理平台的云计算运营中心节点实现在业务节点上部署Hypervisor，并形成一个或多个独立的逻辑资源池，提供给应用使用，通过云计算虚拟化管理中心在逻辑资源池内可实现资源的共享和动态分配。每个业务区域包括云计算虚拟化管理中心节点、业务节点、业务网络、管理网络、心跳网络、本地镜像存储，业务区域根据各自的业务需要访问FC存储或并行存储等业务数据存储区域。云计算平台配置多台云计算服务门户节点，为最终用户的系统管理员提供自助门户服务。采用以上设计理念，使得整个系统具有超高的可扩展性，可使整个系统扩展到上千台物理服务器规模。逻辑架构见图6-4。

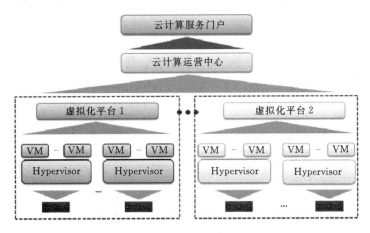

图6-4　逻辑架构图

第七节 河（湖）长制综合管理信息化物联网技术

"物联网"被称为继计算机、互联网之后，世界信息产业的第二次浪潮，物联网的兴起与广泛应用必然对未来政府管理和服务产生深刻的影响，对于信息化建设的重要基础，有着无可替代的重要意义。河（湖）长制综合管理信息化建设中物联网具有"多领域多终端"的特点，其中"多领域"是指包含了河（湖）长制综合管理信息化物联网建设涵盖了水文监测、水土保持监测、水利工程监测等诸多方面；"多终端"是指接入物联网的设备种类繁多，包括各类视频摄像头、各类感应设备等。

一、物联网技术的内涵

作为河（湖）长制综合管理信息化建设的重要基础，物联感知网必须进行统一管理、统一规划、统一布局、统一标准，形成全面统一的水利综合感知平台，实现面向水文、水资源、水土保持、水利工程等水利管理环境的全方位综合感知。通过统一构建全面的、独立的感知体系，使感知平台独立于应用和业务，突破原有的垂直分割的管理体系，形成横向划分的感知平台，便于信息的共享服务，保证部门和各级领导能够及时准确全面地获取信息。

由传感器网络和传感器网关等物联网设备和设施构成的物联网是使河（湖）长制综合管理信息平台具有感知力的基础，也是实现"智慧"系统的基本条件。而要求统一感知是通过多种感知技术的综合运用，实现对现实物理世界的多维、透彻、强化、综合感知，提高感知力和感知准确性，同时在充分感知的基础上，实现感知系统内部的互联互通，具有一定的信息处理能力，能够形成对基本事件的初级判断，并做出基本应对。因此，"智慧"系统要求感知系统同样具有智慧的特征，而不仅仅是物联网设备的堆积。

但我国各级河（湖）长在日常事务管理和执行过程中往往面对着服务沟通障碍、信息孤岛、信息数据冗繁等难题，传统河湖管理模式发展已经遭遇瓶颈。为了方便河（湖）长对涉水事务管理、提高公众监督力度、推进公共服务信息化建设，基于河（湖）长制综合管理信息平台应运而生。该平台整合了物联网、云计算和现代信息传媒技术等新一代技术，在此基础上三种软件又进行了进一步地创新与优化，新增了断面水质实时监测、无人机巡河、微信公众投诉等功能，实现了数据采集实时化、信息传输网络化、信息共享阳光化、数据分析智能化。河（湖）长制综合管理信息管理平台把各级河（湖）长与相关工作人员从繁琐累赘的工作程序中解脱出来，工作效率实现了质的飞跃，节省了大量人力和时间投入。

基于物联网的水环境监测及分析系统集传感器、测控、通信、计算机应用、地理信息系统等技术为一体，实现了河流管理的总体目标，可为水环境管理、水功能区管理、污染物减排和总量控制提供科学依据。根据这些信息，政府有关部门可以指导农业灌溉、污水处理、捕捞等。系统可方便接入其他业务系统，实现资源共享，提高环保部门环境监察、管理能力，增强应对突发性污染事故快速反应能力，满足环境监测和环境管理的业务需求。

二、基于物联网技术的系统结构

基于物联网技术的河（湖）长制综合管理信息平台由数据采集层（感知层）、通信传输网络（数据传输层）、数据存储层、应用支撑层、业务应用层等5层组成，安全与保障环境贯穿各层。数据采集层由现场监测站和数据采集模块组成，承担在线数据的采集、处理和发送。通信传输网络由公共无线网络和内部的局域网组成，承担数据的传输。数据存储层主要承担数据的接收、转换和存储入库，由环境业务数据中心和支撑硬件系统组成。应用服务层主要为各类应用系统提供相应的数据资源和基础服务，主要包括水环境监测、污染源废水监测、污染源管理、水质信息发布、预测预警等功能。安全与保障环境由标准规范体系、安全体系、建设与运行管理体系组成，为系统安全、稳定的运行提供制度保障。基于物联网的河（湖）长监测和管理系统见图6-5。

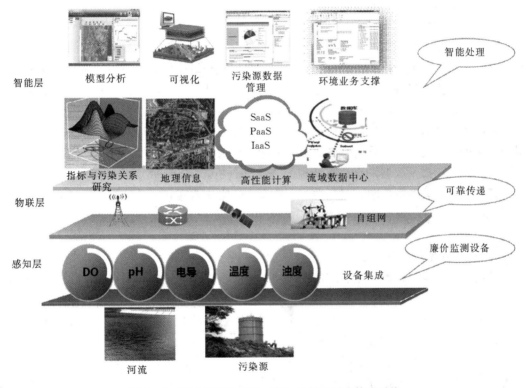

图6-5　基于物联网的河（湖）长制监测和管理系统

三、基于物联网技术的系统总体功能

河（湖）长制综合管理信息平台功能围绕环保行业对水环境、污染源的监测、管理和预警业务需求设计，分平台基础应用和专业应用两部分。平台基础应用包括环境质量信息的数据采集和处理、数据库管理、视频监视、数据查询、图表展示、GIS查询、GIS空间分析、综合统计、格式化报表等；专业应用功能包括水质评价分析、水质预测预警、水质扩散模拟等。

（一）数据采集、交换与通信

在水环境监测与分析系统中，数据采集采用物联网的先进技术，所选用的传感器、分析仪器、监视器等均符合采用业内高新技术，关键的视频数字化，压缩、解压、码流、传输均采用国内外工程建设中被广泛采用的技术与产品，从根本上解决"测得准"的问题，做到更智慧的感知。感知层一般由现场仪器、数采仪等构成。每个监测子站有一套或多套监控仪器、仪表，监控仪器、仪表通过模拟或数字输出接口连接到数据采集仪，数据经数据采集仪整合、封装，通过网络层传送至数据中心，用于应用层。需要采集的水质参数包括 pH 值、水温、浊度、电导、氨氮、溶解氧、化学需氧量、总有机碳、重金属离子浓度等。

本平台网络层通信手段采用无线通信网络（GPRS，CDMA 等），解决由于水环境监测站点分散、分布范围广而带来的监测数据发送及时性问题，提高环境管理部门工作效率。数据交换主要实现环境监测与分析系统与异构系统之间数据的传输和交换。数据采集、交换与通信见图 6-6。

（二）在线监控

在线监控是水环境监测与分析系统开发和运行的基础，负责为各类应用的开发、运行和系统管理提供技术支撑。在线监控平台围绕数据服务组件部署各应用功能，使各应用系统成为一个整体，将各主要环境业务部门的监测、统计、收费、审批、发布等数据集中管理起来，使数据管理人员、各级领导、业务部门员工通过统一的界面进行管理、查询、分析大量的环境数据，简化环境数据管理的难度，提高环境数据管理的水平，实现对各类数据的动态查询、变化趋势分析、各类数据之间的相关性分析等功能。

在线监控应提供数据采集、在线监测、统计分析、GIS 展示、综合应用、在线报警、系统管理、接口服务等功能，对自动站、断面进行水质监视和视频监视，对污染源排放企业实现排污监控、工况监控及视频监控，从不同角度把握企业污染治理设施运行及排污情况。

（三）环境业务数据中心

通过对业务需求、数据流、应用逻辑功能及安全需求的规划，采用标准化的设计方法对存储到环境业务数据中心的各类数据进行海量存储、实时计算和处理进行设计。环境业务数据中心包含基础数据、空间数据、水质监测、污染源监测、环境大气监测、统计分析结果、法律法规、调度方案、视频监测等子数据库系统。

物联网数据实时性强、数据量大、数据种类多、并发性大，计算量巨大，因此系统采用负载均衡技术，有效地分配各种数据类型计算处理的负载分配，提高环境数据业务中心数据处理能力。

（四）地理信息系统

GIS 技术为基于物联网的水环境监测及分析系统提供基础地理信息平台，通过 GIS 技术、空间数据库技术把水环境监测相关的所有物联对象整合到统一的空间平台上，从而可以直观、生动、快速对自动站、排污口、断面等物联对象进行定位、追踪、查找和控制（包括物联对象的属性信息、空间分布状况、实时运行状况及最新实时数据等）；直观显示和分析流域、行政区域内水环境质量状况，追踪污染物来源，并对相同空间范围监测指标与水体质量之间内在关系进行发掘和分析。

平台 GIS 服务选用开源的 GeoServer，可连接 Oracle、sqlserver 等关系型数据库，结

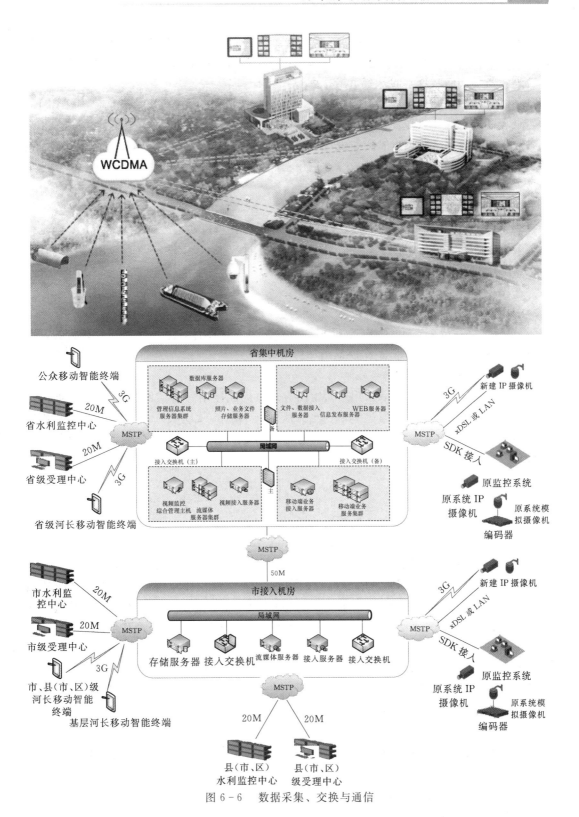

图 6 - 6　数据采集、交换与通信

合 Web 应用程序构架和技术，建立高效的 B/S 架构 WebGIS 应用程序，实现基于地理信息服务的可视化信息查询和分析，实时为用户提供丰富的地图处理和空间分析服务。

四、基于物联网技术的系统技术特点

河（湖）长制综合管理信息平台功能围绕环保行业对水环境、污染源的监测、管理和预警业务需求设计，分平台基础应用和专业应用两部分。平台基础应用包括环境质量信息的数据采集和处理、数据库管理、视频监视、数据查询、图表展示、GIS 查询、GIS 空间分析、综合统计、格式化报表等；专业应用功能包括水质评价分析、水质预测预警、水质扩散模拟等。

1. 智能化程度高

现场设备层的数字化仪器仪表进行现场总线设计，可以实现复杂的远程管理，包括传感器参数设置、通信信道配置、系统工作模式、图像与视频传输协议、应用程序远程更新、自适应补发等功能。

2. 可扩展性强

采用模块化设计，将采样、监测、通信等功能单元模块化，串行接口标准采用 RS-485，可以联网构成分布式系统。数据采集平台按多线程设计，采用模块化设计方案，可通过 DLL（动态链接库）任意扩展信道和协议。

3. 自由组网

根据测站实际情况，灵活采用通信组网方式（无线网络、广域网、局域网），如大范围密集测站（监测节点）可通过 Zigbee＋无线网（GPRS、CDMA）方式将采集的水质监测数据传输至数据中心；监控视频可灵活选用 4G 网络（网络摄像机）或无线网（传统摄像机）传输至数据中心。

4. 海量数据的分析和应用

环境业务中心的构建，实现完整的数据分析和应用，通过数据的抽取、数据的存储和管理、数据的展现等技术实现海量数据挖掘。

5. 标准化设计

系统依据 Modbus 协议、《污染源在线自动监控（监测）系统数据传输标准》（HJ/T 212—2005）通信协议、OPC（用于过程控制的 OLE）通信协议等建立软硬件之间的通信，实现智能终端与环境中心的信息交互。系统数据库的设计、通信、接口设计均遵循环保行业统一的规范与标准，便于系统的扩充及与其他行业间的资源整合和信息共享。

6. 软件结构

系统软件设计和开发基于 J2EE 的分布式计算技术、中间件技术及 Web Service 的应用系统集成技术，采用 B/S 与 C/S 相结合的架构（后台运行或批量处理采用 C/S），采用统一的系统接口的数据交换标准（XML），保证配置、数据、应用的充分分离。

第八节　河（湖）长制综合管理信息化虚拟现实技术

河（湖）长制综合管理信息化采用虚拟现实技术（VR）对规划、治理、决策、预测等方面进行仿真与可视化展现。

一、虚拟现实技术内涵

随着可持续发展战略的实施和环境保护、治理工作的深化，要求能提供三维立体、可视化、能进行交互的实景模拟环境来提供环境科学研究与管理应用。多媒体技术、三维动画技术在其中发挥着积极的作用。随着虚拟现实（Virtual Reality，VR）技术的发展和应用，将其应用于环境管理具有明显的优越性。

虚拟现实技术（以下简称 VR 技术）亦称灵境技术、虚拟环境技术，是一门由应用驱动的、具有很强的人机交互能力的现实情景模拟技术。它以仿真技术为基础，综合了计算机图形图像处理及显示技术、传感技术、位置跟踪技术、人-机交互及控制、通信等高技术手段，是一种新颖的三维空间环境再现技术。VR 技术的实现过程是：将要再现的虚拟景物转换成一系列描述其特征的数据，然后通过计算机处理，创建一个三维视觉、听觉和触觉的环境，在显示屏及音响装置中构造出一种有声有画的特殊环境，使用户有一种沉浸于其中并有能力漫游世界、操纵世界的感觉，给人感觉到这个所营造的环境的真实存在并能与之相互作用，达到一种境界虚拟、但感觉真实的效果。一个简单的虚拟现实技术系统见图 6-7。

VR 技术两个最突出的特点就在于：一是人与环境的一体化；二是人与环境的交互性。其技术构成主要有图形图像处理技术、音频处理技术、空间方位跟踪技术、传感技术及建模等。如果在网络系统上运行 VR 技术系统，还要用到网络技术和通讯技术。

通过构建 VR 技术系统，可由过去只能在计算机系统的外部去观测处理结果转变到置身计算机系统所创建的环境之中；由过去只能通过键盘、鼠标与计算机环境中的单维数字化信息发生交互作用，到能用多传感器与多维化信息的环境发生交互作用；由过去只能从定量计

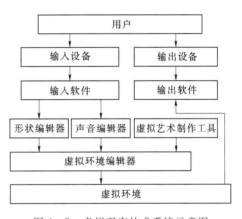

图 6-7 虚拟现实技术系统示意图

算结果中得到启发和加深对事物的认识，到有可能从定性和定量综合集成的环境中得到感性和理性的认识，从而深化对概念的认识和萌发新意。一个 VR 技术系统，正是通过虚拟世界对真实世界的代替，从而使人达到一种境界虚拟，但感觉却是真实的效果。

二、VR 技术应用于环境管理的可行性及优越性

VR 技术应用于环境的可行性主要体现在两方面：一是 VR 技术的发展和应用已积累了一定的经验，可以为各领域的应用提供技术支持；二是环境管理的涉及空间、地表、地下三维实体，根据其特性构建虚拟环境，在其中进行相关的研究，是可行的。VR 技术应用于环境管理的优越性则主要体现在以下几方面：

（1）改变以往环境管理研究缺乏直观、可视化、三维环境支持状况，以全新的概念和技术来为环境管理提供全新的基础，实现研究技术支持的革新。

（2）以模拟实地场景虚拟环境中进行各项工作，保证了可靠性、真实性、精确性。

（3）以交互式、仿真的环境进行管理，方法简单，效率高，尤其是对于动态模拟、规

划等工作，一旦建成 VR 技术系统，就可以以其为基础进行区域的各项研究工作，效果好、效益高、应用广泛。

三、应用体系与内容

VR 技术在航空、航天、地学、采矿等领域的应用正在逐渐开展，在部分领域尤其是在模拟训练、危险区规划等方面都取得了较大的成果。VR 技术在河（湖）长制水环境管理中的应用，可以其他领域的应用为借鉴，根据水环境管理的目标进行研究。

1. 应用于水环境规划

将区域水环境现状研究的各要素、各指标结合相应的地形图等进行数字化，以此为基础，采集多源信息建立数据库，以该数据库为基础建立虚拟现实技术系统。在具体的规划过程中，可以此系统为基本平台，在交互、三维可视化的环境中进行水环境规划，特别是对水环境现状及其存在的问题进行综合分析和考虑，在 VR 技术系统中，以宏观的视角、全面的观察对区域水环境进行综合分析。在发现问题的基础上，根据可持续发展的要求，对区域水环境治理、水环境保护等方面的内容进行综合集成的研究，提出对生态环境的要求，并通过相应的数值信息进行表达。然后在 VR 技术系统中，可以此为基础进行规划工作，根据目标、任务、要求、方案等进行规划方案的实景模拟，从多个方案中选择综合效益最好的一个，并可根据对该方案在实际执行过程的虚拟，确定可能出现的问题，从而指导水环境管理工作的进行。尤其是在污染物总量控制、污染防治等方面进行规划时，利用 VR 技术系统可以进行有效的规划工作，从而指导实际工作的开展。

2. 应用于水环境治理

水环境治理是一项复杂的系统工程，水环境治理的基础是对基础现状全面、准确了解。通过水环境调查可以获取相关的信息，但书面、文本、二维信息缺乏直观、形象感，尤其是在多种环境要素相互影响、综合作用情况下，需要对大气、土壤、植被、水、噪声等多种环境要素进行全面、综合、集成、三维、可视的分析，这正是 VR 技术所具有的优势。根据相关的数据建立区域环境现状虚拟环境，模拟不同条件影响下环境状况及演变趋势，根据相应的治理方案对生产系统进行调节（在 VR 技术系统中是对部分数据的改变，对用户来说是进行了真正的调节），对治理方案的结果进行模拟与仿真，及时对治理方案进行调整与完善，从而指导水环境治理工作的开展。

3. 应用于水环境决策

水环境问题的决策是水环境管理的重要环节，也是切实保护水环境、实现可持续发展的政策支持。行政手段实现科学化、信息化，其基本要求是提供基于全面、科学的信息的决策支持手段，VR 技术系统是一个具有良好应用前景的决策支持系统。根据不同期水环境监测的数据、区域发展的现状、区域总体规划的要求、专门的水环境分析模型，在 VR 技术系统的支持下，决策者可在虚拟水环境中获取所需的各种信息，并在其支持下进行信息的综合处理和全面分析，从而实现对决策的支持。

4. 应用于水环境预测

对水环境演变规律进行分析研究，进而研究其演变趋势、预测未来一段时间内水环境的状况，是实现水环境监测、管理、规划的必然要求。水环境预测需要计算机技术系统、数理模型的支持。最简单的预测方法是基于线性回归的方法，以此代表的数值预测方法缺乏直观性、可视性，而 VR 技术系统为基础则可方便地进行环境观测。充分利用虚拟水环境中对现实生产系统的模拟，按照动态发展的规律和趋势，建立与区域生产、生活、经济发展相适应的水环境演变模型，实现对任一时段的水环境预测。这种预测由于给用户以置身于其中的感觉，且是在区域大系统中进行的综合分析结果，在预测效果、时间、表达形式方面都具有明显的优越性。

5. 应用于水环境教学与科研

水环境科学作为一门完整的学科体系，应由基础学科、技术学科、工程技术三个层次组成，与此相适应，环境科学的教学与科研工作也必须从这三个层次进行综合考虑。作为一门应用性极强的学科、工程技术手段，在相关的研究与教学中必然要求结合实例进行，传统的现场实习、实物实验等费用大、周期长，而采用现代化的 VR 技术系统，以典型地区的实际资料、多源信息、专业模型为基础，建立虚拟水环境科学模型，在进行教学与科研时，用户直接在该模型中进行相应的活动，仿佛身临其境，得到与实景一致的结果，具有较高的效率，也是适应信息时代教学与科研发展的有力手段。

随着现代科学技术的发展，水环境的研究技术手段日趋广泛，虚拟现实技术作为实景虚拟建立的技术系统，在水环境管理中具有广泛的应用。而且由于该系统的特点，决定了其一次建成、重复使用的特点，只要在系统分析的基础上，建立相应的技术系统，就可以用于水环境管理、水环境科学研究的各项工作，具有良好的效益。尤其是随着虚拟现实技术和地理信息系统（GIS）集成的技术系统——虚拟 GIS（VGIS）的发展，建立集 GIC、VR 技术、水环境信息系统、流域分析模型、人工智能专家系统等于一体的虚拟环境决策支持系统（VEDSS），将是环境管理实现自动化、信息化、可视化的有力保证，必将极大地推动环境科学的发展。

第九节　河（湖）长制综合管理信息化人工智能技术

计算机人工智能系统以及高认知性的专家决策系统正在对社会生活产生非常深远的影响，计算机人工智能技术因其自身具备非常大的优势，在河（湖）长制综合管理信息化中必然会得到更加广泛的应用。

一、人工智能技术内涵

目前人工智能作为一种前沿学科在整个计算机科学领域正处于被极度关注的情况。一方面，因为现如今科技的飞速发展使得人们生活的需求在不断变化，单纯的计算机技术似乎已经无法满足人们的需求。计算机不仅要提供更加智能化的服务，而且还要提供更加人性化的服务，只有这样才能逐渐满足人们日益增长的使用需求。另一方面，因为科学进展的有利条件已经给人工智能技术进入人们的生产生活提供了良好的基石，进一步促成了人工智能技术的应用和推广。

目前对于人工智能的定义还存在一定的争论，在学术界通常还区分为"强人工智能"和"弱人工智能"两个定义。其中弱人工智能是基于数学进行问题求解的机器学习算法，程序设计者预测会出现的情况，然后做出应对方案，由机器判断符合条件与否并加以执行。而强人工智能要求程序有自己的思维，能够理解外部事物并自发做出决策甚至行动，其表现就像一个"人"一样，甚至很可能比人的反应更杰出、更可靠。但是不管分类和定义如何，人工智能作为20世纪的三大尖端技术（空间技术、能源技术和人工智能），同时也被认为是21世纪的三大尖端技术（基因工程、纳米科学、人工智能）正在蓬勃发展。人工智能是计算机学科的一个重要分支，其核心目的是使用机器模拟人的思维过程，进而代替人完成相应的工作。"人工智能"一词出现于1956年，由美国几位数学、信息科学、计算机科学、神经学、心理学方面的科学家提出。1969年，国际人工智能联合会议的召开标志着人工智能得到了国际的认可。实际应用中，人工智能指机器可以感知环境的变化（文字、声音、图像及可定义的符号为输入），系统根据设定的规则执行目标任务。

人工智能作为研究机器智能和智能机器的一门综合学科，涉及信息科学、心理学、认知科学、思维科学、系统科学和生物科学等学科，目前已在知识处理、模式识别、机器学习、自然语言处理、博弈论、自动定理证明、自动程序设计、专家系统、知识库、智能机器人等多个领域取得实用的成果。但人工智能并没有被广泛认可的统一定义，美国MIT（麻省理工学院）的Winston教授认为"人工智能就是研究如何使计算机去做过去只有人才能做的智能的工作"，美国斯坦福大学的Nilson教授认为"人工智能是关于知识的学科，是怎样表示知识、获得知识并使用知识的学科"。根据这两个定义与其他关于人工智能的定义，可以将人工智能概括为研究人类智能活动的规律，通过计算机技术进行模拟，构造具有一定智能行为（类似人的行为，或实现人们的期望目标）的人工系统。这个系统可以代替人进行工作，并获得设计者、使用者期望的结果。伴随人工智能技术的发展，经常被学术界关注的另两个概念是模式识别和机器学习。历史上各类技术的发展从未像人工智能技术这样具备普遍适用的特征。人工智能技术最新研发领域是各国政府倡导的"脑计划"，主要研究内容之一是通过对人类大脑构造及机理的分析，期望获得在人工智能领域的计算机模拟，实现使机器代替人类从事大部分工作的想法，提高社会整体的劳动生产效率、生产水平，节约社会资源消耗，解决现今社会面临的各类问题。

二、人工智能技术发展历程

人工智能技术的发展从最初的神经网络、模糊逻辑，到现在的深度学习、图像搜索，经历了一系列的起伏，从爆发、低谷、重新突破，直至2014年Gartner发布的技术成熟曲线表明人工智能技术已经进入发展高峰期，各项技术应用（自动驾驶车辆、虚拟个人助理、脑机接口、预测分析、智能机器人等）将在5～10年后起到巨大的颠覆性影响。

（1）起始期：20世纪50年代，人工智能的概念被首次提出。早期的LISP表处理语言、神经网络、启发式算法等是在这一时期出现的。因为技术处于启蒙阶段，同时当时的计算条件等方面不尽成熟，无法为人工智能技术的发展提供助力。

（2）上升期：自从1956年夏季的达特茅斯会议召开后，DENDAL化学质谱分析系统、MTCIN疾病诊断和治疗系统、Hearsay-11语言理解系统等专家系统的出现奠定了人工智能的实用性，1969年国际人工智能联合会议更是标志着人工智能已得到了国际的认可。

（3）衰退期：在20世纪70年代，由于当时的技术限制，人工智能技术并没有产生预想中的大突破，这使得公众和政府对于人工智能的关注度急剧下降，美国甚至大幅度削减了人工智能的研究经费，人工智能的相关研究也一度停摆。

（4）突破期：20 世纪 80 年代，随着神经网络国际会议在美国的召开，神经网络也得到了广泛的认知。科学家们开始广泛地进行基于人工神经网络的人工智能算法研究，各种学习算法开始崭露头角。与此同时，人工神经网络隐藏层计算以及反馈算法方面均取得一定的进展。

（5）重生期：21 世纪以来，一方面由于人工智能算法的改进，另一方面由于计算条件和计算能力的提升，人工智能技术进入了飞速发展期。基于神经网络的深度学习算法、基于生物进化的遗传算法以及辅助学习的模糊逻辑和群体算法等开始进行大规模的实践。尤其随着互联网的发展，人工智能技术已广泛运用到了智能搜索、语音识别、图像识别、生活预测、人机交互等，影响到生活的多个方面。

三、人工智能核心技术分析

1. 数据挖掘与学习

当面对大量的数据需要进行深度数据挖掘、明晰数据之间的联系时，通常采用的方法是人工智能的一个重要分支——机器学习。机器学习是研究如何使用计算机模拟或实现人类的学习活动。基于人工神经网络的深度学习目前已经广泛应用，正是由于神经网络具有多神经元、分布式计算性能、多层深度反馈调整等优势，才能够针对海量数据进行计算和分析，通过数据训练形成模型，其自主学习的特性，非常适用于基于智能关联的海量搜索。

2. 知识和数据智能处理

知识处理时使用最多的技术是专家系统。它将探讨一般的思维方法转入到运用专门知识求解专门问题，实现了人工智能从理论研究向实际应用的重大突破。专家系统可看作一类具有专门知识的计算机智能程序系统，它能运用特定领域中专家提供的专门知识和经验，并采用人工智能中的推理技术来求解和模拟通常由专家才能解决的各种复杂问题。

3. 人机交互

人机交互中主要应用到的技术包括机器人学和模式识别技术。机器人是模拟人行为的机械，是当前智能化领域发展较为先进的技术。而人工智能所研究的模式识别是指用计算机代替人类或帮助人类感知模式。其主要的研究对象是计算机模式识别系统，即让计算机系统能够模拟人类通过感觉器官对外界产生的各种感知能力。

第七章

河（湖）长制综合管理信息平台集成

第一节 河（湖）长制综合管理信息平台集成总体架构与集成方法

一、平台集成总体架构

河（湖）长制综合管理信息平台集成思路是充分利用现有资源，在不改变原有业务系统运行的基础上，整合各类基础设施、应用系统、数据资源，逐步由分散建设向节约化建设转变，河（湖）长制综合管理信息平台总体架构见图7-1。

河（湖）长制综合管理信息平台总体架构说明如下：

（1）在同城或异地建立双活数据中心。

（2）数据中心内，从网络层面分别划分为数据区、应用区、外联区、用户区、中立区等功能区域。

（3）数据库服务器、集中存储、数据备份等相关设备部署在数据区。

（4）应用服务器等相关设备部署在应用区。

（5）互联网以及广域网等相关设备部署在外联区。

（6）必须互联网直接连接的服务器等相关设备部署在中立区。

（7）用户终端等相关设备部署在用户区。

（8）通过互联网接入边界的防火墙设备隔离出中立区，并且将外联区进行安全隔离，同时对数据区也进行单独的安全隔离防护，形成分层隔离的安全防护体系。

（9）建立应用服务计算资源池、数据库服务计算资源池、集中存储备份资源池等，通过云平台技术提供计算、存储、安全等服务。

（10）建立符合等级保护三级规范要求的安全体系。

二、平台集成方法

（一）遗产系统集成

在尽量不改变遗产系统的基础上，采用虚拟化集成技术、界面集成技术、应用集成技术、数据集成技术，对遗产系统进行零修改迁移和维护，将遗产系统集成至综合集成系统中，提供更为便捷的访问和交互。主要技术步骤如下：

（1）构建遗产系统虚拟机。

（2）配置遗产系统环境。

（3）迁移遗产系统。

（二）系统门户集成

建立统一账户，研究门户集成机制，提供统一的管理方式，各个系统通过单点登录、

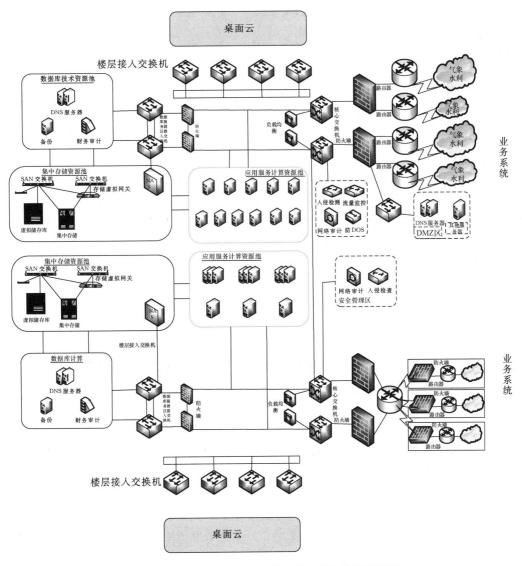

图 7-1　河（湖）长制综合管理信息平台总体架构图

基础图来源于贵州省水利信息化资源整合共享实施方案。

门户集成、多终端无差异化访问，实现"一站式"的服务访问，解决跨部门、异构的业务系统的协同与信息共享，提供有效的技术支撑。主要包括：统一所有业务系统用户唯一识别码、业务访问权限、数据访问范围，建立用户与系统对照表，实现系统间无缝切换。针对目前未开发或开发尚未完成的系统，也能够通过配置接入到集成平台。研究基于 HTTP 协议的 B/S 系统集成方法以及基于服务器虚拟化抽象技术的 C/S 系统集成方法。对应用系统功能进行抽取、重构，封装成 Web 服务，便于外系统调用。按主题对数据进行抽取，按业务需要进行转换，最后加载在门户的不同位置。研究多源异构数据集成方法。

（三）异构系统集成

在综合集成系统中，用户以统一的方式管理硬件平台资源，按需分配与使用所需的动态资源池里的计算与存储资源，提高资源利用率。采用虚拟化技术，将资源进行有效的整合，从而生成一个统一管理、灵活分配、动态迁移的基础服务设施资源池，并向用户提供自动化的基础设施服务。

（1）按需服务。系统资源的动态分配与使用。构建与部署集成平台需要占用多个物理服务器，传统信息平台对于物理服务器的利用往往保持在最低的水平上，平台升级改造由于硬件资源更换导致信息平台的应用受到限制。为此，需要研究如何将系统中各类资源进行有效的整合，从而生成一个可统一管理、灵活分配调度、动态迁移的基础服务设施资源池，并且根据用户需求向用户提供信息资源服务。

（2）云平台计算方法和存储技术。在监测海量数据处理（检索、分析等）、水情信息、气象水文预报、水库群动态调控、三维建模等复杂计算时，需要用到云计算技术和海量数据存储技术，但不同领域、不同应用目的所采用的方法和机制差异很大，对于效率有很大影响，根据具体业务需要，设计与实现云平台计算方法和存储技术。

（3）资源虚拟化。研究计算机资源的抽象方法，通过虚拟化可以用与访问抽象前资源一致的方法访问抽象后的资源。这样以数据中心部署和管理方式，为数据中心管理带来了高效和便捷的管理体验，同时还可以提高数据中心的资源利用率，减少能源消耗。研究内容包括系统虚拟化、基础设施虚拟化、软件虚拟化、桌面虚拟化等。

第二节 河（湖）长制综合管理信息平台基础设施集成

一、总体结构

河（湖）长制综合管理信息平台运行环境包括计算与存储硬件和软件及网络环境、电力、空调等硬件设备。硬件组成为双机热备式数据库存储及服务器与多个应用服务器相配合的模式，由虚拟化资源统一管理和调度系统控制的存储与计算服务集群。支撑软件一般仅指计算机网络操作管理系统等基础软件，数据库、中间件、数据抽取和大存储处理等与开发应用类软件，作为公共资源归入应用服务平台。同时，集成平台与其他信息系统共享的运行环境资源。运行环境可以单独地方便地迁移到公共云中，实现计算存储资源的节约化高效绿色应用，并为数据处理提供更优越的存储与处理环境。

集成平台基础设施包括存储、网络和服务器三个方面，分布在省级水行政主管部门、市级水行政主管部门、县级水行政主管部门三级结构上。集成平台的服务器由数据库服务器和应用服务器构成，在多个地区进行部署，实现数据存储与业务逻辑的分离。多地之间的服务器集群通过网络互相连接，完成数据传输和同步，进行统一的调度和管理。通过分布在三级结构上的服务器集群构成完整的基础设施服务，提供数据存储和相关应用服务，为上层的应用软件提供支撑。河（湖）长制综合管理信息化集成平台的基础设施总体架构见图7-2。

二、存储架构

河（湖）长制综合管理信息平台采用分布式存储结构。每个地点的服务器本地硬盘构成资源池，数据和备份都存放在其中，并提供异地备份和实时备份功能，且存储扩展性强。存储系统可以分为文件存储系统、关系数据库存储系统和列式数据库存储系统。

（1）文件存储系统可以存储图像、文档、视频之类的非结构化数据，适用于数据量较

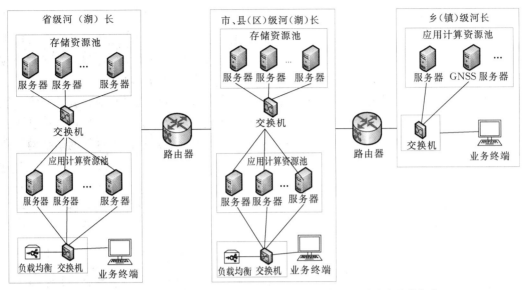

图7-2　河（湖）长制综合管理信息化集成平台的基础设施总体架构

大或者读写速度较快的场景。

（2）数据库存储系统可以存储结构化数据，适用于数据量较小且需要复杂多表关联查询或者事务操作的情况。

（3）列式数据库存储系统包括 HBase 和 HDFS，用于存储大量实时数据。

存储系统之间可以进行备份和数据转移，维护数据的一致性，可以有效提高系统的可靠性以及可扩展性。底层存储系统可以为上层应用系统提供数据支撑，系统按照统一的标准和方式对数据进行访问。

河（湖）长制综合管理信息平台的存储架构见图7-3。

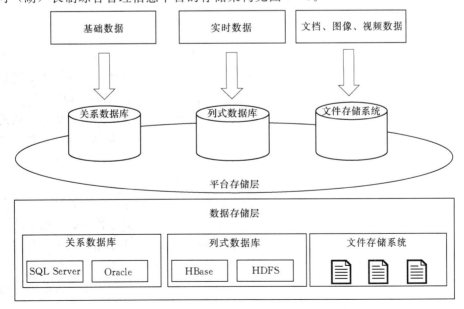

图7-3　河（湖）长制综合管理信息平台的存储架构

三、网络结构

河（湖）长制综合管理信息平台各个地点的服务器集群通过网络互联，并列运行实现统一对外服务。每个地点的服务器通过中心交换机连接起来，每个服务器集群连接在相应的内网上，并通过防火墙进行保护。在物理上独立分布的服务器集群通过网络完成连接，从而实现集成平台基础设施的统一。用户可以通过内网接入到集成平台中，调用系统功能完成业务。集群之间的数据传输和数据同步都可以通过互联网络完成，例如存储信息的备份和迁移、应用服务器之间的消息交换。河（湖）长制综合管理信息平台的网络结构见图7-4。

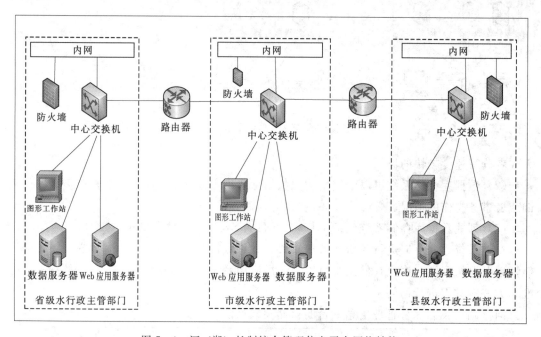

图7-4　河（湖）长制综合管理信息平台网络结构

河（湖）长制综合管理信息化集成平台根据区域划分的网络范围，每个区域的Web应用服务器、数据服务器和图形工作站连接在中心交换机上，从而构成一个大的集群。中心交换机连接在相应区域的内网上，同时内网设置防火墙进行保护，防止入侵和数据泄露。各个区域的网络通过路由器连接在一起，从而实现不同区域之间的数据交互和消息交换。这种网络结构比较灵活，较好地适应了跨区域的网络通信，为河（湖）长制综合管理信息化集成平台提供了基础的网络服务。

四、服务器架构

河（湖）长制综合管理信息平台的服务器集群分布在省级水行政主管部门、市级水行政主管部门、县级水行政主管部门三级区域，每个集群由多个服务器组成。系统的上层应用系统和数据库运行于服务器上，所有的服务器由统一的调度和监测系统进行管理，可以随时获得服务器的运行状态信息。Web应用服务器进行负载均衡、分担访问流量，高效地实现系统的可伸缩性。数据库服务器之间可以进行数据的备份，防止因为服务器宕机带来的数据丢失问题。河（湖）长制综合管理信息平台的服务器架构见图7-5。

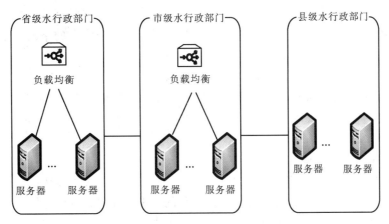

图 7-5 河（湖）长制综合管理信息平台服务器架构

第三节 河（湖）长制综合管理信息平台数据集成

网络的发展使各部门逐渐从一个孤立节点发展成为不断与网络交换信息和进行业务协作的实体，数据集成也从部门内部集成走向了部门间集成。现在比以往任何时候都需要将内部数据进行发布和交换，这必然导致越来越多的应用需要访问各种异构数据源，然而这些数据源可能分布在网络上任何地方。为了满足这种需求，必须通过一种或几种能够支持异构数据源数据集成的方法，达到数据集成的目的。所以，河（湖）长制综合管理信息平台无论是从部门内部自身业务发展角度还是从部门间业务协同工作的角度来看，都需要一种数据集成系统作为访问异构数据源的支撑。

一、数据集成方法与方式

（一）数据集成方法

数据集成方法包括数据集中和数据聚合两种。

（1）数据集中。数据集中方法通过数据转换工具在数据库之间进行模式映射，将一个数据库中的数据复制、转换为另一个数据库中的数据，从而将多个数据库中的数据集中到单一的数据库，形成一个不论在逻辑定义上还是物理存储上都统一的总体数据库，进而解决多个数据库的集成问题。

（2）数据聚合。数据聚合方法是将多个数据库集成为一个统一的数据库视图的方法。可以认为，数据聚合工具产生的数据聚合体是一种虚拟的数据库，虽然自身不存储任何数据，但它的内容可以包含多个实体物理数据库的内容。

（二）数据集成方式

数据抽取是从数据源中提取所需要信息的过程。一般应考虑适应多种数据源，包括关系数据库，带格式的文件、数据、应用等。针对类型不同的已有资源开发各种适配器，通过适配器从已有资源中抽取数据，抽取后的数据统一转换为格式统一的数据文件。这部分工作主要由各流域的数据接口适配器完成。实际应用中，数据源较多采用的是关系数据库。从数据库中抽取数据一般有以下几种方式。

（1）全量抽取。全量抽取类似于数据迁移或数据复制，它将数据源中的表或视图的数据原封不动地从数据库中抽取出来，并转换成自己的工具可以识别的格式，是一种比较简单的策略。

（2）增量抽取。增量抽取只抽取自上次抽取以来数据库中要抽取的表中新增或修改的数据，所以，如何捕获变化的数据是增量抽取的关键。能够将业务系统中的变化数据按一定的频率准确地捕获到性能，不能对业务系统造成太大的压力，影响现有业务。

二、数据集成总体架构

河（湖）长制综合管理信息平台数据资源层汇集和存储工程项目数据、单位数据、人员数据和信用数据等，并对数据进行统一标准化的整理、迁移、重构等操作，即数据资源化，形成数据资源目录，为服务层和业务应用层提供数据支撑。河（湖）长制综合管理信息平台数据资源层总体架构见图 7-6。

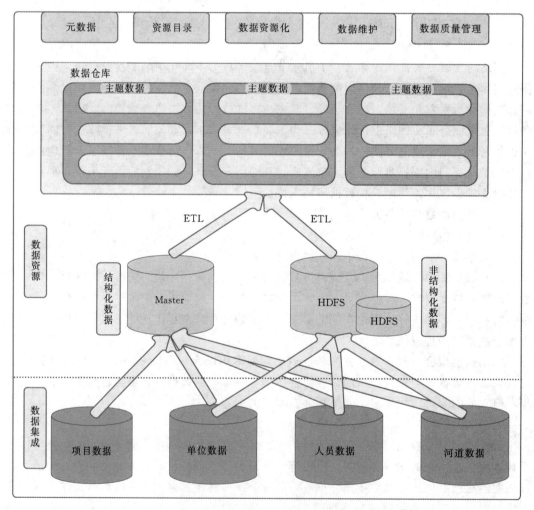

图 7-6 河（湖）长制综合管理信息平台数据资源层总体架构

（一）数据集成

河（湖）长制综合管理信息平台数据集成将若干个分散的、异构数据源中的数据，逻辑地或物理地集成到一个统一的数据库中，以实现全面的数据共享，提高数据利用的效率。数据集成的对象包括工程项目数据、单位数据、人员数据以及信用数据。

（二）数据资源

数据资源将河（湖）长制综合管理信息平台数据资源组织为结构化主数据库（Master）和非结构化数据的 HDFS 分块存储等部分，并经 ETL 存储至目标仓库。通过建立资源目录、元数据，实现资源的虚拟化组织，屏蔽了数据的物理存储异构。数据可按结构化、非结构化等层次混合形式抽取组织与存储，可满足已有业务应用、一般数据分析、大数据关联分析等应用的需要。基于元数据建设统一的数据资源目录，提供权威、完整、全面的数据资源目录服务，实现各类数据资源的注册、检索、定位和共享，提高数据资源的利用水平。为保证系统中数据资源的一致、稳定和安全，建立数据库维护系统，通过统一的数据库维护界面为综合数据库提供数据的录入、更新、删除等编辑维护功能，满足数据库管理员在数据库运行环境中对数据库的数据输入、编辑维护、检查校核等需要。为保证系统中数据的完整性、规范性、一致性、准确性、唯一性和关联性，建立数据质量管理系统，主要负责数据质量的改善，包括数据分析、数据评估、数据清洗、数据监控、错误预警等。

三、数据存储架构

河（湖）长制综合管理信息平台数据依据属性包括结构化数据和非结构化数据，根据不同类型数据的特点，使用不同的存储技术，其存储架构见图 7-7。

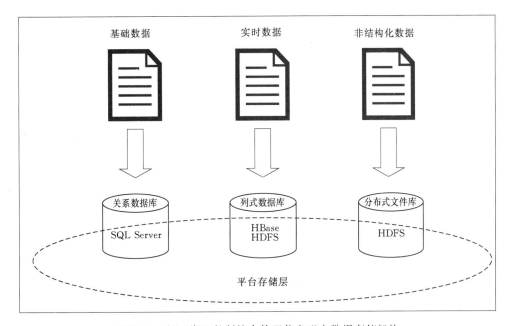

图 7-7 河（湖）长制综合管理信息平台数据存储架构

在河（湖）长制综合管理信息平台已有结构化数据资源中，有些是静态的基础数据，有些是实时的监测数据。虽然基础数据量不是很大，但经常需要进行复杂多表关联查询或是事务操作，需要引入使用关系数据库存储；由于实时数据量较大，对海量数据进行快速检索，需要使用列式数据库存储。对于非结构化数据，则采用当前最成熟、应用最广泛的云存储，利用 Hadoop 分布式文件系统 HDFS 进行存储。这样的存储架构，不但适应了当前河（湖）长制已有应用所需要的非集中式数据存储与处理，而且又为未来大数据的处理与应用创造了基础。

四、数据资源目录构建

河（湖）长制综合管理信息化数据资源目录的建设框架由元数据库、数据资源目录、标准规范与安全保障要素组成，见图 7-8。

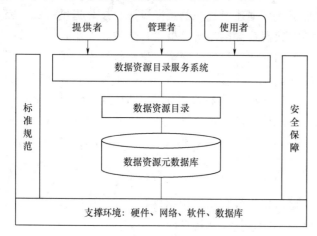

图 7-8　河（湖）长制综合管理信息平台
数据资源目录服务工作流程

（1）河（湖）长制综合管理信息平台元数据是有关信息资源内容、标识、管理、维护等属性的数据。数据资源目录是通过对各业务应用和数据资源进行梳理，从而编制形成的。相应的标准规范主要包括：元数据、信息资源分类、唯一标识编码方案、技术管理要求的相关标准。

（2）河（湖）长制综合管理信息平台数据资源目录服务系统的基本功能包括：目录内容编目、注册、发布、维护、查询。其中：

1）编目功能提供核心元数据的编辑功能，包括：提取相关特征信息，形成核心元数据；对核心元数据中的分类信息进行赋值；提供者可在编目时，对信息资源进行唯一标识符的赋码。

2）注册是指目录提供者向管理者注册核心元数据，包括提供者向管理者提交元数据、管理者依据相应的标准规范审核元数据的合法性、并将通过审核的元数据入库，从而形成正式的目录。

3）发布功能是指目录管理者将核心元数据库的内容发布到一站式系统中。

4）维护功能主要包括核心元数据库的建立、更新、备份与恢复，服务监控，日志分析，用户反馈和辅助管理。

5）查询功能是指为应用系统提供标准的调用接口，支持对核心元数据的查询。

第四节　河（湖）长制综合管理信息平台业务流程集成

一、业务流程集成内涵

业务流程集成（business process integration，BPI）以河（湖）长制综合管理业务流程为中心，并且负责相关遗产系统和应用程序之间的协调，在链接到应用程序的同时，为河（湖）长制综合管理自动业务流程处理提供智能化的工具。河（湖）长制综合管理业务流程集成是一套被自动处理和被组件/服务以及人们执行的终端到终端的协调合作与交易的工作活动/任务，从而达到所要求的河（湖）长制综合管理业务结果或者是达到业务目标，业务活动监测（BAM）也是业务流程集成的重要组成部分。

二、业务流程集成演变

集成技术的演变经历了十多年的时间，产生了几代从不成熟到逐渐成熟的 BPI 技术，带来不断增长的商业价值。BPI 技术的演变过程如下：

（1）20 世纪 60—70 年代，企业应用大多是用来替代重复性劳动的一些简单设计。当时并没有考虑到企业数据的集成，唯一的目标是用计算机代替一些孤立的、体力性质的工作环节。

（2）80 年代，企业规模开始扩大，企业业务和数据日趋复杂，一些公司开始意识到应用集成的价值和必要性，很多公司的技术人员试图在企业系统整体概念的指导下对已经存在的应用进行重新设计，以便将它们集成在一起。此时，点到点（Point - to - Point）的集成技术开始出现，在各个应用系统之间通过各自不同的接口进行点到点的简单连接，实现信息和数据的共享。

（3）80 年代末和 90 年代初，随着企业规模的进一步扩大，应用系统不断增加，简单的点到点连接已经很难满足不断增长的应用集成要求，企业迫切需要新的集成方法：可以少写代码，无需巨额花费，就可以将各种旧的应用系统和新的系统集成起来。EAI 技术的出现在一定程度上解决了这些问题，它采用 CORBA/DCOM、MOM（消息中间件）等技术，实现了对企业信息的集成，促进了企业的进一步发展。

（4）90 年代中期，企业业务的迅速发展以及与电子商务的结合对应用集成解决方案提出了更高的要求，局限于信息集成的 EAI 集成技术很难实现企业业务流程的自动处理、管理和监控，基于业务流程集成（BPI）的集成技术成为更加合适的集成选择方案。BPI 集成技术通过实现对企业业务流程的全面分析管理，可以满足企业与客户、合作伙伴之间的业务需求，实现端到端的业务流程，顺畅企业内外的数据流、信息流和业务流。BPI 集成技术是当前集成技术发展的主流。

三、业务流程集成技术

目前，河（湖）长制综合管理业务流程集成技术正向第三代集成技术演变：即根据河（湖）长制综合管理业务流程集成技术的特点，推出基于行业的预建构集成包，预先解决河（湖）长制综合管理共性的问题，从而缩短集成项目开发周期。EAI 技术演变示意图见图 7 - 9。

BPI 涵盖了 EAI 和 BPM/BAM 的概念，它实现跨越不同应用系统、人员、合作伙伴之间业务流程和信息的管理，具有图形化流程建模、模型驱动的业务流程管理、管理系统、人员和合作伙伴的活动、由上至下的建模、流程状态的全局可视性、流程模型的时间和异常管理、业务流程分析和业务流程智能、动态反馈和业务流程的动态适应能力、支持 Web Service 等核心能力。它有助于简化河（湖）长制综合管理业务流程，使其易于重用、管理、监控和扩展，能够使河（湖）长制综合管理更高效、更经济地整合内部系统以及外部合作伙伴，从而节省成本，提高投资回报率（ROI）。

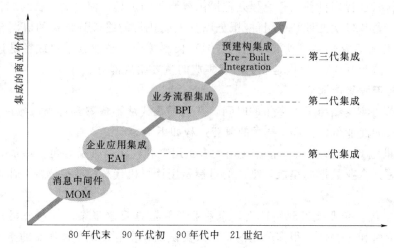

图 7 - 9　EAI 技术演变示意图

与 EAI 构架相比，基于 BPI 的第二代集成技术优势在于对河（湖）长制综合管理业务流程的支持。BPI 集成从河（湖）长制综合管理业务流程入手，是由上至下的集成方法，而 EAI 主要着眼于应用层和数据层的集成，是由下至上的集成方法。面向数据和应用集成的 EAI 技术大大削减以前点到点集成的成本，并提供了功能强大的消息中间件平台。但是，它不能较好地适应新的商业模型，从而决定了它在竞争能力上的局限性。而 BPI 技术以河（湖）长制综合管理业务流程为中心，并涵盖了 EAI 技术，顺畅了河（湖）长制综合管理业务核心流程，提供实时错误检测和管理，自动化异常管理，使河（湖）长制综合管理者具有端到端可视能力，并能快速适应市场变化。

第五节　河（湖）长制综合管理信息平台应用集成

一、信息集成模型

在河（湖）长制综合管理信息综合集成框架的基础上，信息集成应用可以总结为四层模型，分别为资源层、信息层、知识层、智慧层，这四层是不断丰富和完善的，形成循环。

（一）资源层

河（湖）长制综合管理信息集成应用具有很强的数据依赖性，数据是支持决策活动的重要基础。本层包括两类资源：①数据资源，防汛指挥需要实时水雨情信息、工情信息、社会经济信息等诸多方面的基础信息，它们往往存在于不同的数据库系统中；②成果资源，如基于特定预报模型、调度模型，甚至一些经验数据。

在数据资源建设中，一些符合了水利标准，如针对实时水雨情数据的《实时雨水情数据库表结构与标识符标准》，但是，还有相当的数据资源在相当长的时期之内无法标准化，尤其是那些与特定应用系统相关的数据资源甚至不可能标准化。因此，通过提供统一的访问方式，即数据集成，使资源上升为信息，以便有效支持决策活动。

（二）信息层

以资源层为基础，赋予它们明确的语义，明确在其上可进行的操作，甚至补充必要的数据，这样就可以为管理者提供明确的信息。建立基于 RDFS 的公共词汇集，为管理者提供所需要的标准信息。例如，实时雨情信息可能有一部分存放在标准的雨情数据表中，另外有一部分可能存放在非标准的遥测雨情数据表中。在资源层它们是分离的、无关的，但通过信息层的转换它们就具有相同的语义。所以，信息层是建立个性化应用定制平台的基础。

（三）知识层

为了满足作业和决策的需要，决策者即使选择了相同的信息，在"量智、性智"的作用下，他们也可能采用不同的运用方式，这其中蕴涵着知识主体的知识。作业知识主要表现在信息源的选择、运用方式以及信息实例的确定上，需要用个性化应用定制平台作为支撑。观察雨情信息这一作业主题，既可以用普通的数据表方式，也可以用雨量过程线方式，还可以加上雨量累计曲线，既可以观察"点"的信息，也可以观察"过程"的信息，这依赖知识主体对作业活动的认知，信息服务的质量。要实现个性化应用定制就需要研究对信息的应用模式。但是，由于水信息集成应用的复杂性，不可能一次得到所有的应用模式，但可以设计灵活的、易于扩充的用户接口，针对几种典型的模式例如，表格模式、统计图模式等开展工作。框架技术以及前期对智能知识门户技术的研究可以为此提供技术支持。决策知识综合反映决策与作业知识及其他决策要素之间的依赖关系，它是知识主体制定决策的依据，可以采用决策树、决策等方式加以表达与管理。

（四）智慧层

当需要进行决策时，领导和专家对决策知识进行集成，并运用决策者群体的"量智、性智"进行决策方案的选择，通过事后对决策方案的评价，为将来类似决策提供优选决策知识，逐步实现由"定性"到"定量"。

随着作业、决策活动的开展，会不断地丰富资源层、信息层、知识层和智慧层。尤其是在知识层和智慧层形成知识与智慧。这些知识与智慧会成为研究者和应用者的重要资源，是人类认识世界的宝贵成果。通过对它们的研究与升华，会以知识库、应用系统的形式丰富"量智"，实现新的知识服务模式。

二、应用集成内涵

河（湖）长制综合管理信息平台应用服务是业务应用的统一支撑，也是综合集成平台所有相关系统的集成共享基础设施。河（湖）长制应用服务涉及众多业务，需要按"全局一体化、协同可扩展"的设计思路，围绕构造信息平台业务系统应用软件运行环境，定义一组适合应用软件开发、部署的规则和标准，建立一套数据共享和交换的机制与方法，提供统一的服务生成与扩展接口。应用服务为保障各应用系统及平台本身服务的安全，提供统一的安全管理策略，这些策略供各服务开发者、服务管理者及服务使用者在调用、设计、管理服务时配置。

三、应用服务的数据管理

河（湖）长制综合管理信息平台数据是整个平台的基础。平台数据管理包括数据整合、数据共享、数据应用等多方面的内容，在整个数据中心体系中应用服务平台对上负责为各类业务应用系统提供信息展示、公共服务、数据分析、数据查询等功能，对下作为数据库的应用管理还负责数据整理、数据整合、权限管理、数据标准化等内容。通过实现数据在 EDS、ODS 和 CDS 的按规则访问和移动，支撑实现数据中心的数据资源化与分层次开发应用。

四、应用服务的用户集成与管理

（1）单点登录：信息平台实现用户一次登录，任意访问各类应用系统。

（2）统一身份认证：信息平台各类应用系统的用户必须进行统一的身份管理，并由平台提供统一的身份认证。

（3）统一用户数据管理：信息平台各类应用系统用户的数据，包括用户名、密码、用户机构信息等，必须保持一致、唯一，并由平台提供统一的用户增、删、改、查功能。

（4）各类应用系统的用户和系统内的权限控制：信息平台各用户应能自行独自管理。为此，平台的用户管理采用集中式用户管理、分布式权限控制的方案。

（5）统一用户管理的实现：需要平台和接入应用系统共同协作完成。其中，平台内部完成统一的用户信息管理、机构信息管理、应用系统信息管理。外围接入的应用系统依据自己系统的实际需要，开发完成自己的角色权限管理。平台完成自身和各类应用系统用户全集的管理，形成标准的全局组织机构和用户信息管理，以及全局和平台的权限管理，各类应用系统不用开发用户管理模块，采用嵌入平台提供的用户管理模块实现本系统的用户管理，其用户集为全局组织机构和用户信息的子集，角色和权限控制由各系统自行开发，但可采用平台提供的数据库结构和权限控制组件包完成。

五、整体功能

河（湖）长制综合管理信息平台应用服务作为资源的集合，通过提供对数据库的共享访问及与行业外的信息交换，形成广泛共享的数据资源集合。应用服务平台作为支撑环境，提供基于资源共享的软件开发、运行与维护服务。

应用服务平台作为服务中心，通过提供信息及信息处理服务来支撑水利业务应用，也为各项业务提供基于平台的应用生成、安全、优化配置等多方面、全方位的服务，而且还可提供为业务应用定制的知识、资源托管等扩展服务。为此将系统的各个功能进行明确的划分，定义系统的功能模块，并为开发环境提供开发组件。同样，各应用系统为相应的业务定义自己的功能和公共的功能。河（湖）长制综合管理信息平台应用服务功能总图见图 7-10。

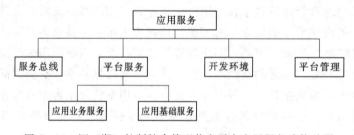

图 7-10 河（湖）长制综合管理信息平台应用服务功能总图

六、应用基础服务

河（湖）长制综合管理信息化基础服务层主要提供各类通用的工具类服务。这些工具和某个具体的应用已经不相关，这个层次的服务粒度较小，通用性较强，非常适合通过组合与装配形成某个面向应用的服务组件，这些工具和服务同时也可以直接由某个应用进行调用，完成其所需要的某项功能。基础层包括基本信息查询服务、综合数据查询服务、数据集成与服务 3 个模块。

（1）基本信息查询服务是在前期针对应用系统开发商的调研基础上提出的，包含业务系统建设过程中最常用基本信息查询功能，一方面可以降低应用系统在处理这些基本信息的难度和工作量，另一方面各个应用系统通过统一的服务调用来处理这些基本信息，从一定程度上也保证了这些数据在应用系统中的一致性。

（2）综合数据查询服务是结合应用系统需求和以往建设经验而提出，旨在为应用系统提供一个复杂数据库查询功能的管理和运行框架。复杂数据库查询功能开发难度大、占用资源大、数据库压力大，往往是应用系统运行的性能瓶颈，其共享需求强烈。综合数据查询服务针对此类查询功能，将服务方式统一管理和优化，可以有效降低重复开发的工作量和查询功能重复运行的数据库压力。

（3）数据集成与服务。河（湖）长制综合管理信息平台数据集成与服务主要考虑文件的交换与管理服务。文件的交换主要是用于政务内网和政务外网之间的文件交换，由于政务内网和政务外网是物理隔离的，所以将考虑在政务内网和外网分别部署一个文件传输工具，用于政务内网和外网的文件的传输。文件传输工具主要包括文件的查询、文件的导入和导出、文件的发送等功能。

七、业务应用服务

河（湖）长制综合管理信息化支撑层包含与业务应用紧密相关的各类服务，这些服务可以由各类上层应用系统直接使用，服务的功能粒度较大但不完成具体的业务功能，应用系统需要在这些服务的基础上进行组合和编排以实现不同的业务功能。支撑层从 GIS 系统应用、业务数据查询、模型/算法管理、告警、数据分析和展现等方面对应用系统提供支撑。GIS 系统应用方面，平台开放 ArcGIS Server 系统的全部服务供业务系统调用，此外平台有针对性地将业务系统常用的功能封装为服务，涵盖 WebGIS 系统所必须具备的大部分功能，包括地图基本操作、地图叠加、实体定位、实体查询、实体标注、实体渲染、基本矢量绘图等，极大地方便了在业务系统中嵌入 GIS 功能。

第六节　河（湖）长制综合管理信息平台门户集成

一、单点登录

河（湖）长制综合管理信息平台业务服务层包含数据汇集系统、监测系统、视频监控系统、巡查系统、防汛系统、预警诊断、决策支持等。系统集成时需要将这些子系统集中管理，但子系统之间单独开发，每个子系统都使用各自的登录功能，因此用户在多个子系统间切换时，需要多次输入用户名和密码，这严重地影响了用户的使用体验，同时也给用户带来管理众多账号密码的压力。因此需要引入单点登录技术，用户在平台下的任一系统登录后，再访问其他子系统都不需要再次输入用户名、密码。该技术将身份验证和权限管理的工作全部交由单点登录服务完成，这样保证了用户的认证工作全部后台实现，对用户静默，实现了系统间无缝切换，这极大地提升了用户的使用体验。

1. 单点登录总体架构

这些子系统中，既存在一些已使用的老系统，也存在新开发系统。在集成这些系统时会存在以下问题：

（1）部分系统已提供登录功能，部分并没有登录入口。

（2）不同子系统可能部署在不同域下。

（3）不同子系统可能使用不同的开发语言开发实现。

除此以外，系统还存在维护方已不再维护的情况，无法更改源代码，因此需要开发出一种支持跨域、跨开发平台且使用简单、不侵入原有系统的单点登录系统。鉴于系统集成中遇到的问题，使用访问代理和模拟登录的思想，实现一种面向系统集成的跨域单点登录方法。该方法应具有配置简单、不侵入原系统代码，且支持跨域分布在多个域名下的系统也可实现无缝访问的特性，以满足跨域、跨开发平台的系统集成需求。系统还应该支持适用高并发场景、支持免登录的特性。河（湖）长制综合管理信息化单点登录总体架构见图7-11。

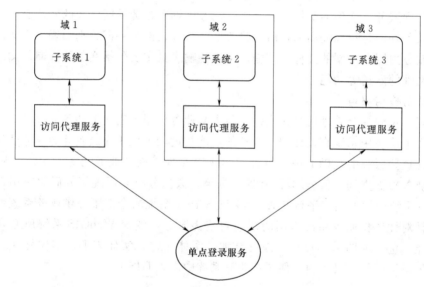

图7-11　河（湖）长制综合管理信息化单点登录总体架构

2. 首次访问总体工作

在每个子系统之上部署访问代理服务，访问代理服务运行于OSI模型的第七层。其代理全部发往子系统的HTTP/HTTPS请求，用户向系统发出的请求首先需要通过访问代理服务，由访问代理服务负责请求的处理工作，用户并无法感知到访问代理服务的存在。访问代理服务应与子系统部署在同一顶级域名之下，且不侵入原有系统代码、不更改原有系统配置。访问代理服务可以在不关闭子系统情况下进行部署，部署前需要在其配置文件中配置子系统的编码、二级域名、单点登录服务地址等配置项。部署访问代理服务后，对外公开的子系统地址改为访问代理服务地址。单点登录是通过访问代理服务与单点登录服务的数据传输而实现的。河（湖）长制综合管理信息平台用户首次访问总体工作示意图见图 7－12。

3. 首次登录时单点登录系统处理

当用户首次向系统发出访问请求时，访问代理服务将用户访问的资源重定向到单点登录服务器的统一登录界面，用户输入正确的用户名密码之后，单点登录服务器的授权码生成模块授予该用户唯一授权码，该授权码用于其他系统校验该用户是否成功登录。

单点登录系统部署时，需要为每个系统设置登录接口。登录接口分为两种：第一种是系统原生登录接口，自带登录功能的系统必须设置这种接口；第二种为访问代理服务中的登录接口，全部系统都需要设置这种接口。当用户成功登录后，单点登录服务器返回登录成功界面，在该界面完成模拟登录操作，该操作对用户不可见。成功登录界面，

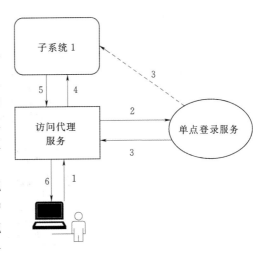

图 7－12　河（湖）长制综合管理信息平台
用户首次访问总体工作示意图
1、2、3、4、5、6—信息流顺序

会生成数个不可见的 iframe 框架，该框架的 URL 为单点登录服务器根据用户信息和子系统登录接口生成。当所有 iframe 访问成功后，界面会自动跳转到用户请求的 URL。URL 为第二种登录接口的 iframe，会携带授权码向访问代理服务发出请求，访问代理服务根据请求信息，使用加密通道以 RPC 方式再次向单点登录服务器发出验证请求，验证成功后生成带有授权码信息的 cookie 并将登录信息以〈用户名，授权码，生成时间，存活时间〉的格式保存在本机。

用户首次访问第一个子系统时的总体步骤如下：

（1）用户向子系统发起请求，访问代理服务首先接收到该请求。

（2）该请求没有携带授权码，因此访问代理服务将请求重定向到单点登录服务的统一登录界面。

（3）用户在登录界面正确填写信息后，单点登录服务登录成功界面向访问代理服务和子系统（存在第一种登录接口）发送登录信息，登录信息包括用户信息和授权码，然后界面跳转至用户初始请求的 URL。

（4）访问代理服务将请求转发给子系统。

（5）子系统处理请求后，发送回复信息给访问代理服务。

（6）访问代理服务将子系统的回复转发给用户。用户在统一登录界面登录后，单点登录系统还需经过验证、模拟登录等流程，河（湖）长制综合管理信息化首次登录时单点登录系统处理示意图见图 7－13。

（7）用户在单点登录服务的统一登录界面填写用户名、密码、是否免登录，其中设置为免登录可保证 30 天内的免登录。

（8）用户信息验证通过后，统一登录模块向授权码生成模块请求全局唯一授权码。

（9）授权码生成模块使用 GUID 生成全局唯一授权码，授权码管理模块以〈用户名，

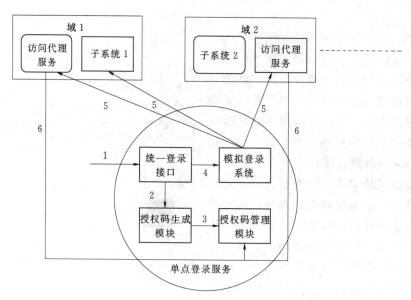

图 7-13　首次登录时单点登录系统处理示意图

授权码，生成时间，存活时间〉的格式保存，然后启动定时器定时清理已过时的用户登录信息。

（10）统一登录接口将登录信息发送到模拟登录系统，该系统以网页形式向用户展示登录成功界面。

（11）在登录成功界面生成数个不可见的 iframe 框架，在这些框架中进行模拟登录操作。操作过程如下：

1）单点登录系统部署时，为每个系统设置单独的登录接口。登录接口分为两种：第一种是系统原生登录接口，自带登录功能的系统必须设置这种接口；第二种为访问代理服务中的登录接口，全部系统都需要设置这种接口。

2）从数据库中获取用户具有访问权限的子系统信息。

3）成功登录界面，根据步骤 2）的返回结果和用户信息生成数个不可见的 iframe 框架，该框架的 URL 为单点登录服务器根据用户信息和具有子系统登录接口生成。当所有 iframe 访问完成后，界面会自动跳转到用户请求的 URL。

4）URL 为第二种登录接口的 iframe，会携带授权码向访问代理服务发出请求，访问代理服务根据请求信息，生成带有授权码信息的 cookie。

5）访问代理服务根据模拟登录系统获得用户授权码，但此处获得的授权码是使用未加密方式获得的，因此需要向单点登录服务进行验证。访问代理服务使用 RPC 协议并加密地向授权码管理模块进行验证，当验证通过时以〈用户名，授权码，生成时间，存活时间〉的格式保存在本机，然后启动定时器定时清理已过时的用户登录信息，若没有通过验证则抛弃该授权码并重定向到统一登录界面。

4. 二次访问时单点登录系统处理

用户再次访问该系统或其他系统时，发出的请求会携带授权码，访问代理服务将该授权码与自身保存的授权码进行比对。当相同时，访问代理服务转发此次请求到子系统；当不同时，则请求重定向到统一登录界面；当不存在时，使用加密通道向单点登录服务发起验证请求。河（湖）长制综合管理信息平台二次访问时单点登录系统处理示意图见图 7 - 14。

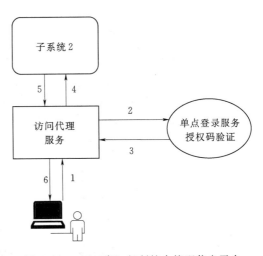

图 7 - 14 河（湖）长制综合管理信息平台
二次访问时单点登录系统处理示意图

（1）用户向子系统 2 发出请求，访问代理服务首先接收该请求，并获得授权码。

（2）访问代理服务如果没有在自身找到该授权码信息，则以 RPC 协议并加密的方式向单点登录服务授权码验证模块发出验证请求。

（3）若验证通过则访问代理服务，保存该登录信息，否则将重定向到统一登录界面。

（4）访问代理服务将请求转发给子系统。

（5）子系统处理请求后，发送回复信息给访问代理服务。

（6）访问代理服务将子系统的回复转发给用户。

二、多平台系统集成

河（湖）长制综合管理信息平台建设任务之一是对遗产系统进行迁移和维护，提供更为便捷的访问和交互。遗产系统包含不同平台下、不同语言开发的系统，使用的集成方案差异较大，对此，需要针对不同的集成方案，采用不同的实现技术；遗产系统按系统架构划分为 B/S 架构系统和 C/S 架构系统，按系统开发语言划分为 Java EE、.Net、Delphi、python 等。针对今后要开发投入使用的系统，能够通过配置接入到集成平台。

（1）B/S 系统集成。B/S（Browser/Server）架构即浏览器和服务器架构。随着 Internet 技术的兴起，对 C/S 架构的一种变化或者改进的结构，Web 浏览器是客户端最主要的应用软件。用户工作界面是通过浏览器来实现，大大简化客户端电脑载荷，减轻系统维护与升级的成本和工作量，降低了用户的总体成本。能实现不同人员、从不同地点、以不同接入方式（比如 LAN，WAN，internet/intranet 等）访问和操作数据库，从而有效地保护数据平台和管理访问权限，服务器数据库实现安全可控。

B/S 系统的集成可利用 HTTP 协议实现。针对无用户权限的 B/S 系统开放访问地址，可直接将系统首页地址作为系统接入入口；针对有用户权限的 B/S 系统，由于没有提供开放地址，这类系统的集成变得更为复杂。为了统一解决这类系统的集成，降低集成难度和工作量，简化用户操作流程，需要建立多系统用户映射关系表来解决此类集成问题。河（湖）长制综合管理信息平台多系统用户映射关系见图 7 - 15。

系统 1 的用户为 user _ a1 和 user _ b1，其中用户 user _ a1 与系统 2 中的 user _ a2 和 user _ b2 映射、与系统 3 中的 user _ a3 映射，当用户 user _ a1 在系统 1 中登录后，user _ a1 可以以 user _ a2 或 user _ b2 的身份进入系统 2，以用户 user _ a3 的身份进入系统 3。多

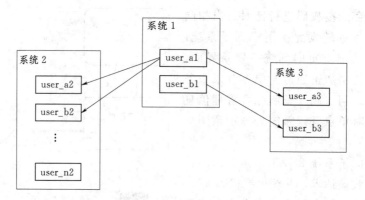

图 7-15 河（湖）长制综合管理信息平台多系统用户映射关系

系统用户映射关系表可以解决多平台用户不统一的问题，但无法解决多平台用户的统一登录问题，可以采用单点登录，实现多平台系统之间的统一登录问题。

（2）C/S系统集成。C/S（Client/Server）架构即客户机和服务器架构。可以充分利用两端硬件环境的优势，将任务合理分配到 Client 端和 Server 端来实现，降低系统的通信费用。目前，软件应用系统正在向分布式的 Web 应用发展，Web 和 Client/Server 应用都可以进行同样的业务处理，应用不同的模块共享逻辑组件，内部的和外部的用户都可以访问新的和遗产系统，通过遗产系统中的逻辑可以扩展出新的应用系统。C/S 体系结构虽然采用开放模式，但这只是系统开发一级的开放性，在特定的应用中无论是 Client 端，还是 Server 端都还需要特定的软件支持。没有提供用户真正期望的开放环境，C/S 结构的软件需要针对不同的操作系统开发不同版本的软件，加之产品的更新换代十分快，很难适应百台电脑以上局域网用户同时使用，而且代价高、效率低。

鉴于 C/S 系统存在以上问题，需要有效地解决河（湖）长制遗产 C/S 系统与新建系统之间的集成。借鉴 B/C 系统的集成方式，将 C/S 系统统一部署在服务器端，并将服务器虚拟化抽象，对用户透明，使用户能够像访问 B/S 系统那样使用部署在虚拟机上的 C/S 系统，能够实现遗产 C/S 系统与河（湖）长制综合管理信息平台之间的集成，集成方式见图 7-16、图 7-17。

对于已经开发好的系统，目前无法实现带权限的 C/S 系统与河（湖）长制综合管理信息平台集成平台的单点登录问题，但是对于还未开发好的 C/S 系统，可以调用单点登录服务，实现系统和单点登录的集成。

三、待接入系统

随着河（湖）长制综合管理业务的变化，会有新的信息化系统接入到河（湖）长制综合管理信息平台中来。对于待接入系统，平台在开发阶段预留出接口供待接入系统的集成。对于 B/S 系统，可以直接使用平台开放的服务实现，统一使用平台中的用户管理服务，实现"统一用户"的概念。B/S 系统的集成，使用 Web 服务器的过滤器（filter）的原理，将所有请求拦截并引导至单点登录服务，查看该请求的域是否在单点登录服务的应用队列表中，以判断发起请求的系统是否已经登录。河（湖）长制综合管理信息平台 B/S 系统单点登录见图 7-18。

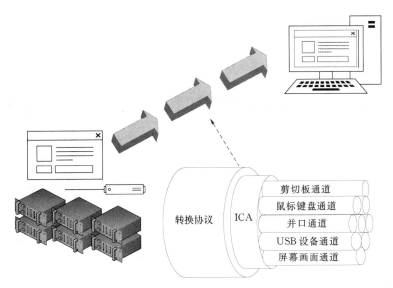

图 7-16 河（湖）长制综合管理信息平台 C/S 系统集成原理

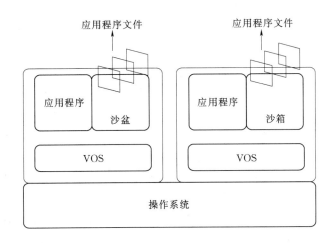

图 7-17 河（湖）长制综合管理信息平台服务器虚拟化

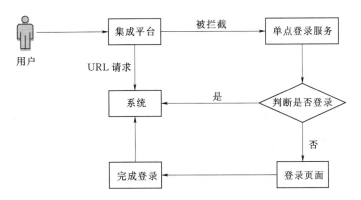

图 7-18 河（湖）长制综合管理信息平台 B/S 系统单点登录图

第八章

河（湖）长制综合管理信息化建设内容

第一节　河（湖）长制综合管理信息化基础设施建设

在河（湖）长制综合管理信息化建设中，基础设施建设以"云平台"建设为主，通过对计算、存储资源的整合，实现统一调度、管理和服务，通过实现对网络、机房、计算、存储资源的统一调度和管理，提供集约化的基础设施服务。基础设施建设内容包括：网络与通信设施建设、机房建设、服务器/存储、监测体系等基础硬件资源建设，基础商业软件资源建设等方面的内容。具体如下：

（1）网络与通信设施建设。构建统一的五级互联互通、符合安全要求、满足传输带宽要求的信息网络和通信设施。

（2）机房建设。建设符合国家相关标准的公用机房环境，逐步取消各业务部门自建内部机房，运用虚拟化技术实现机房的集中式管理和开放式利用，构建统一的信息化机房基础设施。包括机房服务器集群系统（按国家相关标准等级保护规定）、配电系统、空调、门禁及安防系统、消防报警系统等，实行集中管理，机房面积按实际需求来测算。

（3）服务器/存储等基础硬件资源建设。构建统一的云平台，达到统一部署、集中管理和共享利用的目的，提高系统的可靠性和运行效益。包括数据库服务器、应用服务器、视频管理服务器、存储设备、机柜等。

（4）监测数据汇集体系的建设。建设统一的监测数据采集、传输、解析、入库、服务平台，支持不同信息采集系统实时数据的统一接入，避免重复建设，同时提高数据可靠性，保证实时数据的权威性。

一、顶层架构

采用云技术，在政务内网与业务网分别建成多级（水利部、流域机构、省级）部署的"基础设施云"，提供统一的机房、计算、存储和网络等基础设施服务。基础设施建设架构见图 8-1。

按照云架构理念，通过对机房、计算资源、存储资源、网络的统一调度、管理、服务，实现网络互联互通、机房安全统一、计算弹性服务、存储按需分配，提供建设集约、性能优良的基础支撑。基于云计算的河（湖）长制综合管理信息平台统一计算环境架构见图 8-2。

图 8-1　基础设施建设架构示意图

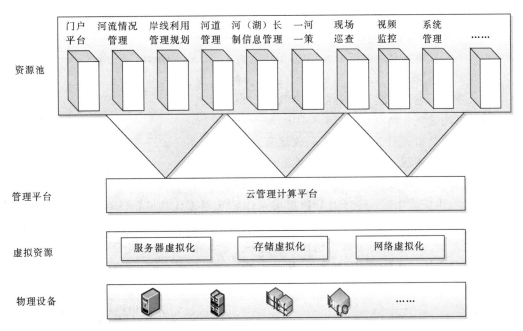

图 8-2　基于云计算的河（湖）长制综合管理信息平台统一计算环境架构

二、建设内容

（一）统一机房环境

建设统一机房环境，将其他分散的专用机房纳入统一管理，不再分散扩建机房，其中支撑的业务和政务应用逐步纳入统一机房运维。机房建设应符合涉密分级和非涉密等级保护要求。各级根据需要建设一类或两类机房、涉密机房和非涉密机房。

（1）标准。机房工程是一种涉及空调暖通技术、配电技术、自动检测与控制技术、计算机网络技术、抗干扰技术、综合布线技术、净化、消防、建筑、装饰等多种专业的综合性产业，具体而言包括装修工程、供配电工程、空调新风工程、防雷接地工程、动力环境监控工程、综合布线工程和气体消防工程、保安系统工程等。因此，在设计、施工及验收中必须严格执行以下规范：

1)《建筑与建筑综合布线系统工程设计规范》（CECS 72—97）。

2)《计算机场地技术条件》（GB 2887—89）。

3)《计算机场地安全要求》（GB 9361—88）。

4)《电子计算机机房设计规范》（GB 50174—2008）。

5)《建筑防雷设计规范》（GB 50057—2010）。

6)《建筑照明设计标准》（GB 50034—2013）。

7)《建筑内部装修设计防火规范》（GB 50222—2017）。

8)《火灾自动报警系统设计规范》（GB 50116—2013）。

9)《电子计算机机房施工及验收规范》（SJ/T 30003—1993）。

10)《供配电系统设计规范》（GB 50052—95）。

11)《低压配电设计规范》（GB 50053—94）。

12)《工业与民用电力装置的设计规范》（GBJ 65—83）。

13)《不间断电源设备》。

14)《不间断电源技术性能标定方法和试验要求》（现行国际电工标准）。

15)《电力系统谐波管理暂行规定》（能源部标准）。

16)《建筑物电气装置》（国际电工标准）。

17)《民用建筑照明设计标准》（GBJ 133—1990）。

18)《工业金属管道工程施工及验收规范》（GB 50235—1997）。

19)《低压流体输送用镀锌焊接钢管》（GB 3091）。

20)《建筑设计防火规范》（GB 50016—2014）。

（2）工程组成。依据《电子计算机机房设计规范》（GB 50174—93）、《计算机场地技术条件》（GB 2887—89）、《电子计算机机房施工及验收规范》（SJ/T 30003—93）等国家标准，机房划分为以下五部分：①机房；②控制室；③工作间；④电源间；⑤气瓶间。工程可分为综合布线、屏蔽机房、空调、装修、供配电、环境监控、气体消防、防雷接地、平面设计等几个部分，见图 8-3。

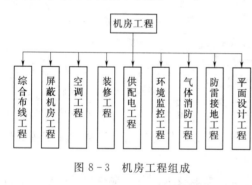

图 8-3 机房工程组成

功能区域划分：根据使用要求，结合建筑结构，对机房各功能区的整体规划。

1）供配电：包括供配电系统、UPS 不间断电源、照明工程、防雷系统、接地系统等，主要为人员和设备提供一个安全、稳定的用电条件。

2）装修：包括机房内天花板、地板、墙面、隔断、门窗等。必须既要考虑天花板、墙面、地面的美观，也要符合国家标准的相关防尘和防静电等功能要求。

3）环境监控：为集成机房所有智能系统，达到统一集中监控和管理的目的，主要包括供配电监控、UPS 监控、精密空调监控、温湿度监控、视频监控、门禁系统、双鉴探头监控、消防监控、防漏监控等系统内容。

4）空调：包括机房空调、新风和排风系统，为机房内的工作人员和设备提供一个舒适的环境。

5）气体消防：包括消防报警系统和气体消防系统，保证在火灾发生的初期及时报警，减少火灾造成的损失。

6）综合布线系统：解决了目前建筑物中面临的话音、数据、视频与监控等设备不兼容问题，而且与传统布线方式相比较具有很高的经济性。同时采用星形拓扑结构的模块化设计，使系统很容易在配线上扩充和重新规划。

（二）统一计算资源

采用虚拟化、云计算等技术逐步构建统一的计算环境，以便于动态可扩展地满足业务需求，为各业务应用提供计算服务。计算资源整合包括已有资源集成及新增资源的整合，已有资源根据设备性能分两种方式整合：对于低性能、不能满足虚拟化整合指标要求的服务器，继续独立使用、自然淘汰，其上承载的应用逐渐迁移到统一计算环境中；对于能满足虚拟化整合指标要求的服务器，通过补充购置虚拟化软件对其进行虚拟化，使其成为统一计算环境的组成部分。对于新增资源，必须按统一计算环境体系架构进行配置，以扩充统一计算环境的服务能力。

为应用服务计算资源池建设一个能够承载 200 个高性能计算能力的虚拟机的云计算平台，从而满足用户业务的 IT 需求。云计算平台要求具备超高的扩展性，动态地对云计算平台进行扩展，以满足业务快速增长的需求。采用虚拟化技术，在虚拟化技术中物理服务器计算能力影响着虚拟机性能。将单台物理服务器的计算能力最大化，以便于进行资源池资源动态分配，有别于传统的部门级和企业级服务器。云计算中心的数据库较传统模式更大，所处理的数据规模也将会十倍，甚至百倍千倍于现在的系统，这些系统需要更大的集中式处理的服务器，而不是集群系统。因此对于底层的硬件资源，应该从更大规模和尺度去考虑，系统需要有更高的计算性能、更大的内存、更好的可扩展性，方案中建议选择性能更加强劲、扩展性更好的 x86 服务器平台。

（三）统一存储资源

通过存储虚拟化设备或利用具有存储虚拟化功能的存储设备将独立存储系统纳入其统一管理，形成存储资源池。对于不能兼容的存储设备或容量较小的存储设备不建议进行整合，可以合理调配，为一些相对独立的应用提供存储服务，直至自然淘汰。备份系统的整合方式是统一备份管理软件，实现备份的集中管理、统一调度。

（1）构建统一的、可灵活扩展、高可用的集中存储资源池。屏蔽存储层的管理差异，并且实现对主机透明的数据动态无停机迁移。

（2）核心应用系统随着业务的发展压力逐步增大。需要通过先进的存储技术提升存储平台性能，缩短响应时间，提高应用访问并发量，加快处理性能。

（3）设备种类繁多，新的应用系统不断上线，新型的虚拟化应用大量使用，需要底层存储架构能够充分支持上层的虚拟化应用。

（4）非结构化数据的大量出现，需要存储网络对新型大数据的支持，简化非结构化数据的存储网络结构，简化存储管理。

（5）应用系统繁忙，备份窗口时间短，传统磁带备份影响在线数据访问，且恢复速度慢、故障率高，需要提高备份效率，确保恢复速度快。

（6）防止非硬件故障（误操作、应用故障等）导致的数据丢失、业务中断，需要将应用数据快速地恢复到任意时间点，保证数据一致性，对数据进行连续保护。

（7）防范大规模故障，防止核心应用停机，需要提高现有存储网络灾难恢复能力，保障业务的连续性。

（四）统一网络

水利信息网络是水利数据资源和业务应用承载的基础，由物理隔离的水利信息网——业务网和政务内网组成。业务网覆盖县级以上水利部门，承载主要业务应用，政务内网覆盖自治区级以上水利部门，承载涉密应用，根据需要在局部建设与业务网物理隔离的控制网，满足业务系统需求。

网络整合包括纵向整合和横向整合，纵向网络是连接各级水行政主管部门的网络，横向网络是各级水行政主管部门网及与所属部门、同城办公的直属单位连接的网络。网络资源整合重点是纵向网络整合。

政务内网纵向网络由水利电子政务综合应用平台项目初步建成，国家水资源监控能力建设项目根据业务需要扩充至部分自治区级水利部门，形成政务内网唯一的纵向网络。其他项目、其他业务均应共享该纵向网络，不得自行建设专用的广域网连接（可根据业务需要扩充网络带宽）。横向网络由各级水行政主管部门自行建设和完善，仅覆盖必要的部门，但是要实现互联互通，避免建设独立的网络。

同时，要充分利用国家电子政务网络，推动水利信息网络与相关行业和各级政府网络互联互通。各单位在逐步构建统一的计算、存储资源时，可利用网络多虚一技术和一虚多技术，逐步实现网络的虚拟化，更好地配合云计算对网络的共性需求。

第二节　河（湖）长制综合管理信息化数据库建设

河（湖）长制综合管理信息化数据库包括用户表、行政区划表、模块表、功能表、角色表、角色功能关系表、日志表、流域表、河流表、河流坐标表、地图标注点类型表、地图标注点表、点状岸线利用类型表、点状岸线利用表、面状岸线利用类型表、面状岸线利用坐标表、管理范围表、巡查表、视频点表、兴趣点表、水情表、水情站点表、雨量站点表、雨情表、水质站点表、水质表、航拍视频文件表、航拍视频文件节点表、界碑表、界限表、告示牌表、语音播报表、巡查轨迹表、水库表、泵站表、排污口表、取水口表、污水处理厂表、洪水演进淹没范围表、洪水演进表、系统警报表、数据字典表和通知公告表（表8-1～表8-43）。

表8-1 用 户 表 hzz＿user

序号	字段名	标识符	数据类型	长度	可空	约束	缺省值	备注
1	编号ID	user＿id	number	20	否	PK		
2	名称	user＿name	varchar2	20				
3	密码	user＿password	varchar2	20				
4	省	user＿shen	varchar2	20				
5	市（州、地区）	user＿shi	varchar2	20				
6	县（市、区）	user＿xian	varchar2	20				
7	乡（镇）	user＿xiang	varchar2	20				
8	村	user＿cun	varchar2	20				
9	级别	user＿level	varchar2	20				
10	角色	role＿id	number	20				
11	是否启用	user＿stopflg	number	20				

表8-2 行政区划表 hzz＿xzqh

序号	字段名	标识符	数据类型	长度	可空	约束	缺省值	备注
1	编号ID	xzqh＿id	number	20	否	PK		
2	行政区划名称	xzqh＿name	varchar2	20				
3	行政区划值	xzqh＿no	varchar2	20				
4	上级ID	xzqh＿topid	number	20	否	PK		

表 8-3   模 块 表 hzz _ module

序号	字段名	标识符	数据类型	长度	可空	约束	缺省值	备注
1	编号 ID	module _ id	number	20	否	PK		
2	名称	module _ name	varchar2	20	否			
3	模块排序号	module _ short	varchar2	20	否			
4	URL 地址	module _ url	varchar2	20				

表 8-4   功 能 表 hzz _ gn

序号	字段名	标识符	数据类型	长度	可空	约束	缺省值	备注
1	编号 ID	gn _ id	number	20	否	PK		
2	名称	gn _ name	varchar2	20	否			
3	所属模块	module _ id	number	20	否			
4	URL 地址	gn _ url	varchar2	20				
5	上级 ID	gn _ topid	number	20				
6	排序号	gn _ short	number	20	否			

表 8-5   角 色 表 hzz _ role

序号	字段名	标识符	数据类型	长度	可空	约束	缺省值	备注
1	编号 ID	role _ id	number	20	否	PK		
2	名称	role _ name	varchar2	20	否			

表 8-6   角色功能关系表 hzz _ role _ gn

序号	字段名	标识符	数据类型	长度	可空	约束	缺省值	备注
1	编号 ID	role _ gn _ id	number	20	否	PK		
2	角色 ID	role _ gn _ id	number	20	否			
3	功能 ID	gn _ id	number	20	否			

表 8-7   日 志 表 hzz _ log

序号	字段名	标识符	数据类型	长度	可空	约束	缺省值	备注
1	编号 ID	log _ id	number	20	否	PK		
2	用户 ID	user _ id	number	20	否			
3	操作内容	log _ content	varchar2	20	否			
4	时间	log _ time	date	20	否			
5	IP	log _ ip	varchar2	20				
6	地址	log _ address	varchar2	50				

表 8-8   流 域 表 hzz _ liuyu

序号	字段名	标识符	数据类型	长度	可空	约束	缺省值	备注
1	编号 ID	liuyu _ id	number	20	否	PK		
2	名称	liuyu _ name	varchar2	20	否			

表 8 - 9　　　　　　　　　　　　　　河 流 表 hzz _ heliu

序号	字段名	标识符	数据类型	长度	可空	约束	缺省值	备注
1	编号 ID	heliu _ id	number	20	否	PK		
2	名称	heliu _ name	varchar2	20	否			
3	描述	heliu _ describe	varchar2	20				
4	状态	heliu _ state	varchar2	20	否			
5	流域 ID	liuyu _ id	number	20				
6	中心坐标	heliu _ center	varchar2	20				
7	缩放大小	heliu _ zoom	varchar2	20				
8	河流图片路径	heliu _ image	varchar2	20				
9	河流视频文件路径	heliu _ video	varchar2	20				

表 8 - 10　　　　　　　　　　　　河 流 坐 标 表 hzz _ hlzb

序号	字段名	标识符	数据类型	长度	可空	约束	缺省值	备注
1	编号 ID	hlzb _ id	number	20	否	PK		
2	经度	hlzb _ x	varchar2	20	否			
3	维度	hlzb _ y	varchar2	20	否			
4	排序号	hlzb _ short	varchar2	20	否			
5	所属之流	hlzb _ zl _ id	number	20	否	PK		
6	所属河流 ID	heliu _ id	number	20	否	PK		

表 8 - 11　　　　　　　　　　地图标注点类型表 hzz _ slgclx

序号	字段名	标识符	数据类型	长度	可空	约束	缺省值	备注
1	编号 ID	slgclx _ id	number	20	否	PK		
2	名称	slgclx _ name	varchar2					
3	图标	slgclx _ icon	varchar2					

表 8 - 12　　　　　　　　　　　地图标注点表 hzz _ slgc

序号	字段名	标识符	数据类型	长度	可空	约束	缺省值	备注
1	编号 ID	slgc _ id	number	20	否	PK		
2	经度	slgc _ x	varchar2	20	否			
3	维度	slgc _ y	varchar2	20	否			
4	名称	slgc _ name	varchar2	20	否			
5	简介	slgc _ describe	varchar2	20				
6	所属河流 ID	heliu _ id	number	20	否			
7	类型 ID	slgclx _ id	number	20	否			

表 8－13　　　　　　　　　　　点状岸线利用类型表 hzz＿dzaxlylx

序号	字段名	标识符	数据类型	长度	可空	约束	缺省值	备注
1	编号 ID	dzaxlylx＿id	number	20	否	PK		
2	类型名称	dzaxlylx＿name	varchar2	20				
3	图标	dzaxlylx＿icon	number	20				

表 8－14　　　　　　　　　　　点状岸线利用表 hzz＿dzaxly

序号	字段名	标识符	数据类型	长度	可空	约束	缺省值	备注
1	编号 ID	dzaxly＿id	number	20	否	PK		
2	名称	dzaxly＿name	varchar2	20				
3	经度	dzaxly＿x	varchar2	20				
4	维度	dzaxly＿y	varchar2	20	否			
5	所属河流 ID	heliu＿id	number	20				

表 8－15　　　　　　　　　　　面状岸线利用类型表 hzz＿mzaxlylx

序号	字段名	标识符	数据类型	长度	可空	约束	缺省值	备注
1	编号 ID	mzaxlylx＿id	number	20	否	PK		
2	名称	mzaxlylx＿name	varchar2	20	否			
3	所属河流 ID	heliu＿id	number	20	否			
4	所属类型 ID	mzaxlylx＿id	number	20	否			

表 8－16　　　　　　　　　　　面状岸线利用坐标表 hzz＿mzaxlyzb

序号	字段名	标识符	数据类型	长度	可空	约束	缺省值	备注
1	编号 ID	mzaxlyzb＿id	number	20	否	PK		
2	经度	mzaxlyzb＿x	varchar2	20				
3	维度	mzaxlyzb＿y	varchar2	20				
4	排序号	mzaxlyzb＿short	number	20				

表 8－17　　　　　　　　　　　管理范围表 hzz＿glfw

序号	字段名	标识符	数据类型	长度	可空	约束	缺省值	备注
1	编号 ID	glfw＿id	number	20	否	PK		
2	行政区划名称 ID	xzqh＿id	number	20	否			
3	经度	glfw＿x	varchar2	20				
4	维度	glfw＿y	varchar2	20				
5	排序号	glfw＿short	number	20	否			

表 8－18 巡 查 表 hzz＿xuncha

序号	字段名	标识符	数据类型	长度	可空	约束	缺省值	备注
1	编号 ID	xuncha＿id	number	20	否	PK		
2	巡查人 ID	user＿id	number	20	否			
3	巡查时间	xuncha＿time	date		否			
4	经度	xuncha＿x	varchar2	100				
5	维度	xuncha＿y	varchar2	100				
6	巡查点名称	xuncha＿name	varchar2	100	否			
7	巡查内容	xuncha＿content	varchar2	100	否			
8	图片	xuncha＿img	varchar2	100	否			
9	视频	xuncha＿video	varchar2	100				

表 8－19 视 频 点 表 hzz＿shipin

序号	字段名	标识符	数据类型	长度	可空	约束	缺省值	备注
1	编号 ID	shipin＿id	number	20	否	PK		
2	监控点	shipin＿jkd	varchar2	20	否			
3	名称	shipin＿name	varchar2	20	否			
4	经度	shipin＿x	varchar2	20				
5	维度	shipin＿y	varchar2	20				
6	IP 地址	shipin＿ip	varchar2	20	否			
7	端口号	shipin＿port	varchar2	20	否			
8	用户名	shipin＿username	varchar2	20	否			
9	密码	shipin＿password	varchar2	20	否			
10	所属河流 ID	heliu＿id	number	20	否	PK		
11	状态	shipin＿state	varchar2	20	否			

表 8－20 兴 趣 点 表 hzz＿xinqu

序号	字段名	标识符	数据类型	长度	可空	约束	缺省值	备注
1	编号 ID	xinqu＿id	number	20	否	PK		
2	兴趣点名称	xinqu＿name	varchar2	20	否			
3	简介图片，音频，视频	xinqu＿describe	varchar2	20	否			
4	经度	xinqu＿x	varchar2	20				
5	维度	xinqu＿y	varchar2	20				
6	状态	xinqu＿state	number	20	否			
7	所属河流 ID	heliu＿id	number	20	否	PK		

表 8-21　　　　　　　　　　　　水　情　表　hzz_shuiqin

序号	字段名	标识符	数据类型	长度	可空	约束	缺省值	备注
1	编号 ID	shuiqin_id	number	20	否	PK		
2	站点 ID	sqzd_id	number	20	否			
3	采集时间	shuiqin_time	date		否			
4	水位	shuiqin_sw	number	20				
5	流量	shuiqin_ll	number	20				

表 8-22　　　　　　　　　　　水　情　站　点　表　hzz_sqzd

序号	字段名	标识符	数据类型	长度	可空	约束	缺省值	备注
1	编号 ID	sqzd_id	number	20	否	PK		
2	站点名称	sqzd_name	varchar2	20	否			
3	经度	sqzd_x	varchar2	20				
4	维度	sqzd_y	varchar2	20				
5	所属河流 ID	heliu_id	number	20	否			
6	汛限水位	sqzd_xxsw	number	20	否			

表 8-23　　　　　　　　　　　雨　量　站　点　表　hzz_ylzd

序号	字段名	标识符	数据类型	长度	可空	约束	缺省值	备注
1	编号 ID	ylzd_id	number	20	否	PK		
2	雨量站名称	ylzd_name	varchar2	20	否			
3	经度	ylzd_x	varchar2	20				
4	维度	ylzd_y	varchar2	20				
5	所属流域 ID	heliu_id	number	20	否			

表 8-24　　　　　　　　　　　雨　情　表　hzz_yuqin

序号	字段名	标识符	数据类型	长度	可空	约束	缺省值	备注
1	编号 ID	yuqin_id	number	20	否	PK		
2	雨量站点 ID	yqzd_id	number	20	否			
3	时间	yuqin_time	date		否			
4	雨量	yuqin_yl	number	20	否			

表 8-25　　　　　　　　　　　水　质　站　点　表　hzz_szzd

序号	字段名	标识符	数据类型	长度	可空	约束	缺省值	备注
1	编号 ID	szzd_id	number	20	否	PK		
2	站点名称	szzd_name	varchar2	20				
3	经度	szzd_x	varchar2	20				
4	维度	szzd_y	varchar2	20				
5	所属河流 ID	heliu_id	number	20	否			

表 8 - 26　　　　　　　　　　　　　　水 质 表 hzz_shzh

序号	字段名	标识符	数据类型	长度	可空	约束	缺省值	备注
1	编号 ID	shzh_id	number	20	否	PK		
2	站点 ID	szzd_id	number	20	否			
3	采集时间	shzh_time	date					
4	水质等级	shzh_level	varchar2	20				
5	化学需氧量	DO	varchar2	20				
6	生化需氧量	BOD	varchar2	20				
7	悬浮物	SS	varchar2	20				
8	氨氮	NH_3_N	varchar2	20				

表 8 - 27　　　　　　　　　航拍视频文件表 hzz_sdyswj

序号	字段名	标识符	数据类型	长度	可空	约束	缺省值	备注
1	编号 ID	sdyswj_id	number	20	否	PK		
2	文件路径	sdyswj_path	varchar2	20	否			
3	文件名称	sdyswj_name	varchar2	20	否			
4	所属河流 ID	heliu_id	number	20	否			

表 8 - 28　　　　　　　航拍视频文件节点表 hzz_sdyswjjd

序号	字段名	标识符	数据类型	长度	可空	约束	缺省值	备注
1	编号 ID	sdyswjjd_id	number	20	否	PK		
2	文件 ID	sdyswj_id	number	20	否			
3	节点名称	sdyswjjd_name	varchar2	20	否			
4	时长	sdyswjjd_length	number	20				
5	序号	sdyswjjd_short	number	20	否			

表 8 - 29　　　　　　　　　　　　　界 碑 表 hzz_jiebei

序号	字段名	标识符	数据类型	长度	可空	约束	缺省值	备注
1	编号 ID	jiebei_id	number	20	否	PK		
2	经度	jiebei_x	varchar2	20				
3	维度	jiebei_y	varchar2	20				
4	管理单位	jiebei_gldw	varchar2	20				
5	高程	jiebei_gc	number	20				
6	联系人	jiebei_lxr	varchar2	20				
7	联系人电话	jiebei_lxrphone	varchar2	20				
8	界碑图片	jiebei_image	varchar2	20				
9	所属地	jiebei_ssd	varchar2	20				

表 8 - 30 界 限 表 hzz _ jiexian

序号	字段名	标识符	数据类型	长度	可空	约束	缺省值	备注
1	编号 ID	jiexian _ id	number	20	否	PK		
2	经度	jiexian _ x	varchar2	20				
3	维度	jiexian _ y	varchar2	20				
4	所属河流 ID	heliu _ id	number	20		pk		

表 8 - 31 告 示 牌 表 hzz _ gsp

序号	字段名	标识符	数据类型	长度	可空	约束	缺省值	备注
1	编号 ID	gsp _ id	number	20	否	PK		
2	经度	gsp _ x	varchar2	20				
3	维度	gsp _ y	varchar2	20				
4	告示牌图片	gsp _ image	varchar2	20				
5	所属河流 ID	heliu _ id	number	20		pk		

表 8 - 32 语 音 播 报 表 hzz _ bobao

序号	字段名	标识符	数据类型	长度	可空	约束	缺省值	备注
1	编号 ID	bobao _ id	number	20	否	PK		
2	经度	bobao _ x	varchar2	20				
3	维度	bobao _ y	varchar2	20				
4	音频文件路径	bobao _ audiopath	varchar2	40				

表 8 - 33 巡 查 轨 迹 表 hzz _ xcgj

序号	字段名	标识符	数据类型	长度	可空	约束	缺省值	备注
1	编号 ID	xcgj _ id	number	20	否	PK		
2	经度	xcgj _ x	varchar2	20				
3	维度	xcgj _ y	varchar2	20				
4	时间	xcgj _ time	date	20				
5	巡查次数	xcgj _ Number	number	20				
6	巡查里程	xcgj _ mileage	varchar2	20				
7	上报问题	xcgj _ problem	varchar2	20				
8	完成进度	xcgj _ jd	varchar2	20				
9	巡查人 ID	xcgj _ id	number	20		PK		

表 8 - 34 水 库 表 hzz _ sk

序号	字段名	标识符	数据类型	长度	可空	约束	缺省值	备注
1	编号 ID	sk _ id	number	20	否	PK		
2	名称	sk _ name	varchar2	20				
3	经度	sk _ x	varchar2	20				

续表

序号	字段名	标识符	数据类型	长度	可空	约束	缺省值	备注
4	维度	sk _ y	varchar2	20				
5	简介	sk _ describe	varchar2	20				
6	图片路径	sk _ image	varchar2	20				

表 8 - 35　　　　　　　　　　泵 站 表 hzz _ bz

序号	字段名	标识符	数据类型	长度	可空	约束	缺省值	备注
1	编号 ID	bz _ id	number	20	否	PK		
2	名称	bz _ name	varchar2	20				
3	经度	bz _ x	varchar2	20				
4	维度	bz _ y	varchar2	20				
5	简介	bz _ describe	varchar2	20				
6	图片路径	bz _ image	varchar2	20				

表 8 - 36　　　　　　　　　　排 污 口 表 hzz _ pwk

序号	字段名	标识符	数据类型	长度	可空	约束	缺省值	备注
1	编号 ID	pwk _ id	number	20	否	PK		
2	类型	pwk _ type	varchar2	20				
3	名称	pwk _ name	varchar2	20				
4	排放去向	pwk _ qx	varchar2	20				
5	图片路径	pwk _ image	varchar2	20				
6	经度	pwk _ x	varchar2	20				
7	维度	pwk _ y	varchar2	20				

表 8 - 37　　　　　　　　　　取 水 口 表 hzz _ qsk

序号	字段名	标识符	数据类型	长度	可空	约束	缺省值	备注
1	编号 ID	qsk _ id	number	20	否	PK		
2	取水口位置	qsk _ wz	varchar2	20				
3	管理单位	qsk _ gldw	varchar2	20				
4	取水单位	qsk _ qsdw	varchar2	20				
5	监督管理机关	qsk _ jdgljg	varchar2	20				
6	经度	qsk _ x	varchar2	20				
7	维度	qsk _ y	varchar2	20				
8	图片路径	qsk _ image	varchar2	20				

表 8－38   **污水处理厂表 hzz ＿ wsclc**

序号	字段名	标识符	数据类型	长度	可空	约束	缺省值	备注
1	编号 ID	wsclc ＿ id	number	20	否	PK		
2	位置	wsclc ＿ wz	varchar2	20				
3	单位	wsclc ＿ dw	varchar2	20				
4	监督管理机关	wsclc ＿ jgjg	varchar2	20				
5	联系电话	wsclc ＿ phone	varchar2	20				
6	经度	wsclc ＿ x	varchar2	20				
7	维度	wsclc ＿ y	varchar2	20				
8	图片路径	wsclc ＿ image	varchar2	20				

表 8－39   **洪水演进淹没范围表 hzz ＿ hsyjfw**

序号	字段名	标识符	数据类型	长度	可空	约束	缺省值	备注
1	编号 ID	hsyjfw ＿ id	number	20	否	PK		
2	经度	hsyjfw ＿ x	varchar2	20				
3	维度	hsyjfw ＿ y	varchar2	20				
4	淹没类型	hsyjfw ＿ ymtype	varchar2	20				
5	所属演示点	hsyj ＿ id	number	20				

表 8－40   **洪 水 演 进 表 hzz ＿ hsyj**

序号	字段名	标识符	数据类型	长度	可空	约束	缺省值	备注
1	编号 ID	hsyj ＿ id	number	20	否	PK		
2	经度	hsyj ＿ x	varchar2	20				
3	维度	hsyj ＿ y	varchar2	20				
4	演示视频路径	hsyj ＿ video	varchar2	20				

表 8－41   **系 统 警 报 表 hzz ＿ xtjb**

序号	字段名	标识符	数据类型	长度	可空	约束	缺省值	备注
1	编号 ID	xtjb ＿ id	number	20	否	PK		
2	汛限水位	xtjb ＿ sxsw	varchar2	20				
3	现水位	xtjb ＿ ssw	varchar2	20				
4	超标警戒水位	xtjb ＿ cbsw	varchar2	20				
5	推荐预案	xtjb ＿ yuan	varchar2	20				
6	经度	xtjb ＿ x	varchar2	20				
7	维度	xtjb ＿ y	varchar2	20				
8	图片路径	xtjb ＿ image	varchar2	20				

表 8－42　　　　　　　　数据字典表 dictionary ＿ manager

序号	字段名	标识符	数据类型	长度	默认数据	是否必填	录入方式	备注
1	编号 ID	id	varchar2	80		是	UUID	
2	字典类型	dic ＿ type	varchar2	20		否	select	
3	名称	dic ＿ name	varchar2	80		否	input	
4	排序	dic ＿ seq	number	6		是	后台设置	
5	父 ID	dic ＿ pid	varchar2	500		否	关联	预留
6	备注	dic ＿ remark	clob			否	textarea	
7	删除标识	del ＿ flg	varchar2	1	0	是	后台设置	

表 8－43　　　　　　　　通知公告表 notice ＿ manager

序号	字段名	标识符	数据类型	长度	默认数据	是否必填	录入方式	备注
1	编号 ID	id	varchar2	80		是	UUID	
2	标题	notice ＿ title	varchar2	100		是	input	
3	发布人/发布单位	notice ＿ publish	varchar2	500		是	input	
4	发布时间	notice ＿ date	char	40		是	选择	
5	内容	notice ＿ content	clob			是	百度富文本	
6	类型	notice ＿ type	varchar2	1		是	select	1. 通知，2. 公告
7	状态	notice ＿ state	varchar2	1		是	select	0. 发布，1. 不发布
8	删除标识	del ＿ flag	varchar2	1	0	是	后台设置	

第三节　河（湖）长制综合管理信息平台功能建设

一、省级功能建设

省级河（湖）长制平台功能如下。

（一）门户平台

门户平台（网站）是系统对外的公共窗口，主要以新闻动态、规范标准为主，在交互方面，提供一个简单的"公众参与"的流程管理。

门户平台主要供社会大众了解河道管理的相关内容，其影响深远，需要省河（湖）长制办公室指定专门的机构、人员进行日常维护。主要维护内容如下：

（1）管理机构简介。

（2）新闻动态。

（3）通知公告及政策宣传。

（4）大事记。

（5）技术资料。

（6）公众参与。

（二）河流情况

1. 基本情况

（1）流域概况：地理位置、河流水系、地形地貌、森林植被。

（2）水文气象：气候、降水、径流、暴雨洪水、泥沙、水质。

（3）自然资源：水利资源、矿产资源、森林资源、旅游资源（风土人情）、航运资源。

（4）自然灾害：水灾、旱灾、冰雹灾、地震。

（5）经济社会：人口、耕地、经济、交通。

（6）治理开发：流域规划、水利建设、水力开发。

2. GIS 地图及其属性资料

（1）管理范围线（外缘控制线）、界桩、告示牌位置图。

（2）河流 1∶2000 或 1∶5000 条带地形图。

（3）岸线功能区范围图（面状坐标点）。

（4）河道横断面位置及断面图。

（5）涉河建筑物：护岸、水库、河道分洪、河道改道、生态湿地、滨河公园、排污口、取水设施、航道、工业与民用建筑、其他涉河工程（涵闸、港口、码头、桥梁、过江缆线、过江管道、穿河隧道）等。

（6）视频监控、三维仿真、航拍全景。

（7）水情、雨情、水质站点位置。

（8）行政区域界线（省、市、县）。

（9）水功能区。

（三）水文计算

水文分析计算是河流划界工作的基础部分，需要与河道纵横断面交互，提供绘制管理范围线需要的洪水水面线。

（1）收集流域概况、水文气象、社会经济等资料，水利工程及各种涉河建筑物设计资料，河流相关的规划报告，洪水分析评价报告等。

（2）收集流域五万分之一地形图资料，收集所在河段水文站建站以来历年洪峰流量资料和流域及附近气象站降雨资料。

（3）收集整理流域洪水调查资料，若资料匮乏，应根据需要对控制河段进行历史洪水调查，并实测河道纵横断面，计算出调查到的历史洪水。

（4）根据工作任务和项目内容，在划界河段确定设计洪水计算的控制断面。

（5）根据流域特点、资料情况，选择洪水计算方法进行分析计算，得到控制断面不同频率的设计洪水。设计洪水（洪峰流量）成果见表 8-44。

表 8-44　　　　　　　　　　　　设计洪水（洪峰流量）成果表

控制断面	流域面积 /km²	不同频率的设计值/（m³/s）							
		0.1	0.5	1	2	5	10	20	50
断面 1									
断面 2～(n-1)									
断面 n									

（6）对洪水计算成果进行合理性分析，除与本流域已有洪水分析计算成果进行对比外，还应与邻近地区洪水模数进行对比，以确认分析计算成果。

（7）根据本流域特点，按划界河段采用的洪水标准，根据实测的河道纵横断面资料，推算不同设计频率的洪水水面线。水面线成果见表 8-45。

表 8-45　　　　　　　　　　　水 面 线 成 果 表

序号	断面编号	地名	起点距/m	深泓点/m	测时水边点/m	设计洪水水面线/m			
						$P=2\%$	$P=5\%$	$P=10\%$	$P=20\%$
1	Cs1	石桥							
2	Cs2	人渡							
...	...								

（8）按照设计水面线，配合测绘完成河道管理线的绘制。

（四）测绘

测绘主要完成沿河两岸的条带地形图和河道纵横断面测量。其河道纵横断面由水文布置，并提供给水文以计算水面线，要求如下。

1. 坐标和高程系统

（1）区域内原则上应采用西安 80 坐标系（或由北京 54 坐标系转换）。

（2）河流管理范围划界高程原则上应采用 1985 国家高程基准。

2. 控制测量技术

（1）测区采用的起始平面控制点须为五等以上 GPS（GNSS）点和导线点，起始高程控制点须为四等以上水准点。

（2）测区内平面基本控制网应根据测区的规模、控制网的用途和精度要求合理选择。

1）城镇或测区面积大于 $5km^2$ 的基本平面控制网不低于二级卫星定位测量控制网或二级导线网的要求。

2）其他测区基本平面控制网不低于三级卫星定位测量控制网或三级导线网的要求。

3）各控制点高程应不低于五等电磁波三角高程或五等 GPS 拟合高程的要求。

（3）基本高程控制网应构成一个或若干个闭合环或附和线路，各个闭合环或附和线路的精度均应满足规范相应等级的规定，并进行平差计算。

（4）基本控制网的精度计算机平差计算必须经两人对算符合，并签字确认。

（5）基本控制网的控制点应选择在明显、稳定、易于长期保存的地方，相邻两点应通视，并应埋设标石，一个流域的控制点应统一编号。

（6）基本控制网应绘制平面布置图和点之记；平面布置图和点之记应清楚反映点位坐标、高程。

（7）图根点可采用 CORS、RTK、全站仪施测。但采用全站仪支导线布设图根点时不能超过 2 站，长度不宜超过 300m；若图根支导线点布置不能满足上述要求时应符合基本控制网进行平差计算。

3. 河道管理带状地形图及大断面测量要求

（1）有可靠测绘资料成果，可采用现有成果，并注明资料成果来源；确无测绘资料的，应开展必要的地形和大断面测绘工作。

（2）地形图测量可采用 CORS、RTK、全站仪进行地形测量，并采用内外业一体化数字测图，测图设站时要对测站进行检核并做记录，符合规范规定的要求后方能测图；大断面测量可采用水准仪或全站仪进行测量，并控制地形和河道水面线的转折点。

（3）地形图及大断面测绘范围均应满足两岸河道管理外缘控制线外 10～20m（平面）或该河段防洪标准设计水位以上 3～5m（高程）的要求。

（4）河流管理带状地形图比例尺应尽量采用大比例尺，应满足以下要求：城区规划区采用 1：2000，非城市（镇）规划区可采用 1：2000/1：5000。

（5）绘图区域范围内的交叉建筑物、附属建筑物、地物应在所测得的河道带状地形图上表示清楚。堤防、拦河坝、水闸、沿河引水提水工程、桥梁等涉河建筑物应注明名称及有关特征参数。

（6）图名按江（河）名及河段编，如：×××（河道名称）×××（区县名称＋地名）河段河道管理范围地形图。

（7）图幅采用 50cm×50cm 正方形分幅，地形图编号采用流水编号法，一个区域自西向东或从北到南编号。

（8）实测河道纵断面成果应包括表 8-46 中内容。

表 8-46　　　　　　　　　　实测河道纵断面成果表

序号	编号	地名	起点距/m	深泓点/m	测时水边点/m
1	Dm01				
2	Dm02				

注　编号由"字母＋数字"组成，如 Dm01，并列出每个断面起点的大地坐标。

（9）提交的实测大断面（横断面）成果中，桥梁由桥面、桥拱、桥下（地面及水下）3 个独立的断面构成（起点距由小到大），当桥孔上还有小孔时，可将小孔按桥拱、桥底依次单独列出，构成一个完整的桥孔。

（10）对于拦河坝，应将坝上（溢流面）、河床分两个断面提交成果。

提交的大断面成果表见表 8-47。

断面名称：MC1

断面起点坐标：$X1$：3078059.42；$Y1$：627840.36

断面终点坐标：$X2$：　　　$Y2$：

表 8-47　　　　　　　　　　提交的大断面成果表

序号	起点距/m	高程/m	备　注
1			
2			

注　需注明项目名称、测量单位及施测日期。

（五）岸线利用管理规划

根据上述在河道管理带状地形图上绘制的河道管理线（包括临水控制线、外缘控制线）、河道中泓线，划定岸线功能区范围线（保护区、保留区、控制利用区、开发利用区），进行河势变化趋势分析。

（六）河道管理

河道管理内容如下：

（1）涉河建设项目。

（2）河道采砂管理体系。

（3）执法检查。

（4）视频监视。

（5）河道清淤管理、翻板坝运行调度管理。

（6）监管与建议。

（七）河（湖）长制综合管理信息管理

（1）河（湖）长制建设信息包含河（湖）长制设立情况、工作方案编制、河（湖）长及河（湖）长办公室设立情况、制度建设及其执行情况等。

（2）河（湖）长信息填报包含河（湖）长信息与河（湖）长办信息，如姓名、河（湖）长级别、河段名称、涉及行政区、河段位置、河段长度、河段性质、水质归类等。

（3）汇总统计分析包含实现对河（湖）长及河（湖）长办相关信息的查询、统计、修改、删除等功能。

（八）一河一策

（1）可以查看河道基本信息，包括河道编号、所属区县、河道起点、河道终点、河道等级、河道长度、河（湖）长姓名、河（湖）长职责。

（2）可以查看河（湖）长基本信息，包括姓名、行政职务、职务、电话、管理范围、照片等。

（3）管理问题清单、目标清单、任务清单、措施清单、责任清单。

（九）现场巡查

（1）河（湖）长定期上报巡查内容，包括巡查时间、巡查位置、发现问题、现场照片、现场视频等。

（2）巡查信息统计。

（3）巡查提醒与预警。

（十）视频监控

点击视频监视目录下的地图显示，进入地图显示界面。地图上标注出视频点分布，点击即可查看视频。

（1）单一视频观看、回放、云台控制。地图上以图层的形式显示所有的视频点，点击图标弹出窗口显示视频界面。

视频界面默认显示当前的实时视频，左侧为云控制面板。

点击视频回放显示视频回放界面，左侧选择时间区以后点击播放进行查看。

（2）重点视频点多分屏观看。进入界面加载重点视频进行多窗口播放，可选择当前查看的视频个数（4/9/16），默认显示 9 个。可双击进行放大查看，再次双击返回多窗口查看。

（十一）系统管理

系统管理的主要内容如下：

（1）系统安全管理。

（2）用户权限管理。

（3）系统参数设置。

（4）通知、公告发布。

（5）视频点配置。

（6）数据采集与输入。

（7）操作日志管理

二、区县级功能建设

区县级河（湖）长制综合管理信息平台相较于省级平台，主要面向区级领导、河道专管员等，向公众开放事件上报、反馈等功能，支持工作终端、手机、微信等多种终端访问，同时要完成地市数据交换前置系统的部署及技术标准的制定工作，包括应用程序接口标准、数据规范标准、数据交换标准等内容。具体建设内容如下。

（一）平台

1. PC 端

河（湖）长制综合管理信息平台可充分整合现有监测数据、视频监控数据、基础数据和地理信息系统（GIS），融入河（湖）长制管理考核体系。实现分级管理，面向各级领导、工作人员、社会公众，充分发挥社会参与，提供不同层次的查询、综合展示、上报、管理、考核等不同维度、不同载体的信息服务。PC 端功能如下：

（1）水利一张图。

（2）河道管理。

（3）河（湖）长管理体系。

（4）问题处理。

（5）公众互动。

（6）监督考核。

（7）统计分析。

2. 手机 APP

定制的河（湖）长制 APP，主要能与河（湖）长信息平台系统无缝连接，河（湖）长制所有工作人员按个人账号登录使用，具备卫星定位、巡查轨迹记录、拍照与信息上报、查询相关信息等功能。手机 APP 功能如下：

（1）河道巡查。

（2）河湖基础信息查询。

（3）工作日志。

（4）通知公告。

（5）统计分析。

3. 微信公众号

微信公众号主要是为公众参与河（湖）长制提供平台，展示河（湖）长工作动态，查询河湖长基础信息，进行公众监督等。

（1）展示河（湖）长工作动态，增加实时新闻、简报专题、河（湖）长宣传等。

（2）基础信息查询，包括河湖信息、河（湖）长信息、体系结构等。

（3）公众监督，以随手拍为例，进行实名举报。

（二）基础数据资料整编

河湖基础数据资料主要包括相关制度和政策措施、河湖编制对象以及组织体系，其中：

（1）相关制度和政策措施包括全部出台中央及水利部明确要求的河（湖）长会议制度、信息共享制度、信息报送制度、工作督察制度、考核问责与激励制度、验收制度以及根据本地实际，积极探索出台其他工作制度，为实施河（湖）长制提供制度保障。

（2）河湖编制对象包括河湖名称、位置、范围等。其中：以整条河流（湖泊）为编制对象的，应简要说明河流（湖泊）名称、地理位置、河流编码、上级河流名称、上级河流编码、河流长度、流域面积、多年平均年降水深、多年平均年径流深、跨区类型（跨省/跨市/跨县/跨乡/乡镇）、流经行政区域（到乡镇）、河流管理级别等。

以河段为编制对象的，应说明河段所在河流名称、地理位置、所属水系等内容，并明确河段的起止断面位置（可采用经纬度坐标、桩号等）。

编制范围包括入河支流部分河段的，需要说明该支流河段起止断面位置。

（3）河（湖）长组织体系包括区域总河（湖）长、本级河湖河（湖）长和本级河（湖）长制办公室设置情况及主要职责等内容。河（湖）长档案包括各级总河（湖）长、河湖河（湖）长的姓名、职务、管理河段（湖泊）名称、河湖别名、河段编码、联系电话、河段等级、基本走向、河段长度、平均宽度、起点位置、终点位置、是否界河、区域与界河的区位关系等内容，以及河（湖）长办的河（湖）长办设置、牵头单位、联系人等信息。

（三）信息管理

信息管理主要分为基础信息管理与动态信息管理。

1. 基础信息管理

河（湖）长制综合管理信息管理与河湖基础信息管理的填报、查询、统计、修改、删除等基本进行管理功能。

2. 动态信息管理

一河（湖）一档，一河（湖）一策的构建与管理和信息汇总与统计的集成与查询功能。

（1）一河（湖）一档。一河（湖）一档动态管理包括对社会经济、涉水工程与河湖动态信息（如水资源、水域岸线、水环境、水生态等）的管理。

（2）一河（湖）一策。一河（湖）一策动态管理是根据一河（湖）一档、河（湖）长绩效考核结果以及执法监督情况确定管护目标，制定相应的管护措施与管理办法，明确考核指标等。

（3）信息汇总与统计。包括信息汇总与集成和信息查询。以表格、图示和地图方式显示，可逐级下钻直至查询到个体对象，也可用模糊搜索方式快速查找个别对象，还能支持移动端对相关信息的查询。

第四节 河（湖）长制综合管理信息化展示层建设

一、交互方式

平台提供多样化人机交互访问，通过虚拟化技术实现访问终端的无关性，用户可以通过不同类型的操作系统访问河（湖）长制平台，轻松实现 PC 机、服务器、平板、手机无差异化访问，访问形式包括浏览器、桌面应用和 APP。

二、用户界面

（1）界面一致性。同一个系统内界面保持一致，界面设计与常用软件、用户使用习惯保持一致。

1）同一系统内界面用语保持一致，每种概念和用语只有一种表达。

2）同一系统内界面风格保持一致。每种控件只有一种样式：窗口、按钮、菜单、对话框等；同一系统内字体、颜色、布局、位置、尺寸、间距等尽可能保持一种格式。

（2）界面要有表现力。包括美感和情感两部分。美感主要体现在外形、美感、感官体验等本能层面；情感主要体现在文化、个性、社会性、价值观、尊重、自我肯定等反思层面。

1）经典美感。界面外观清晰、整洁、给人予以愉悦感。

2）表达美感。界面外观表达独创、新颖，有吸引力。

3）表达情感。界面通过表情等界面元素来表达情感状态。

4）情感共鸣。界面激起用户深层次的内在情感共鸣。

三、快捷方式

对常用操作、烦琐的操作、突发状态下的操作、最近频繁操作等提供快捷操作方式。

（1）提供快捷方式，更快的操作入口，以减少查找时间。

（2）最近频繁使用列表，更快的操作入口，以减少查找时间。

（3）操作过程和步骤优化，去除不必要的按钮，以减少交互次数。

（4）一键式、打包操作，以减少操作过程的烦琐。

（5）批处理操作，以减少重复操作。

（6）提供默认值（如当天日期、用户常用选项等），以减少不必要的用户输入。

四、错误处理

对容易误操作的、操作会带来不良后果的、重大的错误提供错误处理。

（1）错误预防、操作限制：不适当的菜单选项灰色显示、限制错误输入（如数字域限制字母输入）、可能引起损害的操作前的用户确认。

（2）错误检测：检测到错误、明确提示用户错误原因及可能的操作指导，让用户知道怎么做。

（3）错误容忍：必要时提供错误纠正。

（4）错误恢复：尽可能恢复到错误前的状态，以减少损失。

五、信息反馈

对于不常用操作、重要操作（账户、交易等数据）、长时间操作、探索性操作等需要将操作状态、操作结果及时反馈给用户。通过进一步的信息反馈来猜测用户的意图。

（1）重要操作的操作结果可知。

（2）长时间操作的操作状态可知，信息反馈的直观、可视化。

（3）根据用户输入提供相关的信息反馈，以方便用户输入或减少记忆负荷。

（4）记住用户的输入和选择。

（5）根据用户输入来猜测用户意图。

（6）信息要少而精，避免不必要的、重复的、过度的反馈。

（7）界面上提供的反馈和确认信息不要打扰用户的操作流程。

六、操作可逆

对大多数操作的出错，允许用户撤销操作、回退到指定点。

（1）对用户操作给予撤销、还原的机会。

（2）用户操作恢复到指定点。

七、联机帮助

通过注解、TIPS、导航、向导等方式，帮助用户学习、更好的产品。

（1）对于新用户，提供快速介绍和简短的教程，但也允许跳过。

（2）根据用户操作场景的上下文内容，提供合适的帮助。

第九章

河（湖）长制综合管理信息平台建设管理

第一节　河（湖）长制综合管理信息平台生命周期

一、平台项目生命周期含义

河（湖）长制综合管理信息平台项目生命周期是指从提出平台项目需求、进行项目决策到项目建设、项目验收、项目投入运行的全过程。根据计划管理工作的要求和河（湖）长制综合管理信息平台项目活动的固有规律，需要将平台项目周期划分为若干阶段，规定各阶段的活动和阶段性目标。由于河（湖）长制综合管理信息平台项目的生命周期与实施程序存在一些差别，因此必须按照平台项目的一般性规律和特点分析平台项目实施程序。

二、平台项目生命周期组成

河（湖）长制综合管理信息平台项目生命周期分为平台项目前期、平台项目建设期、平台项目运行期，包括立项阶段、设计阶段、实施阶段、运行阶段，具体包括需求识别、项目定义（项目建议书）、可行性研究报告、概要设计（初步设计）、详细设计、实施前准备（包括招标设计）、项目实施、项目测试、项目验收、项目运维、项目后评价等工作。

河（湖）长制综合管理信息平台项目生命周期需要通过平台项目实施程序得以实现。平台项目实施程序是指平台项目实施各阶段、各环节、各项工作之间存在的固有规律性。平台项目各阶段、各项工作按照一定的顺序互相紧密衔接、连续展开，遵循平台项目的发展规律是平台项目管理的重要职能，也是平台项目实施成功的基本保证，见图 9-1。

第二节　河（湖）长制综合管理信息平台建设管理体制

现有信息化建设管理体制已经不能满足自身发展信息化的需求，也难以适应平台项目管理体制的建立。组织所实施的平台项目类型越来越多，河（湖）长制综合管理信息平台项目管理也变得更为复杂。随着平台项目类型和数量的增多，平台项目所涉及的范围越来越广，管理内容也越来越复杂。为了适应多变的要求，有效地实施日益复杂的平台项目，应按照平台项目的管理思想、方法、理念以及业主自身能力、平台项目复杂程度等，建立科学、合理的平台项目管理体制。河（湖）长制综合管理信息平台项目是一项涉及面广、知识密集、风险高的系统工程，其建设实施具有很大的风险。目前，平台项目管理处于理论研究阶段，尚未形成一套较为成熟的理论与方法体系，需要建立行之有效的平台项目管理体制。应当根据平台项目的经济属性、实施和管理时参与方的特点、业主自身能力、承发包模式及运行机制等，分别采用一元管理体制、二元管理体制、三元管理体制和四元管

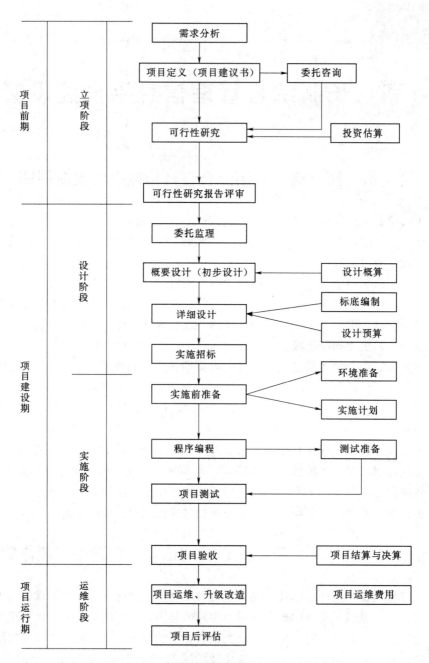

图 9-1 河（湖）长制综合管理信息平台项目生命周期和程序

理体制等。

一、一元管理体制

一元管理体制建立在自营制的基础上，由业主自身承担平台项目的建设与管理。根据有无咨询方/监理人的参与，一元管理体制可分为无咨询/监理的自营管理体制和基于咨询/监理的自营管理体制两种。

（一）无咨询/监理的自营管理体制

无咨询/监理的自营管理体制所对应的模式为业主自行开发模式。该管理体制是指业主依托自身的技术部门，调动内部的信息技术资源，在外购标准的硬件设备、通用软件基础上，独立地建设、管理平台项目。在采用无咨询/监理的自营管理体制时，要求业主自身具有丰富的信息技术人才资源、良好的信息技术规划和管理技术以及规模经济性。由于业主内部管理人员对自身的业务需求最为了解，因此，当业主自身具备建设平台项目的能力，可以采用该管理体制。

1. 组织机构

无咨询/监理的自营管理体制见图 9-2。

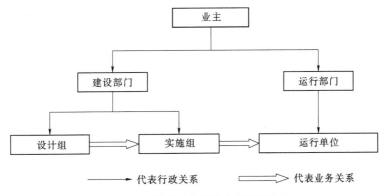

图 9-2　无咨询/监理的自营管理体制

2. 优点

（1）平台项目易于实施。该管理体制建立在基于现有组织体系、工作流程和业务要求的基础上，不会对原有管理体制和各部门利益带来较大的冲击，因此，平台项目实施相对比较容易，并且风险也较小。

（2）有利于锻炼和培养业主自己的平台项目建设与管理队伍。业主的平台项目建设与管理队伍大多数是依靠自营管理体制发展起来的。

（3）能够较好地满足业主需要。由于采用了业主内部建设模式，平台项目参与人员能够较好地把握平台项目的目的、范围、目标等，有利于建立符合业主需要的平台项目。

3. 缺点

无平台项目咨询/监理的自营管理体制比较适合小型的平台项目或技术较为简单、规模较小的平台项目。特别是随着业主管理要求的提高、管理理念的更新以及新的管理软件技术的出现，该种管理体制的明显不足如下：

（1）管理理念落后。该管理体制依靠非业务管理的 IT 技术人员负责业务调研，不能有效地解决原有管理流程的不足、原有管理中存在的落后的经营方式、僵化的组织结构、低效的管理流程等问题，用长期性组织机构代替平台项目管理组织结构。

（2）应用缺乏柔性。在该管理体制中，按照建设时的思路、工作流程、组织机构对平台项目展开建设，业主一旦调整内部工作流程和组织机构，平台项目的组织结构需要做出重大调整。

（3）质量难以保证。由于缺乏专业的技术手段，无法对平台项目进行严格的测试，平台项目质量隐患难以得到有效控制。

（4）建设周期长，使用周期短。业主需求的变化导致平台项目的变更，因此平台项目建设周期较长。

（二）基于咨询/监理的自营管理体制

基于平台项目咨询/监理的自营管理体制对应的模式为管理咨询＋自行建设模式。该管理体制是指选择一家平台项目管理企业承担管理咨询任务、确定管理战略思想、设计业务重组方案、编制详细的业务需求任务书、帮助业主完成平台项目分析和设计，由业主按照平台项目设计的要求完成平台项目的设计、实施与测试、运行和维护等任务。

1. 组织机构

基于项目咨询/监理的自营管理体制见图 9-3。

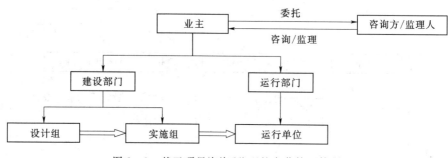

图 9-3 基于项目咨询/监理的自营管理体制

基于咨询/监理的自营管理体制适用于规模较小、技术较为复杂的平台项目。

2. 优点

（1）有利于通过借助外部力量，将先进的技术和管理经验运用到平台项目的建设中，在一定程度上解决业主原有的组织机构设置不合理、管理流程低效等问题，使业主的管理水平得到较大的提高。

（2）有效地弥补业主自身力量的不足。平台项目对于组织结构及其人员提出了更高的要求，业主自身力量难以完全满足平台项目建设的需要。为此，业主可以聘请咨询方/监理人提供咨询工作和监理工作。咨询方/监理人所承担的工作范围和内容视业主自身力量、平台项目特点而定。

3. 缺点

由于基于咨询/监理的自营管理体制仍然属于基于业主自行建设的模式，其建设技术基本是沿用传统平台项目建设方法，所以业主自行建设模式本身所具有的一些缺点是不可避免的。因此，该管理体制所存在的问题与无咨询/监理的自营管理体制的不足基本相同，只是两者适用于不同的平台项目而已。

二、二元管理体制

二元管理体制是早期平台项目实施的一种管理体制，它只涉及平台项目业主和承包人，不涉及第三方。承包人既负责建设实施，又负责咨询规划、监理。二元管理体制是一种典型的委托-代理关系。

（一）组织机构图

平台项目二元管理体制的组织机构见图9-4。

平台项目二元管理体制适用于技术较为简单、规模较小的平台项目。

图9-4 平台项目二元管理体制的组织机构

（二）优点

（1）有利于业主降低平台项目建设费用。业主可以借助市场竞争机制、规模经济、更加科学和严格的费用控制、相对廉价的人力资源、限额设计等手段，达到降低平台项目建设费用的目的，从而能够以较低的费用建设平台项目。

（2）有利于保证平台项目建设质量。承包人是具有相应资质等级的组织，它具备较强的平台项目建设和管理能力，执行严格的平台项目质量标准，从而能够确保平台项目的质量。

（3）有利于保证平台项目的建设进度。通过采取技术、组织、管理、经济等措施，运行进度管理技术，可以有效地控制进度，确保平台项目进度目标的实现。

（4）有利于业主精简机构。平台项目为临时性活动，一旦建成投入运行阶段，其任务是平台项目的运行与维护。一般情况下，平台项目运行与维护阶段与平台项目建设阶段在资源类型、组织形式等方面存在较大的差异，采用该管理体制时，业主不需要大量的建设与管理资源，只需要具备平台项目运行与维护方面的资源和组织形式。

（三）缺点

（1）信息不对称造成交易不公平。相对于承包人而言，业主在平台项目技术、管理、人才等方面处于劣势地位，对专业技术和市场不熟悉，在信息的获取方面处于劣势。而承包人拥有绝对的信息优势，熟知平台项目各种技术、管理等知识。受经济利益驱动，承包人可能凭借其在技术、管理、人员等方面的优势，不顾业主的实际需求，采用各种手段，降低平台项目质量。这种信息不对称是造成平台项目失败的重要原因之一。

（2）平台项目失败原因难以有效区分。平台项目的复杂性使得难以区分失败的原因，从而给业主与承包人之间的责任认定带来困难。平台项目生命周期少则几个月，多则几年，具有建设周期较长、涉及面广、影响因素多等特点，一旦平台项目出现问题，难以分清业主与承包人之间的责任。

三、三元管理体制

随着信息技术的高速发展和信息化产品市场竞争日趋激烈，业主与平台项目承包人之间的信息不对称越来越严重。在博弈中，业主的弱势地位越来越明显，致使平台项目管理的非理性因素增加，风险随之加大，从而导致平台项目的规划、建设和运行效率大幅度下降。在这种背景下，业主需要咨询方/监理人的介入，平台项目管理第三方应运而生。

在三元管理体制中，需要由业主、承包人和咨询方/监理人三方共同参与，并且互相影响、互相制约、互相促进。采用三元管理体制时，缺少平台项目中的任何一方，平台项目建设就无法顺利进行，因此如何使业主、承包人和咨询方/监理人在平台项目建设过程中协同工作，理顺各方之间的关系，充分发挥各自的优势，克服存在的问题，这是平台项目三元管理体制理论与实践中亟待解决的问题。

（一）组织机构

平台项目三元管理体制的组织机构见图9-5。

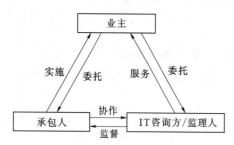

图9-5　平台项目三元管理体制的组织机构

由于三元管理体制引入了咨询方/监理人，因此，平台项目三元管理体制适用于技术较为复杂、规模较大平台项目。

（二）优点

三元管理体制可以充分发挥业主、承包人、IT咨询方/监理人各自的优势。

（1）业主的优势。业主是平台项目的发起者，对自身需要解决的问题最为了解，业主可以较为准确地提出需求，同时业主可以将精力集中在平台项目资金筹措、外部条件的准备等方面。

（2）承包人的优势。具备丰富的平台项目建设所需要的技术、管理、方法、经验以及各种资源，能够为各类平台项目的建设任务。

（3）IT咨询方/监理人的优势。根据业主要求，能够提供专业的咨询、监理以及IT方面的后续服务，具备丰富的管理经验和知识，拥有IT行业的知识背景。

（三）缺点

与二元管理体制相同，三元管理体制同样存在因信息不对称而造成交易的不公平，难以清楚地界定责任等问题。除此以外，业主、承包人、咨询方/监理人之间的关系比一元管理体制、二元管理体制更加复杂。在一元管理体制中，各方之间的关系均为业主内部关系；在二元管理体制中，部分关系为业主内部关系，部分关系则变为业主与承包人之间的外部关系；在三元管理体制中，外部关系的比重大幅增加，从而导致三元管理体制的运行机制变得较为复杂，因此，在三元管理体制中，一旦不能建立有效的运行机制，明确各方之间的职责，建立沟通协调机制，实现良好的接口管理，三元管理体制的优点将难以得到充分体现，其管理效率难以得到充分的发挥。

四、四元管理体制

随着业主对信息技术行业要求的提高，平台项目管理的发展呈现一体化趋势，即平台项目的规划、建议书、可行性研究、设计、采购、实施与测试、试运行等阶段的工作应由一家或尽量少的承包人承担，因此，平台项目总承包模式应运而生。平台项目总承包模式下的管理体制组织机构见图9-6。

在总承包模式的管理体制下，业主、平台项目总承包人、咨询方/监理人、分包人构成了四元管理体制。四元管理体制可以有效地减少业主的接口管理工作量并降低管理难度，有利于明确业主与各方之间的责任界定。除此以外，该管理体制的优点、缺点与三元管理体制基本相同。

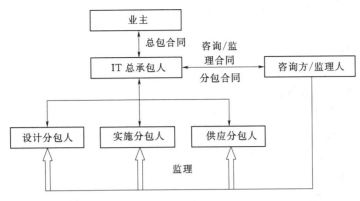

图 9-6　平台项目总承包模式下的管理体制组织机构

第三节　河（湖）长制综合管理信息平台管理模式

河（湖）长制综合管理信息平台项目管理的发展历史较短，平台项目管理模式正处于摸索和研究阶段。每一种平台项目管理模式都有其自身的特点、适用条件和适用范围，没有一种平台项目管理模式能适用于所有的平台项目。平台项目管理模式的选用取决于管理模式本身的特点、业主的管理能力和现有的条件等。此外，随着平台项目管理的不断发展、理论研究的深入、实践经验的积累，平台项目管理模式将呈现多样化、个性化趋势。目前，平台项目大多数是系统类项目，考虑到技术在平台项目中所发挥的重要性，现有平台项目管理模式基本上是针对承包人而设计的。但是，随着信息技术市场的变化，业主已经成为推动信息技术行业发展的动力和源泉，业主的地位日益受到重视，其满意度不仅是平台项目的源目标，而且是平台项目全过程的主导目标。业主根据平台项目全生命周期各阶段的情况以及自身的需求，选择相应的平台项目管理模式，包括平台项目开发模式、平台项目承发包模式、平台项目采购模式、平台项目维护模式以及平台项目咨询管理模式。

一、开发模式

合理选择平台项目开发模式是平台项目建设的重要任务，开发模式是直接关系到平台项目建设和管理成败的关键因素之一。为此，平台项目一旦立项，业主需要明确平台项目的开发模式，业主将在自行开发、委托开发、合作开发等模式之间做出选择。平台项目的开发模式包括：自主开发模式、外包开发模式、合作开发模式、直接购买模式和整体租赁模式等。平台项目开发模式各有特点，其对应的平台项目管理体制也各不相同，各有其适用范围和条件。业主都有自身的特点和要求，通过全面分析，选择最为有利的平台项目开发模式。

业主按照平台项目建设的技术含量以及业主的开发能力，选择平台项目开发模式。平台项目开发模式包括平台项目自主开发模式、平台项目委托开发模式、平台项目合作开发模式、平台项目购买或租赁模式四种。

（一）平台项目自主开发模式

（1）含义。平台项目自主开发模式是指集业主、承包人、咨询方/监理人为一体的平台项目开发模式。该模式要求业主有专业从事平台项目的开发队伍并具备开发必备的条件。由业主根据自身具体需求，自主承担平台项目的建设工作，并在平台项目实施过程中担当咨询工作，监督、规范平台项目的实施。在平台项目实施后，还需对平台项目进行自主维护工作。

（2）优点。可以锻炼业主平台项目建设与管理队伍，而且当自身需求发生变化时，容易对平台项目进行变更、改进和扩充。此外，这种模式还有利于系统维护。

（3）缺点。开发人员受到业主高层人员思想的束缚，不易建设出高水平的平台项目，而且平台项目所需要的全部费用都是本单位内部的费用。

（二）平台项目委托开发模式

（1）含义。平台项目委托开发模式是指业主将平台项目委托给承包人。在委托开发模式中，承包人全权负责除平台项目立项以外的所有工作。业主将在调查研究的基础上，向承包人提出平台项目建设任务书，明确平台项目目标、范围和总体功能需求。由于业主将整个平台项目的建设工作委托给承包人，因此，可选择既具有平台项目建设经验又熟悉平台项目业务的承包人，并能及时正确地将业主对平台项目的需求传达给承包人，这是平台项目委托开发模式成功与否的关键。平台项目的维护工作可由承包人自主选择，也允许承包人将平台项目的维护工作进行外包。但是，基于对平台项目熟悉程度等考虑，一般情况下，承包人也负责平台项目维护阶段的工作。

（2）优点。由于平台项目建设周期短，业主不必组织自己的平台项目建设队伍，只需选择承包人，并密切配合承包人的工作，使承包人符合平台项目要求，确保平台项目取得成功。

（3）缺点。业主需要掌握大量有关承包人的信息，并且当业主需求发生变化或需要功能扩展时，平台项目的运行维护工作将变得较为困难。

（三）平台项目合作开发模式

（1）含义。当业主有一定的技术力量，但是却难以独自完成平台项目时，可以采用合作开发模式。在平台项目生命周期中，业主参与管理并负责业务的处理。与委托开发模式一样，业主需要寻找良好的承包人。在选择承包人时，应当综合考虑承包人的实力、经验、业绩、能力、技术水平等加以确定。

（2）优点。一是科研技术机构的技术力量强；二是业主人员对管理业务熟悉。业主与承包人共同承担平台项目比较容易取得成功，而且平台项目的运行维护也相对较为容易。

（3）缺点。业主与承包人之间的界限划分，责、权、利的界定等不容易确定。

（四）平台项目购买或租赁模式

（1）含义。平台项目购买或租赁模式是指业主通过购买或租赁平台项目以满足自身需要的开发模式。随着计算机应用的发展，商品化软件、通用化软件将越来越多。对于自身不具备平台项目建设能力的业主，可以从承包人处购买或者租赁成熟的平台项目，而安装、维护等工作可以由承包人负责完成，也可以由业主自身承担。

（2）优点。业主根据自己的需要，直接购买或者租赁平台项目，因此，该模式具有省力、便捷、经济等优点。

（3）缺点。由于每个业主都有自己的个性，并且管理模式也都不一样，因此，该模式下的平台项目一般需要进行二次开发。

二、承发包模式

当业主确定采用平台项目委托开发模式、平台项目合作开发模式、平台项目购买或租赁模式中的一种模式时，需要确定平台项目的承发包模式。平台项目承发包模式是指从业主自身角度出发，根据自身情况组织实施平台项目的模式，包括平台项目总承包模式、平台项目设计/开发总承包模式、平台项目总承包管理模式、平台项目平行承发包模式、平台项目 CM 承包管理模式、平台项目分包模式和开发总承包管理模式。

（一）平台项目总承包模式

平台项目总承包模式是指业主将平台项目设计、实施与测试、材料和备品配件采购等两项或全部发包给一个承包人的模式，其中设计、实施与测试、采购等全部由一个承包人承担的模式较为常用，由承包人负责设计、实施与测试、材料和备品配件采购工作，最后向业主移交一个具备动用条件的平台项目。平台项目总承包模式见图 9-7。

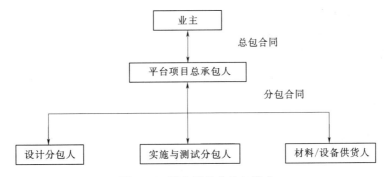

图 9-7 平台项目总承包模式

1. 平台项目总承包模式的优点

（1）有利于合同管理。在该模式中，业主只与平台项目总承包人签订一个总承包合同，各分包人与总承包人签订合同，业主/监理人只负责与平台项目总承包人的协调，各分包人之间的协调工作则由总承包人负责，业主的协调量大为减少。

（2）有利于进度目标的控制。由于设计、实施与测试、采购等总承包人统筹考虑、统一安排，使设计阶段、实施与测试阶段、采购阶段等各阶段之间能够有机地融合，实现有效的相互搭接。

（3）有利于投资控制。总承包人可以充分发挥其在设计等方面的优势，借助价值工程手段，按照全生命周期理论，通过设计优化等实现有效的投资控制。

2. 平台项目总承包模式的缺点

（1）不利于招标发包工作。由于缺少成熟的总承包合同标准合同条件，加上在该模式下，合同条款不易准确确定，容易造成较多的合同争议。因此，虽然合同量最少，但是招标难度较大。

（2）不利于业主择优选择承包人。从市场主体情况看，由于总承包人需要承担较大的风险，因此能够承担平台项目总承包项目的总承包人数量较少，此时减弱了市场竞争机制在招标中的作用。

（3）不利于质量控制。在总承包模式下，质量控制采用"自我控制"机制，即质量"他人控制"机制薄弱。同时，在总承包模式下，平台项目的功能和质量标准难以做出较为全面、具体、准确的规定。为此，需要采用完工后质量检验，以弥补自我控制机制的不足。

（二）平台项目设计/开发总承包模式

1. 平台项目设计总承包模式

平台项目设计总承包模式是指业主将平台项目的全部设计任务委托给一个设计人承担的承发包模式。根据业主要求，设计人负责平台项目的概要设计（初步设计）和详细设计。平台项目的实施与测试任务则由其他承包人承担。

2. 平台项目开发总承包模式

平台项目开发总承包模式是指业主将平台项目的实施任务一并交给一个承包人承担的承发包模式。根据业主提供的详细设计图纸和设计说明书，承包人负责平台项目的实施任务。平台项目的设计任务由其他设计人完成。

3. 设计/开发总承包模式

设计/开发总承包模式是指业主将全部设计或实施任务发包给一个设计人或一个承包人作为总承包人，设计/开发总承包人可以将其部分任务分包给其他承包人，形成由一个设计总承包合同或一个开发总承包合同以及若干个分包合同组成的结构模式。

设计/开发总承包模式见图9-8。

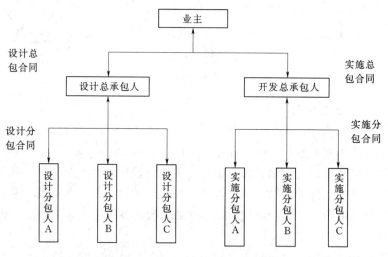

图9-8 设计/开发总承包模式

4. 平台项目设计/开发总承包模式的特点

平台项目设计/开发总承包模式的优缺点与平台项目总承包模式的优缺点基本相同，两者之间的区别在于：前者将平台项目分为设计、开发总承包两部分，而后者将设计、开发总承包一并实行总承包。由此可见，后者的业主协调工作较少。

（三）平台项目总承包管理模式

1. 平台项目总承包管理模式的含义

平台项目总承包管理模式是指业主将平台项目任务发包给专门从事平台项目管理的

人，由平台项目管理人将平台项目分包给设计人、实施与测试人、材料/设备供货人，并在平台项目建设中承担平台项目管理工作的一种模式。平台项目总承包管理模式见图9-9。

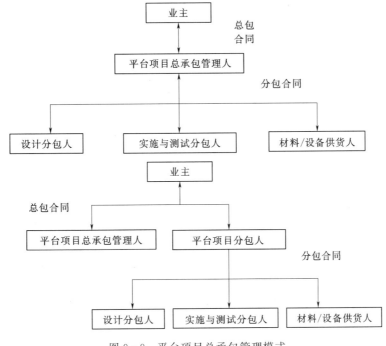

图9-9 平台项目总承包管理模式

2. 平台项目总承包管理模式的优点

合同关系简单、组织协调比较有利，有利于进度控制。

3. 平台项目总承包管理模式的缺点

（1）由于平台项目总承包管理人与设计人、实施与测试人、材料/设备供货人之间是总包与分包关系，后者是平台项目实施的基本力量，所以分包选择就成了一项十分关键的工作。

（2）平台项目总承包管理人自身经济实力一般较弱，而承担的风险相对较大，因此平台项目采用这种承发包模式，业主应持慎重态度。

4. 平台项目总承包管理模式与平台项目总承包模式的区别

平台项目总承包管理模式与平台项目总承包模式的不同之处在于：前者不直接承担设计、实施与测试任务，没有自己的设计、实施与测试力量，而是将承接的平台项目设计、实施与测试任务全部分包出去，他们专心致力于平台项目管理工作；后者有自己的设计、实施与测试实体，是设计、实施与测试、材料和备品配件采购的主要力量。平台项目总承包管理模式分为两种：一是分包人与平台项目总承包管理人签订合同；二是分包人与业主签订合同。

（四）平台项目平行承发包模式

平台项目平行承发包模式是指业主将平台项目的设计、实施与测试以及材料/设备采购的任务经过分解分别发包给若干个单位，并分别与各方签订合同。设计人、实施与测试人和材料/设备供货人之间为平行关系，见图 9-10。

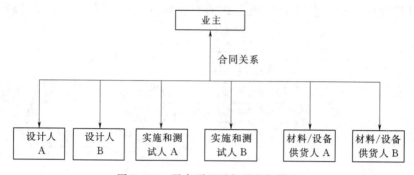

图 9-10　平台项目平行承发包模式

三、采购模式

从河（湖）长制综合管理信息平台项目采购角度来看，平台项目全生命周期的里程碑阶段包括需求分析到概要设计、需求分析到详细设计、详细设计到实施等。平台项目采购模式与里程碑阶段的划分紧密相关，可以分为单阶段采购模式和两阶段采购模式。

（一）单阶段采购模式

单阶段采购模式是指业主将平台项目从需求分析、概要设计、详细设计、实施等项目前期到项目建设期的所有工作进行统一采购，通过招标等采购方式择优选择承包人的一种采购模式，见图 9-11。

当采用单阶段采购模式时，承包人承担平台项目前期和平台项目建设期的全部工作。该模式的优点是业主较为省事、省时、项目接口管理工作量少，责任明确。其缺点是平台项目的成败在很大程度上依赖于承包人。单阶段采购模式适用于较为简单平台项目的采购。

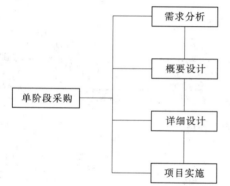

图 9-11　平台项目单阶段采购模式

（二）两阶段采购模式

两阶段采购模式是指业主将平台项目的需求分析、概要设计、详细设计、实施等分为两个阶段进行采购的一种模式。两阶段采购模式分为两种子模式，具体如下。

1. 子模式 1

在子模式 1 中，业主将平台项目分为两个阶段进行采购：第一阶段是对需求分析到概要设计这一阶段的工作内容进行采购，以确定概要设计方案；第二阶段是根据第一阶段选定的概要设计方案，对详细设计和实施进行采购，见图 9-12。

2. 子模式 2

在子模式 2 中，业主将平台项目也分为两个阶段进行采购：第一阶段是对需求分析到详细设计这一阶段的工作内容进行采购，以确定详细设计；第二阶段是根据第一阶段选定的详细设计，对平台项目实施进行采购，见图 9-13。

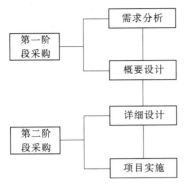

图 9-12 平台项目两阶段采购子模式 1

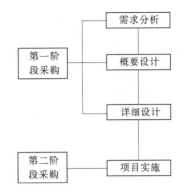

图 9-13 平台项目两阶段采购子模式 2

3. 子模式 1 与子模式 2 的比较

子模式 1 与子模式 2 的主要区别在于第一阶段和第二阶段之间的分界点不同，在子模式 1 中，以概要设计为两个阶段采购的分界点，而在子模式 2 中，则以详细设计作为两个阶段采购的分界点。

（1）优缺点比较。在子模式 1 中，有利于业主对平台项目概要设计方案的选择，以更加准确、全面地反映业主的需求，概要设计与详细设计之间的接口管理较为模糊；而在子模式 2 中，业主对概要设计的控制相对较为困难，详细设计与实施之间的接口管理相对较为简单。

（2）适用范围比较。子模式 1 适用于需求分析更为复杂的平台项目的采购，而子模式 2 则适用于需求分析相对简单的平台项目的采购。

与单阶段采购模式相比，两阶段采购模式的项目接口管理工作量相对较大、采购较为耗时，因此，两阶段采购模式适用于较为复杂的平台项目采购。

四、咨询管理模式

咨询管理内容包括提供战略、管理、技术、信息、实施等内容。与此相比，平台项目咨询管理涵盖平台项目全生命周期的咨询服务内容。平台项目咨询管理模式包括平台项目初期咨询模式、平台项目全过程咨询模式等两种。

（一）平台项目初期咨询模式

在平台项目前期，业主的工作包括编制平台项目规划、平台项目建议书、平台项目可行性研究报告，以及对可行性研究报告进行评审，并据此对平台项目进行立项。当业主不具备承担前期工作的力量，或因业主内部人员与平台项目之间存在特殊关系和利害关系时，业主可以将前期工作委托给 IT 咨询方。平台项目初期咨询有利于提高平台项目前期工作的质量，从而提高平台项目的决策水平。

对于平台项目初期咨询模式，业主可以采用一次性委托模式，即业主将平台项目前期的所有咨询工作委托给一家咨询方。

（二）平台项目全过程咨询模式

对于大型的平台项目，出于安全等方面的考虑，业主可以将平台项目前期阶段、实施阶段、维护阶段等的咨询工作委托给平台咨询方。采用平台项目全过程咨询模式时，咨询服务工作贯穿于整个平台项目，咨询内容包括前期阶段的规划、建议书、可行性研究及可行性研究报告的评审，实施阶段的采购、需求分析、系统设计开发、系统功能验收，直至平台项目投入运行的维护阶段以及人员培训等咨询服务。

对于平台项目咨询模式，业主可以采用两种咨询模式：一是一次性委托模式，即业主将平台项目全过程的所有咨询工作委托给一家咨询方；二是多次委托模式，即业主将全过程的咨询任务分解为若干的相对独立的部分，并将其分别委托给相应的咨询方。其中，多次咨询委托模式见图 9-14。

图 9-14 多次咨询委托模式

一次性咨询委托模式的优点为：咨询工作连贯性较好，业主选择咨询方的工作量和管理工作量少；其不足之处是：能够承担全过程咨询任务的咨询方数量不多，业主选择咨询方的余地较少。多次委托模式的优点是：业主选择咨询方的余地大，能够充分发挥各咨询方的优势；其不足之处是：业主需要多次选择咨询方，采购工作量较大，咨询工作连贯性较差。

第四节 河（湖）长制综合管理信息平台建设合同管理

一、合同管理存在问题

除了在认识、法律、制度、意识等方面存在问题外，河（湖）长制综合管理信息平台项目的合同管理还存在以下几方面的问题。

（1）缺少标准合同文本。平台项目包括建筑工程、设备、硬件、软件等内容，其中，有关部门已编制并颁发了建筑工程、设备的标准合同文本，缺少软件开发、系统集成、网站建设单项项目合同的示范文本。

（2）合同内容不完善。按照中华人民共和国合同法的规定，合同必须包括 8 个方面的条款。平台项目合同应当包括管理所需要的条款和内容。除了建筑工程、设备采购合同外，平台项目其他合同的内容在不同程度上存在不足。

（3）平台项目招标文件不完备。平台项目招标文件的编制内容不具体，深度和广度不够，针对性和操作性不强；合同文字、条款不严谨；合同与合同条款自身不完善等。

（4）合同管理过程不规范。包括合同签订前、签订阶段、履约阶段的评价问题。缺少标准合同条款示范文本，对合同风险进行预测不足，合同管理内容不健全，对招标文件的编制工作重视不够，合同管理脱节，变更不及时，未实施动态合同管理等。

（5）缺少合同实施后的评价。包括合同签订情况评价、合同执行情况评价和关键合同条款分析，如对费用、工期、质量的影响等。

二、合同管理内容

（一）效力声明部分

河（湖）长制综合管理信息平台项目业主和承包人的权利与义务应当在合同中加以约定，并形成标准合同文本以及有关附件文本。合同应对标准文本以及有关附件文本所涉及的法律功能范围做出约定，并说明这些文本之间的内部逻辑关系。对于平台项目合同效力范围之外的权利与义务以及实施变更等，合同应当约定相应的解决方法。同时，需要对平台项目合同签订之前的有关事务，明确业主与承包人各自应当履行的有关义务。

（二）软件著作权、软件产品保护部分

河（湖）长制综合管理信息平台项目承包人享有平台项目软件的著作权。业主需按照合同约定，合理使用承包人提供的平台项目软件，在规定的范围内使用、开发平台项目软件。双方依据《中华人民共和国著作权法》的有关规定，提出平台项目著作权的解决方案。根据国家有关软件保护法规的有关规定，声明该平台项目软件已受保护。

（三）系统适用的标准体系方面的条款

河（湖）长制综合管理信息平台项目可能会涉及国家、行业的部分标准，或者国际质量认证标准。所以，业主单位在签订平台项目合同之前，必须与承包商确定项目对有关标准（例如，会计核算方面的标准；国家强制性质量认证标准等）的支持或符合程度。

（四）保密合同部分

在河（湖）长制综合管理信息平台项目实施过程中，业主需要向承包人提供各种内部资料、数据、信息，为此，处于保密的需要，在平台项目合同中约定双方的保密义务，即对第三方的保密义务。

（五）软硬件环境

业主应该提供已有的且与平台项目相匹配的软硬件环境，包括业主计算机硬件类型、已安装软件的数量和版本等。承包人应根据业主实际的软硬件环境，向业主提供完整、适用的平台项目软件及其配套的所有附件。因此，平台项目合同需要对已有的软硬件环境和新建的平台项目匹配的软硬件环境做出约定。

（六）数据规范部分

软件的数据规范需要约定数据库软件的类型、名称、版本以及数据库的数据范围、格式、数据增长量、数据量等。该部分的要求由业主根据平台项目的需要提出，并提供相关资料，承包方根据业主的要求和相关的标准、经验来实现。

（七）平台项目范围及内容

河（湖）长制综合管理信息平台项目合同应当明确平台项目的范围以及实施内容，包括项目承包人、项目实施软件模块、业主培训计划、项目实施目标、项目实施方法、项目资源管理等。

（八）验收与维保

1. 验收

验收是指承包人完成合同中规定的项目后，移交给发包人接收前的交工验收，不是国家或业主对整个平台项目的竣工验收。通常，业主、承包商双方确定项目阶段性验收及最

终验收的标准。验收行为应包括：业主方对承包方提供的平台项目软件产品的验收；业主、承包商双方对于某具体工作成果的确认；根据合同规定的项目进展阶段，业主、承包商双方对于某阶段工作成果的评价；业主、承包商双方对于最终工作成果的评价等。体现在合同上，就应当明确约定各个验收行为的方式及验收记录形式，例如对实施文档的验收、软件系统安装调试的验收、项目最终验收等。

2. 维保

维保是平台项目承包商的法定义务，同时，也是作为企业提高产品市场竞争力的重要手段。因此，平台项目承包商应当严格服务制度，加强售后服务力量，建立健全服务网络，忠实履行对用户的服务承诺，实现维保的规范化。平台项目承包商承担的维保，分为免费和收费两种，应在合同的具体条款中予以明确。

（九）保留金支付和备用金支付

1. 保留金支付

（1）保留金的扣留。监理人应从第一个月开始，在给承包人的月进度付款中扣留按专用合同条款规定的金额作为保留金，直至扣留的保留金总额达到专用合同条款规定的数额为止。

（2）保留金支付证书。在发包人或监理人签发合同项目移交证书后规定时间内，由监理出具保留金付款证书，发包人将保留金总额的一半支付给承包人。在签发单位项目或部分项目的临时移交证书后，将其相应的保留金总额的一半在月进度付款中支付给承包人。

（3）剩余保留金的支付。监理人应在合同全部项目的运维期满时出具为支付剩余保留金的付款证书。发包人应在收到上述付款证书后规定时间内将剩余的保留金支付给承包人。若维保期满时尚需承包人完成剩余工作，则监理人有权在付款证书中扣留与剩余工作所需金额相应的保留金余额。

2. 备用金支付

（1）备用金的定义。备用金指由发包人在平台项目工作量清单中专项列出的用于签署协议书时尚未确定或不可预见项目的备用金额。该项金额应按监理人的指示，并经发包人批准后才能动用。承包人仅有权得到由监理人决定列入备用金有关工作所需的费用和利润。监理人应与发包人协商后将根据本款做出的决定通知承包人，并抄送发包人。

（2）备用金的使用。监理人可以指示承包人进行上述列入备用金下的工作，并根据合同的有关规定的变更办理。

（3）提供凭证。除了按投标书中规定的单价或合价计算的项目外，承包人应提交监理人要求的属于备用金专项内开支的有关凭证。

第五节　河（湖）长制综合管理信息平台建设目标控制

目标是衡量平台项目成败的重要标志之一。平台项目的目标可以分为功能性目标和控制性目标。功能性目标不仅是平台项目最终交付所应达到的目标，也是贯穿平台项目整个生命周期的目标。控制性目标是指用于控制平台项目实施的目标，包括质量、进度、费用、安全等。为了同时实现平台项目的功能性目标和控制性目标，需要对平台项目目标进行科学、有效的控制。本章通过分析平台项目目标控制现状、目标控制原理等，对平台项目目标体系、平台项目目标特点、费用目标、进度目标、质量目标、安全目标等进行了研究。

一、目标体系

河（湖）长制综合管理信息平台项目的目标包括两类：一是平台项目的功能性目标；二是平台项目的控制性目标。在设计、实施分离的模式下，承包人只需要关注进度、成本、质量、安全等控制性目标，这些目标也是衡量实施项目管理或设计项目管理成功的标准，但是对于业主来说，不但要关注进度、成本、质量、安全等控制性目标，更重要的是关注平台项目的功能性目标。在平台项目总承包模式下，承包人不但要关注控制性目标，同时也要在一定程度关注功能性目标。

1. 功能性目标

河（湖）长制综合管理信息平台项目功能性目标是独立的目标，它不仅是平台项目最终交付所应达到的目标，也是贯穿于平台项目全生命周期的目标。平台项目管理成功的标志之一是平台项目达到其功能性目标，即是否符合业主满意度。作为平台项目最终成果的接受者，业主最关心的问题是平台项目成果是否具有实际意义，能否改善现有情况，能否提高资源的利用率，能否增强本单位竞争力等。功能性目标是平台项目的来源，是平台项目的最终目标，也是平台项目全过程的主导目标。平台项目从可行性调查开始应当以业主的需求为导向。

在平台项目总承包模式下，业主提出要求，承包人负责设计、实施、采购、测试等工作。由于业主只是提出要求，而这些要求难以完全准确地反映业主的功能性目标，因此，承包人在设计过程中，需要将业主的要求具体化，尽可能准确地反映业主对平台项目功能性目标的要求。

2. 控制性目标

河（湖）长制综合管理信息平台项目控制性目标的形成原因是平台项目需要运用各种有限的资源来完成任务，包括人力、资金、时间、设备、原材料等诸多约束条件。平台项目成果性目标的客观条件和约束条件是平台项目实施过程中必须遵循的条件，从而成为平台项目实施过程中管理的主要目标。从平台项目的可控性角度出发，可以引入控制性目标，用以衡量朝向平台项目目标方向进展的程度。通常情况下，平台项目目标包括质量、进度、费用等控制性目标。

业主方、设计人、实施人、供货人、平台项目总承包人各自有控制目标。在平台项目总承包模式下，承包人的控制性目标包括费用目标、成本目标、进度目标、质量目标、安全目标等。需要时，可以增加其他控制性目标，包括风险目标、文明目标、人才培养目标等。

3. 功能性目标与控制性目标之间的关系

河（湖）长制综合管理信息平台项目的功能性目标与控制性目标之间是统一的，其中功能性目标是基础。没有明确的功能性目标，行动就没有方向，也就不能称其为一项任务，亦不会有在功能性目标指导下进行的控制性目标的实施。功能性目标与各控制性目标的最终目的是一致的，都是为了成功完成平台项目。而各控制性目标之间也是统一的，它们以功能性目标为指导性目标，相互协调进行。

河（湖）长制综合管理信息平台项目目标控制体系见图 9-15。

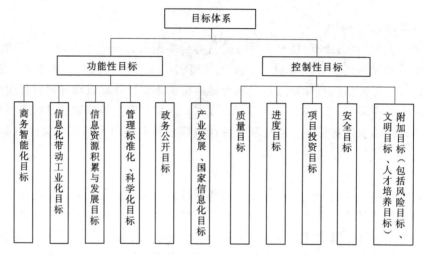

图 9-15 河（湖）长制综合管理信息平台项目目标控制体系

二、目标及其控制特点

（一）平台项目目标的特点

1. 质量目标特点

（1）质量的无形性。传统工程项目的质量一般是可见、可检验、可度量的。平台项目是凝聚了大量的智力劳动而不是体力劳动的项目，项目各个过程的质量都隐藏在工作人员劳动的背后，平台项目质量具有无形性、非直接可见性，无法用实体的质量标准来衡量平台项目的质量。

（2）质量的全过程性。传统工程项目的质量尽管也是全过程形成的，但是其建造质量与项目运行质量可以分离开来分别加以衡量。平台项目只有通过与平台项目的运行相结合，其实施质量才能得到有效的度量，即平台项目的质量不仅通过"建设"来体现，更需要通过"应用"来衡量。在平台项目完成之前，平台项目是不可见的、无形的，只有当平台项目完成后，将平台项目移交给业主，进行相关的培训、维护，并运行一段时间后，平台项目的质量才能得以体现。

（3）服务的显著性。尽管传统工程项目具有产品质量和服务质量的双重特性，但是其产品质量的比重远大于服务质量。而平台项目的服务质量比重则远大于产品质量。平台项目是为某一目的而服务的，它更倾向于业主通过产品得到服务，而不仅仅只是为了得到产品本身。产品质量更多地在为业主服务中体现。

（4）质量检验工作难度大。由于平台项目本身的特性，在项目建设过程中，通过变更等方式不断改变平台项目的质量，平台项目质量的无形性、质量的全过程性、服务的显著性等又在一定程度上增加了检验工作的难度。一方面平台项目的质量难以按照特定的日期进行检验，另一方面平台项目的质量能否达标也没有固定的标准。

（5）质量隐蔽性。在平台项目建设过程中，工序交接多、中间产品多、隐蔽项目多，不及时进行检查，易产生第二类判断错误（将不合格品误认为合格品）。

2. 进度目标特点

（1）可拆性。传统的工程项目具有不可拆卸性，而平台项目具有可拆卸性。平台项目可以根据具体要求将项目拆分成若干个单项项目、单位项目、分部项目，同时组织进行。并行项目的实施有利于缩短项目时间，从而在一定程度上保证项目进度。

（2）无法准确衡量。由于平台项目是智力密集型项目，进度里程碑难以标识。传统工程项目可以采用土石方量、混凝土量等度量工程进度，但是软件开发类平台项目难以用代码编写工作量来衡量平台项目的进度。同时，平台项目的进度无法用有形量的完成加以科学表示，而是需要采用科学管理工具，并结合项目管理人员的隐性知识进行判断。

（3）影响因素作用大。在其整个生命周期中，项目会因风险而导致进度延期，但是平台项目的风险远大于一般项目，平台项目因风险而造成的进度延期的发生率比较高。此外，当不利于项目的事件发生时（例如用户更改需求），平台项目通常需要做出整体的调整，致使项目延期。

3. 费用目标特点

（1）智力费用远高于体力费用。平台项目是科技含量比较高的项目，费用构成中以人工费为主，对人员的专业性和学历要求都比较高，因此员工的薪酬通常在整个平台项目中占有较高的比例，而涉及工程施工的部分较少，涉及的体力劳动费用比较低。

（2）维护费用相对较高，建设费用相对较低。与传统的工程项目相比，平台项目维护、升级等需要的费用较高，有些情况下，维护、升级费用甚至高于平台项目建设费用。由于平台项目实施过程中会发生许多不确定的因素，加上需求变更比较频繁，平台项目的实际结果与预期结果存在较大的偏差，因此，维护费用较高。另外，有些平台项目的更新升级比较快，在后期的维护过程中也会遇到一些事先从未遇到过的问题，导致维护费用增加。

（3）费用类别较多，测试费用较高。平台项目除了包括大量的人工费用与部分工程项目的费用外，通常还包括与知识产权、软件著作权相关的费用。同时，平台项目的测试费用相对较高。

（4）期间费用高于产品费用。平台项目研发费用和其他软件费用都直接或间接计入期间费用，只有存货费用计入产品费用计算单。可见软件费用中期间费用很高，产品费用很低。而且期间费用所占的比例比较大，没有相对统一的间接费用分摊标准和依据。

（5）沉没费用远高于付现费用。平台项目的固定费用大部分需要在生产之前预付，一旦失败则巨额的研究与开发费用和生产费用则无法收回；平台项目的可变费用比较低，且随着生产数量的增加可变费用却不会有太大变化。

4. 安全目标特点

（1）受伤害对象是信息、数据，而非人身。在建设过程中，平台项目智力劳动远多于体力劳动，工作人员与大型设备接触少、高空作业少，不易造成人员伤害，因而平台项目安全大都与人无关，而更多的是涉及信息、数据的安全。为此，需要防止信息、数据因受偶然的或者恶意的原因而遭到破坏、更改、泄露等，保证项目连续、可靠、正常地运行，信息服务不中断。

（2）安全主要发生在运行阶段。由于平台项目更多的是要体现其服务的特性，因而项目安全问题在运行阶段才会集中暴露。用户在使用过程中的数据、信息会因为项目安全控制得当而得到保护，也会因为项目安全管理不严而遭到威胁。

（3）安全控制主要在实施阶段。虽然安全问题主要发生在运行阶段，但是主要原因却关乎设计阶段、实施阶段管理是否得当。在设计阶段、实施阶段，项目管理人员高度重视平台项目安全，严格把关，能在很大程度上降低运行阶段出现安全问题的可能性。

（二）平台项目目标控制的特点

1. 质量目标控制特点

（1）评估标准体系不健全。河（湖）长制综合管理信息平台项目中使用的 ISO 9001 质量保证模式是基于 ISO 9000：2000 标准体系，它将 ISO 9001～ISO 9003 合并为一，并结合 CMM 的精髓，成为 IT 组织实施质量保证的指南。但是 ISO 9001 提供的是企业的质量管理体系模式，其中只有质量计划要素（ISO 9001：1994）或产品实现策划过程（ISO 9001：2000）涉及项目质量管理。目前仍缺乏一套完整、健全的平台项目质量管理体系标准。

（2）全面、全过程、全员参与的管理。河（湖）长制综合管理信息平台项目全生命周期的质量管理需要全面、全过程、全员参与的管理来实现。全面的质量管理指对产品质量、服务质量、费用质量等进行管理；全过程的质量管理指质量管理工作应贯穿于项目建设的全过程，用工作质量来保证产品质量；全员参与的质量管理是对员工进行质量教育，强调全员把关，组成质量管理小组专门负责项目质量管理。

（3）质量管理渗透各阶段。河（湖）长制综合管理信息平台项目各阶段工作质量的好坏直接影响项目的整体质量，而项目质量是在运行一段时间之后才能得到体现。因此等到项目投入使用时发现质量问题从而进行改进为时已晚，在项目整个生命周期的各个阶段都应贯彻质量原则。

（4）局部反馈是质量控制的主要方式。由于河（湖）长制综合管理信息平台项目具有一次性特点，度量过程输出后发现差异可能会造成时间的延误，即失去了采取纠正措施的机会，这是端部反馈控制方法的主要缺点。针对这种情况，在平台项目质量控制中，通常采用局部反馈过程控制方法。这种根据过程中间结果采取纠正措施的控制方式在理论上被称为局部反馈控制方法，局部反馈控制方法是项目质量过程控制的主要方法。

（5）平台项目质量控制的特殊性。由于在多数情况下，河（湖）长制综合管理信息平台项目的质量控制具有自身的特点和要求，控制难度较大。因此与传统工程项目相比，平台项目质量的考核难度较大，难以确立一个明确的标准。业主的满意程度是平台项目成功判定的重要因素，而业主的满意度也难以加以准确的量化，从而增加了平台项目质量管理的难度。

2. 进度目标控制特点

（1）进度管理注重并行工程的使用。根据河（湖）长制综合管理信息平台项目的可拆性，平台项目可以利用并行工程来大大减缩平台项目总生命周期。合理的并行工程有利于平台项目的进展。但是并行工程的选择以及并行工程的管理是进度管理的重点、难点。

（2）风险管理对进度管理影响大。平台项目所面临的风险大于其他类型项目，因而进度受到风险的影响也大于其他类型项目。因此要保证进度在控制范围内就要加大风险管理，此外可让不受依赖和资源约束的任务尽可能早地开始，借此来降低这类任务的风险，从而保证进度。

（3）完善的文档管理是进度管理的基础。河（湖）长制综合管理信息平台项目进度的里程碑难以标识，充分利用阶段性文档记录所做工作，以有利于实施对进度的有效管理。

（4）前期管理相对重于后期管理。河（湖）长制综合管理信息平台项目延期的一个重要原因是前期工作不到位。由于平台项目一旦结束，就难以更改特性，在项目实施中用户很可能提出需求变更而导致项目延期。若在项目初期明确需求并明确更改需求需承担的责任，那么就能降低后期需求改变的发生率。此外，前期工作管理不当，隐藏问题将在后期爆发，导致更大的问题，进度自然被拖延。

3. 费用目标控制特点

（1）脑力费用消耗大、人工费难以控制。河（湖）长制综合管理信息平台项目人工费的控制是费用管理的重点。平台项目中的劳动大都是工作人员的智力活动，进度、质量难以管理而导致人工费用难以控制。这要求加强对人工费的管理，通过一定的奖惩机制等管理方法，提高员工的积极性，保证进度与质量，从而降低人工费。

（2）注重各项费用的均衡。河（湖）长制综合管理信息平台项目中费用种类多，且各项费用比重不同。在平台项目建设过程中，应控制各项费用的均衡，保证整体费用在允许范围。

（3）采用全过程费用管理方法。河（湖）长制综合管理信息平台项目具有建设费用相对低而维护费用相对高的特点，通过采用全过程费用管理方法，降低建设费用与维护费用的总和。在设计阶段、实施阶段，应当通过确定科学的设计方案、实施方案等，降低运行维护费用。通过适当增加建设费用，能够大幅度降低运行维护管理费用。

4. 安全目标控制特点

（1）强调全面性。信息数据安全所面临的被篡改、受干扰、被窃取以及被病毒或者黑客攻击等威胁均是由于项目在安全方面控制不全面造成的。工作人员个人理性知识的有限性决定了他无法全面预料可能出现的安全问题，但是集思广益，越多工作人员提高安全控制的意识则项目安全性越高。

（2）管理重点在于建设期。平台项目的安全问题主要发生在平台项目运行期，但其原因则是平台项目建设期不重视对安全目标的管理。为此，平台项目安全目标控制需要将重点放在平台项目建设期，预防与控制并重。在平台项目建设期，针对可能出现的安全威胁采取应对措施，杜绝信息数据不安全事件的发生。

三、质量控制

平台项目采用 ISO 9001 质量保证模式：2000 标准体系，它将 ISO 9001～ISO 9003 合并为一，并结合 CMM 的精髓，成为平台组织实施质量保证的指南。通过对平台从市场调查、需求分析、编码、测试等开发工作直至作为商品软件销售、安装以及维护整个过程进行控制，保障平台的质量。

1. 过程审计法

河（湖）长制综合管理信息平台项目是人的智力劳动的凝结，工作成果形象性差，特别是软件开发类平台项目，对其工作成果的质量控制难度较大，而对其项目的实施过程的控制相对容易，而且，只要过程合理、科学，那么项目的质量就能得到保证。所以，对于平台项目的质量控制，对实施过程的控制是重点，需要对实施过程进行监督和定期审计，以保证实施过程的每个工作都满足质量控制的要求。

2. 项目质量管理系统法

河（湖）长制综合管理信息平台项目质量具有难以度量、难以量化比较等特点，为此需要建立质量管理系统，对质量进行量化，从而实现平台项目质量控制的目的。微软公司开发的质量管理系统包括缺陷管理系统（BMS）和测试用例管理系统（TCM），该系统将软件开发过程和质量控制过程融为一体，通过制定完善的缺陷管理过程和测试管理过程，使软件质量成为可度量和可控制的指标。开发人员和测试人员就开发和测试两个环节能随时进行交流，随时了解平台项目的质量情况，及时发现问题。

3. 代码走查法

代码质量充分体现了平台项目的质量，尤其是软件类平台项目的质量。代码质量取决于项目组成员的能力、编码习惯等方面。因此，在平台项目建设过程中，需要采用代码走查质量控制方法。在一段时间内或规定时间，代码走查的核心内容是程序员对自身开发代码的主要部分进行讲解，以达到两个方面的目的：一是使开发人员提高开发代码的质量；二是能够促进组内成员的交流和学习，从而更有力促进软件质量的提高。

4. 质量损失函数法

传统质量控制标准只有合格与不合格之分，用质量成本控制质量合格率。质量成本是以拒收和返工部分的数据为依据，采用合格与不合格标准的不足之处是质量并不是越高越好。为此，需要采用质量损失函数对平台项目质量进行控制。质量损失是由于平台项目产品差异及其使用中所带来的有害副作用所造成，每次偏差都会导致经济损失按几何级数上升。利用质量损失函数将质量特性与成本联系起来，使节省成本的设计能力迅速提高。

当质量实际值偏离其理想值或设计目标值时，就产生质量损失。U_{AL} 和 L_{AL} 表示设计参数可以接受的上、下界限。如果规格参数处于两者之间，质量可以接受，否则舍弃或者实施救助手段。当设计参数偏离其最佳值（M）时，质量特征开始变质。所以质量损失函数可以用理想值的偏离加以测量。质量损失函数见式（9-1）。

$$L_{(X)} = K(X-M)^2 \tag{9-1}$$

式中：$L_{(X)}$ 为成本损失；X 为质量特性值；M 为质量输出特性的理想目标值，即质量设计标准的中心值；K 为质量损失函数系数，它是不依赖于 X 的一个常数，一般可以由"机能界限"确定，"机能界限"是指这样一个数值，当质量特性值超越这个数值界限时，平台项目丧失功能，它是由设计条件给出的一个数值。

四、进度控制

1. 预留适当的进度缓冲期

项目延期是平台项目经常遇到的情况。大型软件项目中，往往有许多单位项目或单项项目在同时进行，这些单位或单项项目之间可能存在的依赖关系能影响其他单位或单项项目的进度。在项目进行的过程中各单位或单项项目前后衔接的时间并无法准确估算，因此需要预留一定的进度缓冲期，确保风险发生时，延期在可控范围内。但是，根据关键链思路，不要在单项项目的估算上预留太多的缓冲或余地是必要的。

2. 项目管理门户网站的使用

项目管理门户网站能将各个项目管理工具有机地整合起来，并将各类信息分析加工后，一目了然地呈现在管理层面前。通过不同的颜色，管理人员可以容易地分辨处于不同状态（如正常、警告、失控等）的项目，轻松比较不同的项目的进度量化指标，实施适当的进度控制。此外，某些平台项目管理的门户网站还提供强大的管理承包商和外包项目的平台。发包商与承包商可以通过这个平台了解项目进度，进而调整自身进度，来保证整个项目的进度。

3. 里程碑式管理

里程碑式管理是平台项目进度控制的一个重要方法，它是通过建立里程碑和检验各个里程碑的到达情况，来控制项目工作的进展和保证实现总目标。里程碑是指一个具有特定重要性的事件，通常代表项目工作中一个重要阶段的完成，是一个目标导向模式。在里程碑处，通常要进行检查。里程碑是团队阶段性工作完成的标志，对于任何一个里程碑都应该进行认真检查、审定和批准。在里程碑中间应设置大量的检查点，这些检查点应要细分到一旦检查点出现问题不至于在进度上失控。

4. 项目日志法

平台项目进度控制的难点不是进度调整，而是如何知道项目的当前实际进度，以及如何确定当前的进度与计划进度之间的差距。平台项目的无形性使得项目实际进度的识别相当困难，而项目日志是记录项目进度的有效方法。项目日志法是要求项目的实施人要记录项目日志，其内容是当日的工作内容，这样使得无形的平台项目的进度变得有形，通过项目日志可以跟踪项目的进度，发现偏差，进而调整项目进度。

5. 变更冗余法

平台项目超出计划进度的主要原因之一是项目变更，平台项目需求的隐含性、项目范围的不确定性等都会导致平台项目变更，而且平台项目的变更比一般项目的变更更容易发生。又因为平台项目的各部分之间逻辑性强、关联性大，使得局部的变更对整个项目的影响较大。所以当项目发生变更后，项目的进度就要调整。变更冗余法是当项目发生变更后，项目的进度要回退，不是当前已经完成的工作，项目的进度仅仅是项目已经完成的而且不受变更影响的部分，项目的总进度计划也需要相应的调整，计划进度中要加入修改已经完成的部分的时间。

五、费用控制

（一）平台项目费用控制含义

河（湖）长制综合管理信息平台项目通常是资产和技术密集型平台项目，其费用构成与一般的平台项目有很大区别，费用的构成中较多地体现为平台设备、人工、维护等技术含量较高的部分。从投资人角度看，一个平台项目的费用构成通常不包括其平台项目前期发生的费用、可行性研究费用等、应用软件的授权费用、后台数据库的成本、项目实施费用。平台项目费用控制是平台项目负责人对平台项目整个生命周期过程中所需费用的控制，使其合乎计划支出，并在一个合理的范围内浮动。

（二）平台项目费用控制方法

河（湖）长制综合管理信息平台项目费用控制涵盖平台项目前期和建设期，重点是项目前期和实施期的设计阶段。在平台项目不同时期和不同阶段，费用控制应当采用相应的方法。有些方法只能适用于部分阶段的费用控制，例如限额设计只适用于设计阶段、赢得值法适用于实施阶段等，有些方法可以适用各阶段的费用控制，例如费用分析表法、费用因素分析法等。总体来说，平台项目费用控制方法与传统工程项目费用控制方法基本相同。

1. 费用分析表法

河（湖）长制综合管理信息平台项目的费用分析表法是利用平台项目实施中的各种表格进行费用分析和费用控制的一种方法。在表格中反映出 3 个内容：平台项目实际的实施进度和费用完成情况、计划的实施进度和费用预算情况、实际与预算的比较。应用成本分析表可以清晰地进行费用追踪和比较研究。费用分析表分为费用日报表、周费用对照表和月费用对照表三种。

2. 费用审核法

在河（湖）长制综合管理信息平台项目实施过程，经常会发生项目变更、项目索赔、政策性调整、物价波动等问题，业主需要对因项目变更、项目索赔、政策性调整、物价波动造成的费用变化进行审核。另外，业主还需要对各支付项目进行审核。

3. 费用因素分析法

利用费用因素分析法可以找出产生差异的原因，从而进一步找出控制这些影响因素以及控制费用的办法，以避免在日后的工作中再次出现此类差异。常用的方法有因素分析法与图像分析法。因素分析法是根据实际情况将费用偏差的原因归纳为几个相互关联的因素，然后用一定方法从数值上测定各种因素费用产生偏差程度的影响。

图像分析法是通过绘制费用曲线图的形式，进行总费用和分享费用的比较分析，找出总费用出现偏差的原因，同时采取合理措施及时纠正。

第六节　河（湖）长制综合管理信息平台建设范围管理与变更管理

目前，在水利信息化建设领域，由于软件项目范围不明确而导致失败的例子比比皆是。按照合同约定，水利信息系统软件开发项目快结束时，项目范围还处于不明确的状态，这是因为用户不断有新的需求出来，软件开发商按照用户的新需求不断去开发新的功能，从而形成一个无底洞，导致两败俱伤，甚至出现软件开发商放弃继续履行合同的现象。同时，在河（湖）长制综合管理信息平台软件开发过程中，由于系统软件开发项目的特点，加上没有一套完善的变更控制管理流程，变更问题也是系统软件开发遇到的突出问题，其结果与范围管理不当所带来的后果基本相同。可见，河（湖）长制综合管理信息平台的范围管理和变更管理非常重要。

一、范围管理

（一）范围管理内涵

范围管理是指对项目应该包括什么和不应该包括什么进行相应的定义和控制。它包括用以保证项目能按要求的范围完成所涉及的所有过程，包括：确定项目的需求、定义规划项目的范围、范围管理的实施、范围的变更控制管理以及范围核实等。项目范围是指产生项目所包括的所有工作及产生这些工作所用的过程。项目干系人必须在项目要产生什么样的产品方面达成共识，也要在如何生产这些产品方面达成一定的共识。

（二）范围管理过程

为了明确范围，要有相对完善的软件开发管理过程。项目在一开始就先明确用户需求，而且需求基本上都是量化的、可检验的，而且承包商应在变更管理过程的框架指导下，制定项目范围变更控制管理过程，在项目实施过程中，用户的需求变更都是按照事先制定好的过程执行。只有这样，平台才能确保成功实施，平台目标才能得到有效的控制。

1. 启动过程

启动过程是指组织正式开始一个项目或继续到项目的下一个阶段。启动过程的一个输出是项目章程。项目章程是一个重要的文档，这个文件正式承认项目的存在并对项目提供一个概览。启动过程明确指定这一过程有一个重要的输出文档——项目章程，项目章程将粗略地规定项目的范围，这也是项目范围管理后续工作的重要依据。项目章程中还将规定项目经理的权利以及项目组中各成员的职责，还有项目其他干系人的职责，这也是对以后的项目范围管理工作中各个角色如何做好本职工作有一个明确的规定，以致后续工作可以更加有序地进行。因此，千万不能忽略项目的启动过程。

2. 范围计划

范围计划是指进一步形成各种文档，为将来项目决策提供基础，这些文档中包括用以衡量一个项目或项目阶段是否已经顺利完成的标准等。作为范围计划过程的输出，项目组要制定一个范围说明书和范围管理计划。古语云："预则立，不预则废！"一个项目经理要想真正管理好项目范围，没有必要的技术和好的方法是肯定不行的。

要做好一个项目首先强调的是周密地做好范围计划编制。范围计划编制是将产生项目产品所需进行的项目工作（项目范围）渐进明细和归档的过程。范围计划编制工作是需要参考很多信息的，比如产品描述，首先要清楚最终产品的定义才能规划要做的工作，项目章程也是非常主要的依据，通常它对项目范围已经有了粗线条的约定，范围计划在此基础上进一步深入和细化。

前面讲到这个过程有一个输出是范围说明书，那么范围说明指的是什么呢？范围说明是在项目参与人之间确认或建立了一个项目范围的共识，作为未来项目决策的文档基准。范围说明中至少要说明项目论证、项目产品、项目可交付成果和项目目标。项目可交付成果一般要列一个子产品级别概括表，如：为一个软件开发项目设置的主要可交付成果可能包括程序代码、工作手册、人机交互学习程序等。任何没有明确要求的结果，项目目标应该有标志（如：成本、单位）和绝对的或相对的价值。尽量避开不可量化的目标（如："客户的满意程度"），因为它将让你的项目承担很高的风险。

3. 范围定义

范围定义是以范围规划的成果为依据，把项目的主要可交付产品和服务划分为更小的、更容易管理的单元，即形成工作分解结构（work breakdown structure，WBS）。WBS 的建立对项目来说意义非常重大，它使得原来看起来非常笼统、非常模糊的项目目标一下子清晰下来，使得项目管理有依据，项目团队的工作目标清楚明了。如果没有一个完善的 WBS 或者范围定义不明确时，制定好一个 WBS 的指导思想是逐层深入的，先将项目成果框架确定下来，然后每层下面再把工作分解。

4. 范围核实

范围核实是指对项目范围的正式认定，项目主要干系人（如项目客户和项目发起人等）要在这个过程中正式接受项目可交付成果的定义。这个过程是范围确定之后，执行实施之前各方相关人员的承诺问题。一旦承诺则表明你已经接受该事实，那么你就必须根据你的承诺去实现它。这也是确保项目范围能得到很好的管理和控制的有效措施。

二、变更管理

（1）变更范围。由于河（湖）长制综合管理信息平台软件产品以及平台开发的特点，软件平台的研发难免发生变更，完全避免变更几乎是不可能的。由于变更的发生一般都会影响到软件开发项目的进度、费用等，为此，需要在双方签订的合同内，明确变更范围和变更事项。

（2）变更控制。在明确变更范围的前提下，需要对变更实施有效的控制。变更控制过程输出是范围变更、纠正行动与教训总结。对变更的有效控制需要一套规范的变更管理过程，在发生变更时遵循规范的变更程序来管理变更。通常对发生的变更，需要识别是否在既定的项目范围之内。如果是在项目范围之内，那么就需要评估变更所造成的影响，以及如何应对的措施，受影响的各方都应该清楚明了自己所受的影响；如果变更是在项目范围之外，那么就需要商务人员与用户方进行谈判，看是否增加费用，还是放弃变更。

（3）慎重对待项目变更，以完成建设内容、实现建设目标为目的引导变更管理，建立由信息化职能管理部门主导，项目各方主体参与的变更评审委员会，通过对变更行为进行事前评审，事后备案管理，在充分评估变更对项目影响后进行决策，防止片面理解项目变更管理的行为出现。

（4）重视基线的作用，基线即标准，对项目变更管理具有权威制约性。在项目建设工作中，应在信息化职能管理部门主导下，参照国家法规、政策和区域内相应的管理办法进行管理，分别就需求、费用、进度等建立基线，以保证项目管理变更在可控范围内。

第七节　河（湖）长制综合管理信息平台知识产权管理

知识产权归属不够明确，导致运维与升级改造工作困难。平台的运维、升级改造是一个永恒的话题。平台的运维、升级改造等工作要依赖于数据资源、源程序代码、原来软件开发人员等众多条件。目前，平台建设合同对数据资源、源程序代码等知识产权归属的约定较为模糊，导致运维、升级改造等工作只能依靠原开发商，而一旦出现原开发商不愿意提供运维、升级改造工作，或提供的运维与升级改造工作不能满足委托方的需要，则将影响平台的正常使用，甚至导致平台废弃。

一、知识产权保护机制

在河（湖）长制综合管理信息平台建设与运维中，软件产品及信息资源的知识产权是一个重要的约束条件，尤其是平台运维与升级改造工作对信息知识产权的依赖性十分强。目前，在平台建设中，因软件产品及信息资源的知识产权机制不健全给信息系统的正常运行以及系统运维与升级改造带来一系列问题，使得部分平台的寿命大大缩短。为此，需要按照国家及地方相关保密法律法规，构建平台软件产品及信息资源的知识产权保护机制，在合同中明确软件产品与信息资源的知识产权归属，尤其是源程序代码等知识产权归属问题。

二、知识产权的归属

河（湖）长制综合管理信息平台运维、升级改造等是一项常态工作，而运维、升级改造等工作依赖于源程序代码等知识产权。因此，为了紧紧把握主动权，避免将系统运维、升级改造等工作被某一个供应商所把控，在委托合同中，应该详细规定各种知识产权的归属。

三、知识产权管理措施

（一）加大执法力度

需要逐步加大执法力度，运用法律武器保护知识产权和法律法规，对于知识产权档案开展数字化转化以及商务方式监管，保护产权人的合法权益。其中涉及的数字化转化，主要是把档案内的文字、数值和图形等信息，录入到计算机系统内并且转化为由 0 和 1 组成的二进制数字编码，并且在这个基础上，进一步地加工、存储和传输相关信息档案，当需要运用的时候让这些信息转变为图像和图形，如果涉及知识产权方面内容，没有受到权利人认可，相关的数字信息不能任意地给他人享用。

（二）加强制度管理

为了确保知识产权的权益人不受到相应损害，那么在整个社会发展进程中，我国在制定知识产权保护时，要求把档案知识归结到国家著作权内，并且《中华人民共和国档案法》也明确规定公民享有档案信息获取权，由此可见，档案信息共享与知识产权密不可分。如果在处理过程中，两者不能做到相互统一和相互协调，那么档案管理也不能顺利开展下去，也不能实现信息资源共享的目的。因而相关人员要协调两者关系，做出相应措施，开展管理，完善网络信息化建设，实现网络档案管理的安全性。

（三）知识产权与档案馆

"特权"关系处理。知识产权与档案馆"特权"处理方面，主要包含以下几个方面：第一，档案馆在调用人员档案过程中，要规范自己的行为，在规定的范围内调用，不要超越自身权利范围，并且遵照法律和法规要求；第二，针对归档保存对知识档案进行管理，相关的机构要尊重和保护知识产权所有人的各项权利。计算机网络信息化发展，在很多方面推动社会进步，并且也对人们日常生活产生积极推动作用。在档案信息化建设过程中，需要了解原有的管理情况，在此基础上与当前社会发展潮流相适应，紧跟时代发展，带动社会的进步和发展。档案信息化建设中，通过保护知识产权，可以在建设过程中，让档案管理工作效率逐步提升，并且在"档案作品"保护过程中不但要保护其完整性，更要确保其内容不会在没有授权的情况下恶意泄露，给相关社会和个人造成损害，尽量避免侵权事件的发生。

第八节 河（湖）长制综合管理信息平台标准管理

一、标准体系现状

信息化标准体系是河（湖）长制综合管理信息平台建设的基础，是实现本平台建设目标、保证信息交换、保证信息共享和保证信息应用有效性和可行性的重要前提。目前，平台建设与运维管理所需要的标准体系已基本具备，可以较好地满足平台建设与运维的需要。但平台标准体系依然存在以下问题：一是现有标准基本上都是行业通用标准或针对某个项目制定的标准，缺乏支撑平台建设与运维所需的统一标准体系；二是缺少平台建设与运维管理的相关标准。

二、标准体系建设目标

制定、修订一批急需的基础性、通用性标准和专用标准，建立平台建设与运维所需的标准体系，从根本上缓解平台基础设施管理、信息开发利用、资源共享、应用系统建设、安全等方面存在的缺失、不统一、不配套、一致性和协同性不高的矛盾，包括管理技术标准和规范、信息资源共享交换技术标准和规范、应用系统业务协同管理技术标准和规范、网络与信息安全管理技术标准和规范等一系列标准。建立和完善平台标准管理与协调机制，完善标准形成机制。具体目标：一是制定平台的技术标准，指导平台建设项目设计和实施的规范化；二是制定平台的安全标准，指导平台信息安全的建设规范化；三是制定平台的管理标准，规范和指导各应用软件开发商各个阶段的行为，提高标准化管理水平，减少标准之间的重复与矛盾，使标准之间协调、配套标准组成合理。

三、平台标准体系建设原则

为保障平台的整体性，其参照的标准体系必须是国家标准、水利行业或其他相关行业标准，建设的基本原则如下：

（1）有相关的国家标准，则遵循国家标准，强制性国家标准优先，推荐性国家标准次之。

（2）没有国家标准支持，但有行业标准支持的，遵循该行业标准，强制性行业标准优先，推荐性行业标准次之。

（3）没有国家标准和行业标准支持，但IT业内通行标准支持的，可引用IT业内标准。

（4）国标、行标没有覆盖，也无IT业内标准支持的，平台整合应由地方水行政主管部门自行组织建立适用的标准。

四、平台标准体系建设内容

针对河（湖）长制综合管理信息平台建设与运维，支撑保障条件完善的内容主要包括总体标准的继承与完善、技术应用标准的继承与完善、管理标准的继承与完善、信息安全标准的继承与完善等四项内容：

（1）总体标准的继承与完善。总体标准是指平台整合技术成果标准体系的总体性、框架性、基础性标准和规范，为平台整合技术成果标准体系的采用和编制提供基本原则、指南和框架，以及基础性的信息化术语。

（2）技术应用标准的继承与完善。技术应用标准包括与基础设施相关的技术应用标准；与数据资源相关的技术应用标准；与应用支撑体系相关的技术应用标准；与业务应用系统开发使用相关的技术应用标准。

（3）管理标准的继承与完善。管理标准为平台建设和运维管理所需要的有关标准。

（4）信息安全标准的继承与完善。信息安全标准包括系统安全管理以及等级保护与风险管理的相关标准，是确保平台整合安全运行，确保信息和系统的保密性、完整性和可用性的保障体系，为平台整合提供各种安全保障的技术和管理方面的标准。信息安全标准包括信息安全基础标准、信息安全技术标准和信息安全管理标准。

平台标准体系、基础标准框架、技术标准框架、安全标准框架及管理标准框架分别见图 9-16～图 9-20。

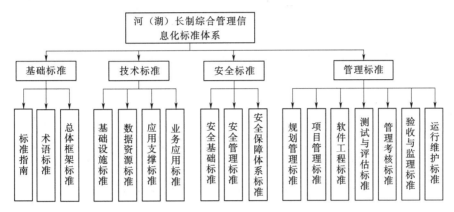

图 9-16　平台标准体系

图 9-17　基础标准框架

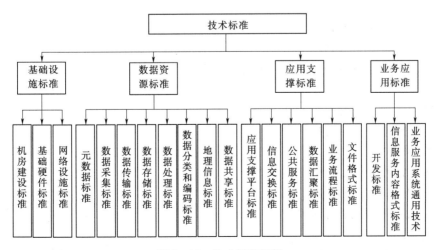

图 9-18　技术标准框架

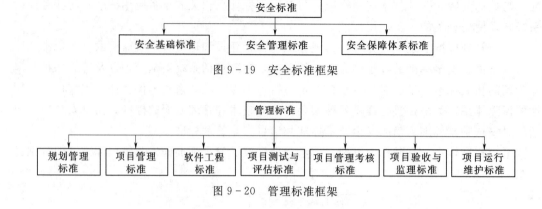

图 9-19 安全标准框架

图 9-20 管理标准框架

第九节 河（湖）长制综合管理信息平台验收管理

一、里程碑验收

1. 验收时间及条件

根据每一个里程碑的开发内容和验收要求，自检合格后，承包商提出书面里程碑验收申请，并准备里程碑验收计划，里程碑验收计划经甲方组织的项目验收小组评审通过后，由项目验收小组对模块的功能、性能、可使用性等各方面进行验收。

2. 验收方式

在验收过程中，如有不符合验收标准等问题，承包商根据项目验收小组提出的书面要求和意见进行修改、整改，并达到合同要求。里程碑验收合格，整理里程碑验收报告，并签字确认。

3. 工作内容

工作内容如下：

（1）乙方自检。

（2）制定里程碑验收计划。

（3）组织里程碑验收计划评审。

（4）组织里程碑验收。

（5）里程碑验收问题的修改和完善。

4. 提交文档

提交文档包括以下几项：

（1）《系统软件里程碑验收计划》。

（2）《系统软件验收记录》。

（3）《系统软件验收问题跟踪表》。

（4）《系统软件里程碑验收报告》。

二、平台初验（试运行验收）

1. 验收时间及条件

根据本系统软件开发进度计划，系统软件在完成全部系统软件的需求、设计、开发、测试和安装部署以及满足系统集成条件的基础上，经自检合格后，由承包商项目组向甲方提出书面初验申请，并准备初验计划，初验计划经甲方组织的项目验收小组评审通过后，由项目验收小组对本系统软件的功能、性能、可使用性等各方面进行初步验收。

2. 验收方式

承包商根据本系统初验内容和验收要求，自检合格后，由承包商项目组提出书面初验申请，并准备初验验收计划，初验验收计划经甲方组织的项目验收小组评审通过后，由项目验收小组对系统功能、性能、可使用性等各方面进行验收。

3. 工作内容

工作内容如下：

（1）准备初验计划。

（2）组织初验计划评审。

（3）进行初验。

（4）初验问题的修改和完善。

4. 提交文档

提交文档如下：

（1）《系统软件初验计划》。

（2）《系统软件初验计划评审报告》。

（3）《系统软件初验记录》。

（4）《系统软件初验问题跟踪表》。

（5）《系统软件初验报告》。

三、平台终验

1. 验收条件

根据合同要求以及本系统软件进度计划安排，本系统软件在完成试运行后，向甲方组织的项目验收小组提出书面终验申请，并提交合同要求的所有项目文档。由项目验收小组对本系统软件试运行情况进行检查，对系统软件整体进行评价，组织终验。

2. 验收方式

根据本系统软件终验的内容和验收要求以及试运行的情况，由承包商提出书面终验申请，并准备终验验收计划。终验验收计划经甲方组织的项目验收小组评审通过后，由项目验收小组对系统软件功能、性能、数据、可使用性、可集成性等各方面进行验收。如系统软件未通过验收，开发方与委托方一起对其进行分析，如属于开发方的责任，开发方将对系统软件进行修改；如是委托方的原因，开发方应积极配合委托方对系统软件进行处理。

3. 工作内容

工作内容如下：

（1）编制终验计划。

（2）终验测试。

（3）组织项目终验。

（4）提交终验纪录和终验报告。

4. 提交文档

提交文档如下：

（1）《系统软件终验计划》。

（2）《系统软件终验计划评审报告》。

（3）《系统软件终验记录》。

（4）《系统软件终验报告》。

四、验收重点

与一般工程项目验收相比，本平台验收的侧重点有所不同，验收时需要特别关注以下内容：

（1）知识产权的移交。

（2）保修期工作的落实。

（3）运维人员的培养。

（4）落实升级改造相关事宜等。

第十章

河（湖）长制综合管理信息平台运维管理

第一节 河（湖）长制综合管理信息平台运维框架与内容

一、信息平台运维目标

河（湖）长制综合管理信息平台运维的目标是建立一个高效、灵活的运维体系，确保河（湖）长制综合管理信息平台安全、可靠、可用和可控。

（1）安全：建立一整套安全防范机制和安全保障机制，让使用者不需要担心信息平台的软件、硬件、内容的安全等。

（2）可靠：信息平台有足够的可靠性不会发生宕机、系统崩溃、运行处理错误等。

（3）可用：信息平台正常运行的时间比例。

（4）可控：信息平台资源能够实现方便管理和优化。

二、信息平台运维要求

（1）信息平台安全级别要求高。

（2）信息平台不间断运维需求高。

（3）信息平台例行运维要求高。

三、信息平台运维框架

河（湖）长制综合管理信息平台运维框架见图 10-1。

四、信息平台运维内容

河（湖）长制综合管理信息平台是一项复杂的集成工程，其内容主要包括基础设施、网络及硬件系统、基础支撑软件系统、业务应用系软件统、信息资源、信息安全保障系统以及相关标准规范等组成部分。相应的，河（湖）长制综合管理信息平台的运维工作也可划分为信息资源运维、应用系统运维、信息安全运维、基础设施运维等部分，每一项组成部分都具有自身独立的运维目标及重点工作，各部分之间相辅相成、不可分割，见图 10-2。

（1）信息资源运维，主要包括数据文件、存储介质、数据管理系统等方面的运维工作。

（2）应用系统运维，主要包括业务系统、OA 系统、中间件等方面的运维工作。

（3）信息安全运维，主要包括实体安全、运行安全、人员安全、信息安全等方面的运维工作。

（4）基础设施运维，主要包括基础环境、硬件设施、网络环境、基础软件等方面的运维工作。

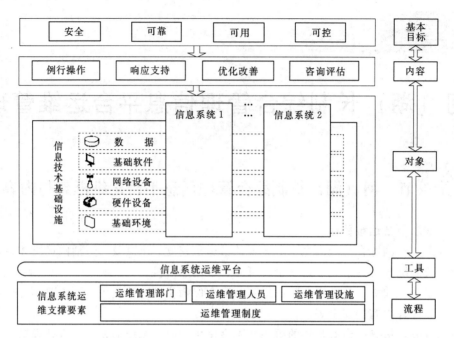

图 10-1 河（湖）长制综合管理信息平台运维框架

来源：葛世伦. 信息系统运行与维护［M］. 2 版. 北京：电子工业出版社，2014。

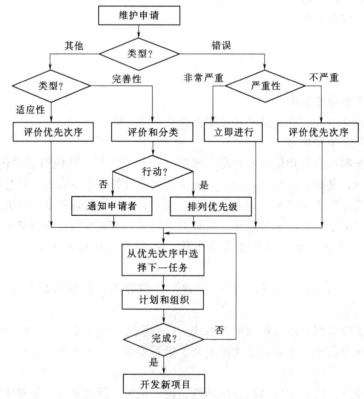

图 10-2 河（湖）长制综合管理信息平台运维流程

来源：曹汉平. 信息系统开发与 IT 项目管理［M］. 北京：清华大学出版社，2006。

五、信息平台运维流程

河（湖）长管理信息平台运维流程，首先由申请人员填写维护申请表。如果遇到错误，要对错误的环境进行完整的描述，其中包括输入数据、源程序列表及其他支持材料。对适应性或完善性的维护申请，则需要提出一个简明的修改规格说明，这些维护申请必须按上述规定进行评价。维护申请表是外部产生的文档，是维护工作计划的基础。河（湖）长制综合管理信息平台运维流程见图10-2。

适应性维护和完善性维护的申请，采取不同的路线。对适应性维护，首先进行评价和按优先次序分类，然后排出在维护活动中的位置；对完善性维护，同样要进行评价，但是在具体维护过程中，不是所有的完善性维护都被接受。被接受的完善性维护也要在维护的队列中确定它们的位置。每一个维护申请的优先次序确定后，就像另一项开发工作一样，安排它们所需要的工作。如果优先级很高，就应立即着手工作。

第二节　河（湖）长制综合管理信息平台运维管理目标与体系

河（湖）长制综合管理信息平台运维管理是指依据各种标准、管理制度和管理规范，运维管理主体利用运维管理系统和工具，实施事件管理、问题管理、配置管理、变更管理、发布管理和知识管理等维护管理流程，对河（湖）长制综合管理信息平台运维部门、运维人员、信息系统用户、平台软硬件和信息技术基础设施进行综合管理，执行硬件运维、软件运维、网络运维、数据运维和安全运维等平台运维的管理职能，以实现平台运维标准化和规范化，满足组织平台运维的需求。

一、信息平台运维管理目标

（1）由单纯的技术或管理向各利益相关方的综合治理转变。

（2）建立科学合理的绩效评价体系，由粗放管理向精细管理转变。

（3）推行集中、统一的信息平台运维管理模式，由分散管理向集中管理转变。

（4）建立规范标准的信息平台运维管理流程，由职能管理向流程管理转变。

（5）应用先进高效的运维管理工具，由被动管理向主动管理转变。

二、信息平台运维管理体系

河（湖）长制综合管理信息平台运维管理体系框架包括运维管理主体、运维管理对象、运维管理职能、运维管理流程、运维管理制度、运维管理系统与工具等，其中，运维管理制度是规范运维管理工作的基本保障，也是流程建立的基础。运维管理主体遵照制度要求和标准化的流程，采用先进的运维管理系统与工具对各类运维对象进行规范化的运行管理和技术操作。河（湖）长制综合管理信息平台运维管理体系框架见图10-3。

（1）运维管理职能。河（湖）长制综合管理信息平台运维管理职能是对平台运维管理工作一般过程和基本内容的概括。根据运维管理工作的逻辑，将运维管理分为设施运维、软件运维、数据运维和安全运维等职能。

（2）运维管理流程。河（湖）长制综合管理信息平台运维管理流程，包括事件管理、事故管理、问题管理、配置管理、变更管理、发布管理和知识管理等。

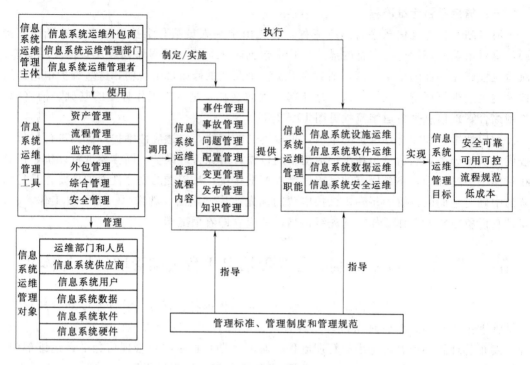

图 10-3 河（湖）长制综合管理信息平台运维管理体系框架

来源：罗文. 信息系统运维管理咨询与监理服务［M］. 北京：人民邮电出版社，2014。

（3）运维管理制度。河（湖）长制综合管理信息平台运维管理，需要建立一整套科学的管理制度、管理标准和管理规范，如硬件管理制度、软件管理制度、数据资源管理制度等。

（4）运维管理专用工具。信息系统运维管理专用工具能将所有信息系统运维对象、职能、流程，通过一系列运维专用工具进行管理，实现对运维事件的全面处理。

三、信息平台运维管理内容

（一）运维管理体制

河（湖）长制综合管理信息平台运维管理体制主要从运维管理职责、运维管理组织架构与职能分工、运维管理制度等方面展开研究。

（二）运维管理模式

河（湖）长制综合管理信息平台运维管理模式，首先对河（湖）长制综合管理信息平台运维模式进行分析，然后梳理出运维管理的主要内容，以此为基础，对运维模式进行设计，并提出运维模式选择的方法。

（三）运维管理费用测算

河（湖）长制综合管理信息平台运维管理费用测算，需要考虑系统软件成熟度、系统硬件成熟度、运维地域性、运维站点规模、运维频率等因素，基于此，研究河（湖）长制综合管理信息平台运维管理费用测算方法。

（四）运维管理绩效考核

河（湖）长制综合管理信息平台绩效考核是本平台运维管理的重要组成部分，通过绩效考核可以客观评价平台运维期各参与者的工作状态，不断促进其提高运维服务能力。这里主要研究各级河长办运维工作的绩效考核、委托方对运维商的绩效考核两个方面。

第三节　河（湖）长制综合管理信息平台运维管理体制

一、运维管理职责

明确河（湖）长制综合管理信息平台运维管理的职责是划分运维管理职能和进行运维组织设计的前提，可以从运维流程和运维对象两种角度分类。

1. 基于运维流程的运维管理职责

按照运维流程，可以从事件管理、问题管理、配置管理、变更管理、发布管理和知识管理6个方面，归纳河（湖）长制综合管理信息平台运维不同人员的职责，见表10-1。

表 10-1　　　流程视角下的河（湖）长制综合管理信息平台运维管理职责

平台运维流程	人员	职　责
事件管理	技术和应用管理	负责制定和设计事件监控机制、报警机制、错误信息及性能阈值、测试服务，以确保能够正常产生相关事件和适当的响应，确保控制事件管理等
	IT运维管理人员	事件监控、事件响应和事故创建
	事故管理者	监控事故处理流程的效率和效果，管理事故支持小组（一线、二线）的工作，开发并维护事故管理系统，开发并维护事故管理流程和程序，生成管理信息报告，管理重大事故
	一线支持人员	接收客户记录并跟踪事故和客户意见；对事故进行初步分类和优先级处理；负责与用户和客户沟通，及时通知他们请求的当前进展状况；初步评估客户和用户请求；在需要短期内调整服务级别协议时及时与客户沟通；事故处理完毕与客户进行确认，在对方满意并同意的前提下正式关闭事故
	二线支持人员	验证事故的描述和信息，逐步收集相关信息；进行深入调查、研究和协调厂商支持，提供有效的解决方案；实施事故解决方案；更新事故解决信息，已解决的事故转回服务台
	三线支持人员	必要时提供现场支持和深入调查研究，提供有效的解决方案，提供设备相关信息，参与解决方案的实施
问题管理	问题管理者	定期组织相关人员对事故记录进行分析，发现潜在问题；联络问题解决小组确保在SLA目标内迅速解决问题；开发并负责维护已知错误数据库；负责维护已知错误及管理已知错误的检索算法，联络供应商、承包商等第三方合作伙伴，确保其履行合同内的职责，特别是有关问题解决及问题相关信息和数据的提供职责；正式关闭问题记录；负责定期安排和执行重大问题评估的一系列相关活动
	问题解决小组	根据事故处理和日常维护要求创建问题，启动问题管理流程；对问题实施分类和优先级处理；自行调查和诊断问题，制定解决方案；和第三方合作伙伴一同调查和诊断问题，制定解决方案；提交变更请求；给服务台或事故管理提供应急措施或临时性修复方案等方面的建议，回顾问题，整理解决方案并提交知识库

续表

平台运维流程	人员	职 责
配置管理	配置管理者	执行组织的配置管理政策和标准；列出现有的配置管理方案；负责对配置管理流程的范围、功能及流程控制项等达成协议，记录相关信息，并制定配置管理的标准、计划及程序；开展宣传活动，确保新的配置管理程序和方法通过认证及授权，并在流程执行前负责与员工进行交流；招聘和培训内部员工；管理和评估配置管理工具，确保其满足组织的预算、资源及需求等；管理配置管理方案、原则、程序，为配置项制定统一的命名规范、唯一的标识符，确保员工遵守包括目标类型、环境、流程、生命周期、文档、版本、格式、基线、发布及模板等在内的相关标准；负责管理与变更管理、问题管理、发布管理等流程，以及与财务、物流、行政等部门的接口；负责提交报告，包括管理报告、影响度分析报告及资产状态报告
	配置管理实施人员	所有配置项的接收、识别、存储及回收等工作；提供配置项状态信息；记录、存储和分配配置管理问题；协助配置管理制定管理计划；为配置管理数据库创建识别方案；维护配置项的当前状态信息；负责接收新的或修正过的配置信息，并将其记录到合适的库中；管理配置控制流程、生成配置状态记录报告、协助执行配置审核
变更管理	变更管理者	与变更请求发起人联络，接收和登记变更请求，拒绝任何不切实际的变更请求；组织评估变更，为其分配优先级；组织召开变更咨询委员会会议；决定会议的组成，根据变更请求的不同确定与会人员和人员职责；为紧急变更召开变更咨询委员会会议或紧急变更咨询委员会会议；就任变更咨询委员会和紧急变更咨询委员主席职务；分发变更进度计划表；负责与所有的主要合作伙伴联络和沟通，协调变更构建、测试和实施，确保其与进度计划表一致；负责更新变更日志；评估所有已实施的变更，确保它们满足目标；回顾所有失败或变更；分析变更记录以确定任何可能发生的趋势或明显的问题；正式关闭变更请求；生成正规的、准确的管理报告
发布管理	发布管理者	更新知识库；协调测试团队和发布团队的工作；确保团队遵循组织制定的政策和秩序；提供有关发布进展的管理报告；服务发布及部署政策和计划；负责相关通信、准备工作及培训工作；在执行发布包变更前后负责审核硬件和软件
	发布团队	负责发布包设计、构建和配置；负责发布包的验收；负责服务试运营方案；安装新的或更新的硬件；负责发布包测试；建立最终发布配置（如知识、信息、硬件、软件及基础设施）；构建最终发布交付；独立测试之前，测试最终交付；记录已知错误和制定临时方案；负责库存；负责与用户代表、运营人员进行沟通和培训；确保他们清楚发布计划的内容及该计划对日常生活的影响；负责发布、分配及安装软件
知识管理	知识提交人员	负责提交知识，对所提交的知识进行初步归类
	知识管理者	识别组织所需的知识，并建立知识目录对其分类；负责维护临时和正式知识库；负责过滤临时知识库中的知识记录；负责将临时知识库中的知识分配给知识审核人员进行审核；负责将审核通过的知识转移至正式知识库；负责将未通过审核的知识及来自审核人员的相关意见和理由反馈给知识提交人员；负责发布正式知识库中的知识；负责对知识进行评定和考核，并对知识记录进行相应处理
	知识审核人员	审核知识管理者分配的知识，对审核不通过的知识，应提出相应的意见和理由；负责定期参加知识评估会议，对知识库中的知识进行评估

来源：罗文. 信息系统运维管理咨询与监理服务［M］. 北京：人民邮电出版社，2014。

2. 基于对象视角的运维管理职责

按照运维对象，可以从系统管理、数据、软硬件等方面，归纳运维不同人员的职责，见表 10-2。

表 10 - 2　　　对象视角下河（湖）长制综合管理信息平台运维管理的职责

对　象	人　员	职　责
系统管理	系统主管人员	组织各方面人员协调一致地完成系统所担负的信息处理任务，把握系统的全局，保证系统结构的完整，确定系统改善或扩充的方向，并按此方向对平台进行修改及扩充
数据	数据收集人员	及时、准确、完整地收集各类数据，并按照要求把它们送到专职工作人员手中。是否准确、完整、及时，则是评价数据收集人员工作的主要指标
	数据校验人员	保证送到录入人员手中的数据从逻辑上讲是正确的，即保证进入平台的数据能正确地反映客观事实
	数据录入人员	把数据准确地送入计算机。录入的速度及差错率是数据录入人员工作的主要衡量标准
软硬件	硬件和软件操作人员	按照系统规定的工作规程进行正常的运行管理
	程序员	在系统主管人员的组织之下，完成软件的修改和扩充，为满足使用者的临时要求编写所需要的程序

二、运维管理制度

河（湖）长制综合管理信息平台运维管理系统开发完成后，便进入长期的使用、运行和维护期。为保证运维管理系统运行期正常工作，就必须明确制定信息平台运维的各项规章制度，建立和健全信息平台运维管理体制，充分发挥信息资源的作用。

河（湖）长制综合管理信息平台运维管理制度主要包括网络管理、系统和应用管理、安全管理、存储备份管理、故障管理、技术支持工具管理、人员管理及质量考核等制度，各类制度具体内容因需而定。

（1）网络管理制度：包括网络的准入管理制度、用户管理制度、网络的配置管理制度、网络的运行监控管理制度等。

（2）系统和应用管理制度：包括对主机、数据库、中间件、应用系统的配置管理制度，运行监控管理制度，数据管理制度等。

（3）安全管理制度：包括网络、主机、数据库、中间件、应用软件、数据的安全管理制度及安全事故应急处理制度等。

（4）存储备份管理制度：包括备份数据的管理制度和备份设备的管理制度等。

（5）故障管理制度：包括对故障处理过程的管理制度、故障处理流程的变更管理制度、故障信息利用的管理制度及重大故障的应急管理制度等。

（6）技术支持工具管理制度：包括对日常运行维护平台、响应中心、运维流程管理平台、运行维护知识库、运维辅助分析系统等的使用、维护的有关制度等。

（7）人员管理制度：包括对运行维护人员的等级管理制度、奖惩制度、考核制度、系统外部人力资源使用的管理制度等。

（8）质量考核制度：制定相关制度，对以上各类制度的执行情况进行考核。

随着组织信息化应用内容的不断发展，一些旧的运行管理制度势必不能适应新发展的要求，必须进行不断的改进，制定相适应的新的管理制度，逐步完善管理机制。

第四节 河（湖）长制综合管理信息平台运维管理模式

一、运维管理模式分析

河（湖）长制综合管理信息平台运维管理模式的选择需要根据组织发展战略、管理模式、业务、人员、技术、安全等因素，通过定性或定量分析，进行针对性的评估，以明确应该采取哪种运维管理模式。信息化发展初期，河（湖）长制综合管理信息平台运维管理主要采用分散式运维模式。随着系统集成的发展，运维管理模式出现了集中式运维模式。无论是分散型运维模式还是集中式运维模式都包括自主运维模式和外包运维模式。

（一）分散型运维模式

在早期信息化建设过程中，各类信息化业务系统从需求提出到建设管理以及后期的运行维护，都是由具体的业务部门牵头，信息化部门没有发挥对全局平台统筹规划和集成管理的作用。随着信息化业务集成、联动共享趋势的日益深化，采用分散运维模式会造成运维过程中的管理环节脱节、管理流程割裂，导致相关部门责任不清、互相推诿，影响业务的正常开展。因此，在早期信息化建设业务内容相对独立时，分散式运维模式有一定的适用性，但在业务集成的现在必将被集中式运维模式所取代。

河（湖）长制综合管理信息平台初期，按照"谁建设，谁运维"的原则，由原开发商负责河（湖）长制综合管理信息平台运维工作，业主单位每年按系统开发投资的一定比例向系统开发商支付维护费用。

分散式运维的优点：管理模式相对简单、运维责任相对明确，即运维商与业主单位存在"一对一"的运维责任关系。

根据是否进行招投标，分散式运维又分为自主运维和外包运维。自主运维即不进行招投标，由自己团队来进行开发建设和运维，而外包运维是公开进行招投标，把系统建设开发与运维工作外包给中标方来进行。

（二）集中式运维模式

随着平台的大规模投资建设，应用系统的集成化程度不断提高，出现了一批业务系统与功能互通共享、技术及管理标准规范统一的大平台。由于业务系统的集成，在信息平台运维工作中已不存在业务部门与服务商"一对一"形式的运维服务，信息化部门逐渐发挥集成主导的管理作用。

在河（湖）长制综合管理信息平台运维过程中，应用系统集中运维模式分为四类：完全集中模式、前置集中模式、区域集中模式和物理集中模式。

对于复杂的河（湖）长制综合管理信息平台运维，需要明确组织自身运维力量和外部运维服务提供商之间的关系，根据运维工作中运维外包的情况分为自主运维模式、外包运维模式和混合运维模式三种。

1. 自主运维模式

自主运维模式是业主自行负责对拥有的信息化资源的运维工作。在该模式中，运维人员易管控，可根据组织自身需要进行能力培训，完成组织所需的各项工作。缺点在于人员数量有限，对于并行的运维工作无法同时提供支持，同时，由于运维相关各专业知识培养时间较长，难以及时满足运维工作的要求。

2. 外包运维模式

外包运维模式是指业主通过与其他单位签署运维外包协议，将拥有的部分或全部信息化资源的运维工作外包给专业单位，该模式是信息化发展的一种趋势。外包运维模式的优势在于充分发挥外部经验，能够快速提供组织所需信息化资源的运维能力，同时，运维人员扩充较为容易，有利于应对大规模系统的运维需求。但是，外包运维模式也存在外部人员管控难度大、组织信息泄露风险高的问题。

3. 混合运维模式

混合运维模式是业主自行完成一部分信息化资源的运维工作，同时通过与其他单位签署运维外包协议，将所拥有的另一部分信息化资源的运维工作外包给其他单位。组织通过混合运维模式能够充分发挥自主运维和外包运维的优势，但是也增加了运维工作的复杂度，延长了运维管理流程。同时，也需要充分考虑内外部运维人员的职责划分和人员比例，在合理的运维成本下，既保证运维工作的顺利完成，又确保组织自有的运维人员能够得到充分的锻炼和提升。

二、运维模式的设计

（一）运维管理具体事项

1. 自动监测系统

通过建立自动遥测监测站网，及时、准确采集雨情水情实时监测信息，为河（湖）长管理提供科学依据。

自动监测系统主要包括自动雨量站、自动水位站、自动视频（图像）监控站、数据接收处理。自动监测站通过 GPRS/SMS、超短波、卫星等方式实现自动信息的自动采集、传输。自动监测站点主要用来有效地监测暴雨和持续降雨，并展开预测工作，以及对河流湖泊的水位进行观测，以实现数据的实时共享，其主要分布在较偏远地区，且分布广泛，维护跨度空间大。

自动监测系统运行维护主要任务包括对已投入使用的自动监测设备及设施的运行维护。具体为：委托专人看管，防止遭受人为破坏；清理积在雨量器承雨器中的杂物以及水位测井进水口的水草、淤沙；维护系统的工作环境；定期校核水位、雨量等数据准确度；定期和不定期对遥测站设备的运行状态进行全面检查和测试，发现和排除故障，更换存在问题的零部件。

2. 监测预警平台

监测预警平台主要包括通信系统、网络互联、网络安全、计算机终端以及附属设备、视频会议系统、软件系统、通信信道以及基础环境。

监测预警平台运行维护项目主要任务是对设备进行常备的检查保养和检定、零部件更换、系统软件的安全、稳定测试。监测预警平台是河（湖）长制综合管理信息平台运维的基础设施，监测站点的数据信息在这里可以做到及时反馈，各地市间的信息交流也是通过该平台得以实现。预警平台主要分布在各地市的水利部门。运维维护的选择需要由各地市主管部门来进行选择。

（二）设计原则

河（湖）长制综合管理信息平台运维管理模式选择应与河（湖）长管理的实际运行相结合，并且在运维模式设计时遵循一定的原则，具体如下：

（1）信息流传输的方式。若是信息流纵向传输，即信息传输的部门为上下级之间的关系，运维模式选择应为集中运维模式；若信息流横向传输，则信息传输部门为同级之间的关系，运维模式应由各级河长办自己选择。

（2）是否采用统一招标的方式。若采用统一招标的方式，则运维商是由省级河长办统一进行招标选择，运维模式通常为省级河（湖）长集中运维模式，反之则为市级河（湖）长集中运维模式。

（3）软件系统是否由省级河（湖）长统一开发。由省级河（湖）长统一开发的软件通常采用省级集中运维模式，而通用软件选择自主运维模式。

（三）设计架构

根据常见的运维管理模式特征以及运维模式的设计原则，结合河（湖）长制综合管理信息化具体运维内容，考虑运维模式选择的影响因素，如模式划分、规模效应、风险因素等，对河（湖）长制综合管理信息平台运维管理模式进行设计。

在系统软硬件运行维护时应考虑规模效应以减少运维成本，如运维商承担一个河（湖）长的运维费是 20 万元，但承担 5 个河（湖）长是 80 万元，这样在规模上成本就减少 20 万元。综合各种因素，基于信息化项目服务的长期性和稳定性，河（湖）长制综合管理信息平台运维管理工作主要采取区域集中运维外包模式，见图 10-4~图 10-6。

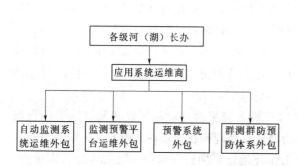

图 10-4　河（湖）长制综合管理信息
平台软件运维外包模式

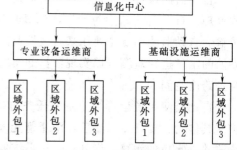

图 10-5　河（湖）长制综合管理信息
平台硬件运维外包模式

图 10-6　河（湖）长制综合管理信息
平台运维外包模式总图

三、运维模式的选择

在河（湖）长制综合管理信息平台投入运行后，根据"谁建设，谁运维"的原则，运维工作完全由系统开发商负责。随着系统质保期的结束，开发商所承诺的系统运维服务也将结束，出于成本考虑，许多系统开发商不愿意对已到合同期的系统进行运行维护。受技术水平和成本等因素的限制，水行政主管部门不可能完全由自己承担系统的运行维护工作。如何选择合适的运维商、选择运维商时应该采取何种策略、选择何种运维模式是当前水利部门面临的一项任务。

河（湖）长制综合管理信息平台运维工作主要包括：自动监测系统、监测预警平台的运行、看管和维护。河（湖）长制综合管理信息平台运维外包模式以地市级为基本单位，包括市级河（湖）长运维外包模式、省级河（湖）长运维外包模式。

（一）自动监测系统

自动雨量站、自动水位站、自动视频/图像监控站主要分布在各地区用来监测降雨或水位的实时状况。由于跨度空间大以及为了管理的便捷，其日常的管理维护主要由当地政府来负责，故采取市级河（湖）长集中运维模式。由于设备的专业性和高科技性，需要外包给专业性强的运维公司来进行，所以运维模式应为市级河（湖）长集中运维外包模式。自动雨量站、自动水位站、自动视频监控站、自动图像监控站运行维护项目构成见表10-3～表10-6。

表 10-3　　　　　　　　自动雨量站运行维护项目构成及运维模式选择

序号	设备名称	运行维护项目	运维模式
1	传感器	雨量计	市级河（湖）长集中运维外包模式
2	传输单元	远程终端控制系统（RTU）	
		数据传输单元（DTU）	
3	供电单元	太阳能电池组件	
		太阳能充电控制器	
		免维护蓄电池（12V）	
4	防雷系统	接地及避雷设施	
5	基础设施	雨量观测设施（含传输管、线）	

表 10-4　　　　　　　　自动水位站运行维护项目构成及运维模式选择

序号	设备名称	运行维护项目	运维模式
1	传感器	水位计	市级河（湖）长集中运维外包模式
2	传输单元	远程终端控制系统（RTU）	
		数据传输单元（DTU）	
3	供电单元	太阳能电池组件	
		太阳能充电控制器	
4	防雷系统	接地及避雷设施	
5	基础设施	水位井、不锈钢管（自记平台）	
		水位计安装基础及支架（塔）	
		水尺	
		传输管、线	

表 10-5　　　　　　　自动视频监控站运行维护项目构成以运维模式选择

序号	设备名称	运行维护项目	运维模式
1	视频采集	摄像头	市级河（湖）长集中运维外包模式
2	视频存储	编码器	
		视频存储介质	
3	供电及通信	光端机	
		通信线路	
		供电线路	
4	基础设施	安装基础及支架（塔）	
		接地及避雷设施	

表 10-6　　　　　　　自动图像监控站运行维护项目构成及运维模式选择

序号	设备名称	运行维护项目	运维模式
1	图像采集	摄像头	市级河（湖）长集中运维外包模式
2	传输单元	远程终端控制系统（RTU）	
		数据传输单元（DTU）	
3	供电单元	太阳能电池组件	
		太阳能充电控制器	
		免维护蓄电池（12V）	
4	基础设施	接地及避雷设施	
		安装基础及支架	

（二）监测预警平台

1. 通信系统

通信系统是河（湖）长综合管理重要的基础设施。其作用是对信息进行传输和交换，是水情、工情、险情等信息以及图像语音等传输和交换的基础平台。通信系统划分为无线传输设备和有线传输设备。无线传输设备包括卫星通信设备、超短波通信设备等。有线传输设备分为光纤传输设备及电缆传输设备。本测算办法只介绍有线传输设备测算。

通信设备运行维护主要任务包括对已投入使用的通信系统设备及其附属设施的运行维护。具体工作内容包括：对设备进行经常性的检查保养和检修，定期进行设备运行指标的测量和调整，损坏零部件的及时修复和更换，机房管理，备品备件清查，仪器仪表管理，年、季、月运行维护报告提交等。

通信设备的维护通常是由运营商来进行维护，河（湖）长办应用的通信设备只需要委托给运营商来负责完成。站点到乡、县的通信线路，由县水利部门来委托运营商来维护；县到市级的通信线路，由市水利部门进行委托；从市级到省级的线路，由省水利厅来进行委托。

2. 网络互联

网络互联设备指网络中起到汇接、转发等作用的设备，包含路由器、交换机等。

网络互联设备的维护主要任务是定期检查网络设备的运行情况，检查设备的系统利用率，保障网络设备的稳定运行等；检查关键接口的运行状况，收发数据包情况，做好记录；分析系统运行数据，查找网络瓶颈；定期备份设备的配置文件，修改网络设备的维护密码，修复、更换出现故障的零部件，修复设备故障等。

网络互联设备主要分布在各级水利部门的机房中，因此，运维模式以分散式运维模式为主。由于设备的复杂性以及网络技术的需求高，故各级政府一般采取外包模式，地市级负责地市级的运维工作，省级河（湖）长负责省级的运维工作，即地市级河（湖）长运维外包模式或省级河（湖）长集中运维外包模式。网络互联设备运行维护项目构成及运维模式选择见表 10-7。

表 10-7 网络互联设备运行维护项目构成及运维模式选择

序号	设备名称	运行维护项目	运维模式
1	路由器	吞吐量≤100kpps	分散式运维外包模式
2		100kpps＜吞吐量＜2.2Mpps	
3		吞吐量≥2.2Mpps	
4	交换机	低端交换机	
5		中端交换机	
6		高端交换机	
7	KVM 切换器	4 路输入	
8		8 路输入	
9		16 路输入	
10		每加 4 路输入	

3. 网络安全

网络安全设备指在网络中通过隔离内外网、检测系统漏洞、对用户进行认证等，在传输、交换、处理过程中保证信息安全的设备。

网络安全设备的维护任务是监控网络运行情况，定期备份，查看安全日志，分析网络安全事件，弥补网络漏洞，排除网络安全设备故障，修复、更换出现故障的零部件等，确保网络安全。网络安全设备运行维护项目构成及运维模式选择见表 10-8。

4. 计算机类终端及附属

计算机类终端及附属设备包括计算机终端、各种应用服务器、打印机、扫描仪等各种终端设备。数据存储设备是为数据提供存储空间的硬件。

计算机类终端及附属设备运行的维护任务是对其进行清洁、检查、维修，解决各种硬件故障，保证系统正常工作等。数据存储设备运行维护主要任务是检查、测试数据存储设

表 10 - 8 网络安全设备运行维护项目构成及运维模式选择

序号	设备名称	运行维护项目	运维模式
1	网络防火墙设备	吞吐量≤400Mbps	分散式运维外包模式
2		1000Mbps＞吞吐量＞400Mbps	
3		吞吐量≥1000Mbps	
4	网络防毒墙	用户数≤25	
5		25＜用户数≤100	
6		100＜用户数≤200	
7		用户数＞200	
8	漏洞扫描	用户数≤100	
9		100＜用户数＜500	
10		用户数≥500	
11	用户认证	用户数≤50	
12		50＜用户数≤200	
13		用户数＞200，每增加 50 用户	
14	邮件过滤	用户数≤300	
15		300＜用户数＜2000	
16		用户数≥2000	
17	其他网络安全设备	VPN 设备	
18		入侵检测设备	

备，定期备份，保障系统稳定、可靠运行。计算机类终端及附属设备运行维护项目构成及运维模式选择见表 10 - 9。

表 10 - 9 计算机类终端及附属设备运行维护项目构成及运维模式选择

序号	设备名称	运行维护项目	运维模式
1	服务器	单路	分散式运维外包模式
2		双路	
3		四路	
4		八路	
5	监控计算机	PC - 32 位机	
6		PC - 64 位机	
7		双 CPU - 32 位机	
8		双 CPU - 64 位机	
9	移动维护计算机	PC - 32 位机	
10		PC - 64 位机	

序号	设备名称	运行维护项目	运维模式
11	打印输出设备	网络喷墨打印机 A4	分散式运维外包模式
12		网络激光打印机 A4	
13		单色喷墨打印机 A4	
14		彩色喷墨打印机 A4	
15		单色激光打印机 A4	
16		彩色激光打印机 A4	
17	存储服务器	300GB 及以下	
18		每增 300GB	
19	NAS 网络附加存储	≤4.8TB	
20		4.8TB 以上	
21	SAN 架构	≤16 口	
22		16 口以上	
23	磁盘阵列	≤4.8TB	
24		4.8TB 以上	
25	传真服务器	传真服务器	

5. 视频会议系统

视频会议系统为视频会议、信息采集和远程视频监控系统提供音频和显示环境，实现交互式交流，监视远程现场状况。视频会议系统包括信息采集设备、视频会议设备、音视频设备与转换设备等。

视频会议系统的维护任务是设备日常检修、清洁、保养；设备定期检修、零部件更换；设备故障检查、维护；系统整体调试等。

视频会议系统包括大屏设备、音响、辅助系统、会议系统、综合服务技术以及中央控制系统。其中大屏设备、音响和辅助系统可以由各视频会议点来进行负责维护，即由省市县乡级各部门各自负责自己所管辖的设备维护，属于分散式运维。而综合技术服务，中央控制系统由于技术的限制，一般由各市级河（湖）长办来集中运维。如果由省级河（湖）长办统一招投标的项目，则由省级河（湖）长办来集中运维。视频会议系统设备运行维护项目构成及运维模式选择见表 10-10。

6. 软件系统

软件服务是指软件的安全性、稳定性、功能性维护及系统完善升级。其维护任务是维护系统正常有序地运行，及时做好系统移植，发现并修补漏洞，定期的软件功能性测试、安全性测试等。

软件系统运行维护费用办法中所列指的软件为通过政府采购或项目需要等采购的软件，不包括各种试用版、共享版、免费版或随硬件系统厂家配送并提供技术支持且在技术支持年限内的软件，需要购买的超出服务期限的厂商配送的软件服务适用此标准。

表 10-10　　　视频会议系统设备运行维护项目构成及运维模式选择

序号	设备名称	运行维护项目	运维模式
1	摄像头	室内彩色摄像头	
2		室外彩色摄像头	
3	云台	人工控制云台	
4		自动跟踪云台	
5	视频服务器	视频服务器	
6	视频编解码器	视频编解码器	
7	多画面切割器	8画面切割器	
8		每增4画面	
9	视频会议终端	视频会议接入终端	
10	多点控制器	16口及以下多点控制器	
11		每增8口	分散式外包运维模式
12	硬盘录像机	8口及以下硬盘录像机	
13		每增4口	
14	音频功率放大器	输出功率100W及以下	
15		每增50W	
16	调音台	16路及以下	
17		每增8路	
18	大屏幕投影机	2屏	
19	（前投或背投）	每增1屏	
20	投影机	投影机	
21	DLP背投单元	≤60英寸	
22		60英寸以上	
23	LED显示屏	Φ5.0	
24		Φ3.7	
25		Φ3.0	
26		Φ5.0全彩	
27	等离子显示器	≤50英寸	
28		50英寸以上	
29	液晶显示屏	≤37英寸	市级河（湖）长办集中外包模式
30		37英寸以上	
31	RGB矩阵切换器	8×8及以下	
32		每增4×4	
33	AV矩阵切换器	8×8及以下	
34		每增4×4	
35	视频展台	视频展台	
36	图像拼接控制器	图像拼接控制器	

　　软件系统运行维护项目分为通用软件运行维护、专用软件运行维护。通用软件是常用软件，其维护主要由各级河（湖）长办负责维护，属于分散式运维；如果专用软件由省级河（湖）长办统一开发，采用省级河（湖）长办集中运维外包；如果专用软件由各级河（湖）长办自主开发，则由各级河（湖）长办来负责运行维护，属于分散式运维模式。软件系统运行维护项目分类及运维模式选择见表 10-11。

表 10-11　　　　　　　　　　软件系统运行维护项目分类及运维模式选择

序号	运行维护项目		运维模式
一	通用软件		
1	操作系统	单机版	分散式运维模式
2		标准服务器版	
3		企业服务器版	
4	办公软件	单机版	
5		标准网络版	
6		企业网络版	
7	系统安全软件	单机版	
8		网络版	
9	数据库软件	标准版	
10		企业版	
二	专用软件		
11	单机版软件	开发性维护	省级河（湖）长办运维外包模式或市级河（湖）长办运维外包模式
12		运行性维护	
13	C/S 结构软件	开发性维护	
14		运行性维护	
15	B/S 结构软件（开发性维护）	综合网站	
16		业务应用	
17		办公自动化	
18	B/S 结构软件（运行性维护）	综合网站	
19		业务应用	
20		办公自动化	
21	数据维护		

7. 短信预警设备

短信预警设备指监测预警平台发送预警短信的设备。短信预警设备运行维护主要任务是排除设备故障，修复、更换出现故障的零部件等，确保短信功能正常。短信预警设备运行维护项目构成以及运维模式选择见表 10-12。

表 10-12　　　　　　短信预警设备运行维护项目构成以及运维模式选择

设备名称	运行维护项目	运维模式
短信预警设备	短信预警机	市级河（湖）长办集中外包模式
	短信网关	

8. 基础环境

基础环境为河（湖）长制综合管理信息平台提供安全、可靠的运行环境条件和稳定的、不间断的能源保障；机房环境为平台提供规范的环境条件；电源为平台提供能源；避雷、接地为人身和信息系统设备提供安全保障。

根据基础环境分类，规定不同项目的运行维护任务。其中，机房环境维护的任务是保持机房清洁、温湿度适宜，防尘、防雷、防火、防水、防虫鼠、防震、防盗，保障机房照明，独立站区环境；电源运行维护的任务是保障平台交直流供电系统稳定、可靠、不间断；避雷、接地运行维护的任务是确保综合接地系统接地电阻符合有关要求，保证设备接地良好，保障人身和平台设备的安全；通信信道租赁运行维护的任务是保障租用电路的畅通；异地维护及技术装备运行维护的任务是完成异地远端站通信系统的汛前、汛后检修和日常故障处理；保障专用车辆正常使用、仪器仪表的检测和维修。

基础环境主要分布在各级政府部门，维护主要由各级政府部门来负责，属于分散式运维模式。

第五节　河（湖）长制综合管理信息化成熟等级评价

一、成熟度等级的划分

（一）软件成熟度等级

软件成熟度是指对于组织在定义、实现、度量、控制和改善其软件程中各个发展阶段的描述。根据国际上较为通用的 CMM（软件能力成熟度模型），即根据软件组织和软件过程从不成熟到成熟的规范化的进化路径，将河（湖）长制综合管理信息平台运维的成熟过程分为 5 个等级，即初始级、可重复级、已定义级、已管理级和优化级。从第一级到第五级软件能力逐步提高，每一级都描述了提高软件能力所需要实现的关键目标，为软件组织能力的提高和软件过程的改进提供指南，见图 10-7。

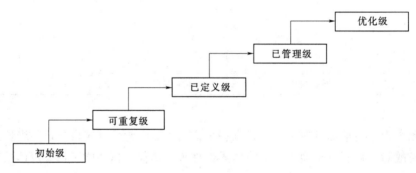

图 10-7　软件成熟度等级模型

（1）初始级。软件过程管理处于无序的、混乱的状态，软件项目的成功完全依赖于个人能力，软件的进度、质量和成本均无章可循。

（2）可重复级。它的主要特征是已经建立了管理软件项目的方针和实施这些方针的规程。软件组织要对正在实施的和已经实施的软件项目进行经验总结，从而抽象出软件过程实施当中有效的、具体的、适用的方法，并将其文档化，形成规程，为以后的项目预算、评估和软件过程实施提供依据。通过执行已文档化的规程，对当前项目形成有效的控制，产生稳定的软件过程能力。

（3）已定义级。它的主要特征是标准化。在这一等级上，组织开发和维护软件的过程已经文档化，软件工程过程和软件管理过程被综合为一个有机的整体，称为标准软件过程。通过剪裁标准化软件过程和适当地修改，产生文档化的项目的软件过程。这样每一个项目软件过程都是从标准软件过程发展而来，它们是稳定的、可重复的，成本、进度及软件质量处于一定的受控状态。

（4）已管理级。它的特征是定量化，组织对软件产品和过程设置定量的质量目标，并限定这些目标的变化范围。整个等级的软件过程有妥善的定义和一致的度量尺度，组织的软件过程能力可以预测，对于下一步的软件项目开发工作也可以评测其风险。

（5）优化级。对软件过程的不断改进，从而使软件过程能力不断提高，软件缺陷得到预防。通过对以往软件过程的分析，鉴别各种技术革新，并选择最优的进行推广。

（二）硬件成熟度等级

参照软件成熟度等级模型，将河（湖）长制综合管理信息平台运维硬件的成熟度划分为 4 个等级，即初始级、理论定义级、已管理级、持续优化级。

（1）初始级。初始级是成熟度等级的最低级，系统硬件处于混乱的状态，硬件配置低、性能差。

（2）理论定义级。它的主要特征是基本建立了管理硬件系统的指导方针和实施这些方针的规程，对于硬件系统的管理已初具规模，拥有硬件管理的意识。在硬件使用和保管中具有一定的标准化流程，并形成相应的文档。

（3）已管理级。在实现了初始级和理论定义级所需满足的条件后，已管理级进一步强调定量化，组织对硬件系统的使用、保管和维护设置定量的目标，并限定这些目标的变化范围。整个等级的硬件系统有妥善的定义和一致的度量尺度，组织的硬件管理能力可以预测，对于硬件系统的更新升级可以评测其风险。

（4）持续优化级。对硬件系统的不断改进，从而使系统所使用的硬件能力不断提高，硬件中存在的显隐性风险得到预防。通过对以往硬件系统的分析，鉴别各种技术革新，并选择最优的进行推广。

二、评价指标体系构建

（一）指标体系构建原则

（1）指标体系的完整性。在构建指标体系时，需保证评价指标的覆盖面，使得指标能从各个方面来考察和衡量系统成熟度。

（2）指标体系的关键性和目标性。指标体系的构建应能体现运维管理的关键内容和作为衡量河（湖）长制综合管理信息平台运维控制目标的关键要素。

（3）指标体系的相关性。指标体系在评价平台的建设过程中反映出水行政主管部门面临的关键性问题，指标之间必须具备相关性而不仅仅是数据集合，这样才具有实用价值。

（4）指标体系的指导性。指标构建需要明确平台中存在的问题并加以改进，帮助水行政主管部门了解平台的关键内容，为平台的建设和维护提供科学的参考依据。

（5）指标体系的可行性。所选择的指标应切实可行，可运用于实际的评价工作。

（二）软件成熟度评价指标

1. 系统前期指标

系统前期指标总体由项目可行性分析指标、项目需求分析指标、项目计划编制指标、项目配置管理指标、项目风险管理指标等5类指标构成。

（1）项目可行性分析指标。

1）管理角色划分程度。管理角色划分程度是指河（湖）长制综合管理信息平台角色的划分层次及策略，角色的划分层次及划分策略直接关系到系统权限控制的有效性和安全性。

2）内容细粒度。内容细粒度是河（湖）长制综合管理信息平台前期对项目需求和建设框架描述与规划的详细程度，内容细粒度越小，越有利于平台后期运维。内容细粒度可以从管理各方职能梳理程度、参建各方关系明晰程度、建设框架详细程度等方面予以衡量。

3）方案技术可行性。方案技术可行性是在可行性研究阶段根据系统角色划分程度、建设内容、建设规模、应用要求、运行要求等条件，结合目前信息技术水平对河（湖）长制综合管理信息平台建设所涉及的信息技术的可接受程度进行评估，可以从信息技术建设过程的应用能力和平台应用过程中的承受能力两方面进行。

4）方案经济可行性。方案经济可行性是在方案技术可行性的基础上对方案所消耗的资源进行评估，对方案经济上的合理性进行评价，可以从软件建设的经济性和硬件建设的经济性两方面进行。方案经济可行性与方案技术可行性相互结合，确定最优方案。

5）项目推行阻力处理。项目推行阻力处理是河（湖）长制综合管理信息平台被接受过程中对所产生阻力的处理，系统的推行在一定程度上改变了原有的工作流程，需要省市县三级水行政主管部门的积极配合，可以从信息化观念的普及程度、管理部门的平均文化水平、管理部门平台建设参与积极性三方面进行衡量。

（2）项目需求分析指标。

1）业务分析的完整性。业务分析的完整性是河（湖）长制综合管理信息平台所涉及的管理职能、管理内容和协同关系的梳理程度，从业务关系的清晰度、业务内容的详细度两个方面进行衡量。业务分析对系统建设内容的划分与实现、系统数据流程的制定与数据的处理起关键作用。

2）功能模块的代表性。功能模块的代表性是指在水利部门和承包商对业务需求和系统需求达成共识的基础上，按照管理职能的类型和管理的内容对系统需求范围内的建设内容进行分类，可以从功能模块划分依据、功能模块划分内容、功能模块划分详细程度3个方面进行。

3）业务需求与系统需求的差异度。业务需求与平台需求的差异度是指业务需求向系统需求转化的过程中，因水利部门和承包商对需求理解的不一致所造成的需求失真程度。失真程度越小，说明业务需求与系统需求之间的差异性越低，需求分析工作越有效。业务需求与系统需求的差异性可以通过需求修正率衡量。

（3）项目计划编制指标。

1）项目实施标准与规范性。项目实施标准和规范性是指水利部门和承包方共同制定河（湖）长制综合管理信息平台文档编制方式、统一文档风格、规范文档内容的相关要求，制定系统代码编写风格、方法实现标准、接口实现标准、数据处理标准等内容。项目实施标准与规范性可以从标准、规范制定的详细程度予以评价。

2）项目总体计划的合理性。项目总体计划的合理性是指水利部门对项目总体实施过程中活动安排的周密性和可行性进行的评估，不合理的项目总体计划会增加项目分项实施过程中的不可控因素，影响项目计划中各分项计划的落实，可以从总体计划筹备时间、供需双方的沟通力度两方面进行衡量。

3）项目资源配置计划的科学性。项目资源配置计划是指水利部门和承包方根据项目各阶段对信息化资源需求的程度采用科学的方法进行评估，根据评估结果所指定的信息化资源分配计划，包括资金分配、人员分配、软硬件设施分配等，可以从资源配置计算方法的科学性、资源配置计划的柔性两个方面进行。

4）项目目标控制计划的有效性。项目目标控制计划是指水利部门和承包方在项目具体实施前对如何实现项目目标的有效控制制定的目标控制内容与方法，项目目标控制计划主要包括成本控制计划、进度控制计划、质量控制计划和风险控制计划四个方面的内容，可以从项目实施过程中的成本偏差度、进度偏差度、质量缺陷度和风险发生频次等方面进行改进。

（4）项目配置管理指标。

1）管理大纲详细程度。管理大纲详细程度是水利部门制定的项目配置管理清单中所涉及项目建设的广度。项目配置管理的内容大致包括环境类、定义类、设计类、编码类、测试类和维护类，管理大纲的制定应该包括上述6类的内容，可以从管理内容的条目数量进行衡量。

2）关键管理控制点数量。关键管理控制点数量是水利部门制定的项目配置管理大纲中涉及系统建设与运维关键内容处设置的监督与控制内容的数量，可以从关键管理控制内容识别和关键管理控制内容占总管理内容的比例两方面衡量。

（5）项目风险管理指标。

1）项目风险识别。项目风险识别是指水利部门在项目初期规划阶段对项目运维过程相关活动中所表现出的各种不确定性因素的获取，可以从项目管理风险和技术风险两方面进行考虑。在项目管理风险方面考虑需求定义的精确性、人员业务的熟练程度、项目各阶段资金预算的合理性、项目计划的局限性、政府政策变化等方面的内容；在技术风险方面考虑承包方资质、现有技术的局限性、项目团队的稳定性、软件行业市场环境等方面的内容。

2）项目风险评估。项目风险评估是在风险识别的基础上由水利部门和承包方共同对风险发生的可能性和带来的损失进行预估，并就风险的优先级和处理方法与程序达成一致协议，可以从资金风险发生概率、资金风险损失率、系统质量风险级别、系统质量风险发生概率、系统进度受消极影响的概率等方面进行评价。

3）项目风险控制。项目风险控制是指水利部门在明确风险识别和风险评估的基础上为降低风险发生概率和风险造成的损失所制定的一系列应对风险的计划。水利部门风险应对计划的重点是针对项目所进行的事前控制，采用一定的管理策略要求相关部门和承包方按照系统建设规范和标准实施，避免风险的发生或将风险损失最小化。

2. 系统建设期指标

河（湖）长制综合管理信息平台建设期指标由项目沟通管理指标、项目模块化指标、项目成本控制指标、项目质量控制指标、项目进度控制指标、项目数据库建设指标等 6 类指标构成。

（1）项目沟通管理指标。

1）沟通计划编制。沟通计划编制是河（湖）长综合管理部门根据自身对系统重点关注的内容制定的需要与承包方在河（湖）长制综合管理信息平台建设过程中就相关问题进行交流的计划文件。沟通计划文件是河（湖）长综合管理部门进行沟通的主要依据，内容一般涉及系统总体建设情况及存在的问题、项目成本控制情况、项目质量控制情况、项目进度控制情况、项目偏差情况、项目变更情况等内容。沟通计划编制可以通过关键建设内容的覆盖率进行评价。

2）沟通方式的选择。沟通方式是河（湖）长综合管理部门根据需要沟通的内容采用何种有效的形式进行沟通，项目环境内容沟通方式一般包括书面沟通、言语沟通、非言语沟通和结构化内容的沟通等 4 种形式。河（湖）长综合管理部门应根据实际需要选择合适的沟通方式进行沟通活动。沟通方式的选择可以从沟通的便利性、沟通信息的可读性、沟通信息传递速率、沟通信息失真程度等 4 个方面进行考虑。

3）沟通人员素质。沟通人员素质是指在项目沟通管理过程中各相关人员的沟通能力。在河（湖）长管理部门方面，沟通人员需对河（湖）长综合管理体系有较为全面系统的了解和认识，熟悉系统建设所涉及的全部业务；在承包方方面，沟通人员应熟悉系统建设情况，系统目前存在的主要问题，具备较好的沟通和理解能力。沟通人员素质可以从人员业务水平、人员沟通与理解能力两方面进行反映。

（2）项目模块化指标。

1）关键模块的代表性。关键模块的代表性是指河（湖）长制综合管理信息平台模块划分结果中各一级功能模块对各级水利部门和承包方的管理职能、河（湖）长制综合管理信息平台运维内容的覆盖程度，可以从代表内容在实际业务中的重要程度、功能模块间的独立程度两方面进行。关键模块通过划分子模块或子功能对管理职能和建设内容一一对应，关键模块间、子模块与子功能应相对独立。

2）数据流程的合理性。数据流程的合理性是指河（湖）长综合管理部门就系统模块之间数据的输入、处理、输出等规则制定的科学与规范程度，可以从数据输入策略、数据处理策略、数据输入策略和数据安全策略等 4 个方面进行。数据是河（湖）长制综合管理信息平台运维重点关注的内容，对模块间数据的规范化定义是系统模块化建设的基础。

（3）项目成本控制指标。

1）总体实际成本。总体实际成本是指河（湖）长综合管理部门从承包方获取的截止到目前系统建设阶段已完成工作量实际消耗的费用，它是通过承包方根据已完成的系统建设内容的工作量乘以实际单价计算得到的。总体实际成本可以从已完成工作量和实际单价两方面进行评价。

2）关键模块成本偏差程度。关键模块成本偏差程度是指河（湖）长综合管理部门通过将系统关键功能模块建设所发生的费用与前期的预算进行比较分析得出的成本差异程度。关键模块占据了系统建设绝大部分的内容，对分析系统建设整体成本情况起关键作用。关键模块成本偏差可以通过关键模块实际成本和计划值的比值进行衡量。

3）赢得值。赢得值是项目成本和进度综合度量和监控的有效方法，它的数据来源是项目计划和跟踪，即已完成工作量的预算成本。项目成本控制中赢得值通过当前系统建设进度和预算定额汇总得出，反映在预定成本计划水平下，已完成工作量应消耗的成本。赢得值可以从系统建设进度、预算定额两方面进行评价。

4）成本绩效指数。成本绩效指数是指挣值与实际成本的差额和已完成工作量计划值的比值，反映已完成工作量成本消耗与成本计划的差异程度。通过成本绩效指数可以了解本阶段成本的发生是否合理、成本的控制是否有效，成本绩效指数可以通过赢得值、实际成本和计划成本3个方面进行评价。

（4）项目质量控制指标。

1）功能的完整性。功能的完整性是河（湖）长制综合管理信息平台建设的内容与河（湖）长综合管理部门项目初期所提供项目需求的吻合以及功能运行时满足需求规格说明书中各项功能需求的能力。功能的完整性可以从已完成功能点数量、系统程序的正确性、系统程序的鲁棒性、系统文档的完备性4个方面进行考虑。

2）功能的可用性。功能的可用性是河（湖）长综合管理部门对已完成系统功能的可使用程度，从系统的易用性、获取数据的便利性、数据保密性与安全性、实际业务与系统功能映射的清晰程度等方面进行评价。

3）系统响应时间。系统响应时间是指在规定或隐含的条件下，完成河（湖）长综合管理特定业务系统所需要的时间，体现系统处理业务与数据的效率，通常从各项处理的平均执行时间、各个用户的平均响应时间两方面进行度量。

4）系统资源消耗量。系统资源消耗量是在规定或隐含的条件下，系统功能完成业务与数据处理所需要的硬件消耗。系统资源消耗量可以从内存空间、外存空间、处理器功耗、带宽要求、其他外部设备数量等方面进行衡量。

5）系统异常类别与发生概率。系统异常类别指河（湖）长综合管理部门在应用已完成功能的过程中系统出现错误的种类，分为系统错误和程序异常两种。系统错误无法通过程序自动处理，而要进行人为控制；程序异常是由于开发人员疏忽导致的运行错误，可通过质量控制避免。系统异常发生概率是在规定的运行时间或运行次数下，系统测试用例运行的成功概率。系统异常类别与发生概率可以通过用户体验与第三方系统检测获取的可靠数据进行评价。

6）系统可扩展性。系统可扩展性可以从功能的可扩展性和性能的可扩展性两方面进行分析。功能的可扩展性是指满足河（湖）长综合管理部门对河（湖）长管理业务范围扩大和功能需求增加的能力；性能可扩展性是指满足系统高处理性能、高吞吐量和低延迟要求的能力。河（湖）长综合管理部门对平台可扩展性的评价应侧重考察系统水平方向的伸缩能力，综合权衡性能、成本、可维护性等诸多因素之间的关系。

7）质量保证计划的完整性。质量保证计划的完整性是指河（湖）长综合管理部门对系统建设期承包方为保证系统质量所进行的所有质量保证与控制活动、质量改进等计划文件的评审，确保质量保证行为有科学详细的依据。

8）质量标准规范的完整性。质量标准规范的完整性是承包方在河（湖）长制综合管理信息平台建设过程中对于系统开发所遵循的标准规范体系的完整程度。质量标准规范是水利部门与承包方根据项目需求，结合行业标准共同制定的用于规范系统建设的准则，对提升和改进系统建设质量具有重要意义。

（5）项目进度控制指标。

1）里程碑数量。里程碑数量是河（湖）长综合管理部门为分阶段了解项目进展情况所设置的时间点，里程碑的设定需要根据河（湖）长制综合管理信息平台建设内容的重要性和完整性以及水利厅自身精力决定。里程碑可以从关键功能模块里程碑数量、里程碑阶段内系统建设内容的复杂性两方面进行考虑。

2）进度偏差量。进度偏差量是河（湖）长综合管理部门对里程碑之间系统工作量消耗的实际时间与计划时间的差值。进度偏差量越大，说明项目进度控制存在问题，项目超期的风险越大；一般情况下，进度偏差量越小，项目超期的风险越小，需要结合项目成本和项目质量综合分析。

3）进度缓冲计划。进度缓冲计划是河（湖）长综合管理部门为应对紧急需求而制定的临时性进度计划，进度缓冲计划的制定取决于紧急需求的工作量和时间要求，项目整体的进度计划也要根据进度缓冲计划的内容做出一定调整。进度缓冲计划可以从紧急需求数量、紧急需求工作量、需求紧急程度三方面进行衡量。

（6）项目数据库建设指标。

1）数据库安全级别。数据库安全级别是指系统数据库在数据访问控制、数据丢失与恢复等的能力。数据库安全级别可以从数据库结构、数据规模和数据访问控制机制的严谨程度三方面进行评价。

2）数据库综合性能。数据库综合性能是在综合考虑数据库的开放性、可伸缩性、性能、客户端支持与应用模式、安全性和效率等指标的基础上对数据库进行的评价。数据库综合性能可以通过数据库各个性能指标的实际值进行评估。

3）数据库技术与经济性。数据库技术与经济性是指为满足河（湖）长综合管理部门未来业务需求对现有数据库升级、改进或扩充时的技术要求程度和成本增加程度。河（湖）长综合管理部门对现有数据库的建设需要充分考虑其可扩展性和冗余性，以便保证未来数据库建设在技术和经济上的可行性。

3. 系统运维期指标

河（湖）长制综合管理信息平台运维期指标总体由系统运营管理指标和系统维护管理指标两部分构成。

（1）系统运营管理指标。

1）运营过程的规范性。运营过程的规范性是用户和运营管理者的沟通的规范性；系统响应用户需求过程机制的规范性；运营过程所进行的活动的规范性。

2）运营效率。运营效率是完成单位运营工作量所需消耗的时间和人员，运营效率不仅关系到用户对系统的评价，还涉及运营成本的计算。

3）运营质量。运营质量是指系统运营团队解决系统问题的结果获得用户满意的程度。运营质量一般从系统问题解决的正确率衡量。

（2）系统维护管理指标。

1）系统软件维护日志。系统软件维护日志是指运维团队依据河（湖）长综合管理部门的要求对软件部分的维护内容、维护方法、维护过程和维护结果的记录。系统软件维护日志可以从日志的完整性和规范性两方面进行评价。

2）系统硬件维护日志。系统硬件维护日志是指运维团队为保证河（湖）长制综合管理信息平台的稳定、高效运行对其所依赖的硬件环境的管理，包括硬件运行记录、硬件排错记录、硬件升级与扩充记录等内容。系统硬件维护日志可以从日志的完整性和规范性两方面进行评价。

3）系统维护成本。系统维护成本主要对河（湖）长制综合管理信息平台需求新增、修改维护工作所发生的费用和对硬件运行资源消耗、维护管理、升级改造等维护工作所发生的费用的总和。

4）系统维护的影响。系统维护的影响主要指维护阶段对系统相关用户管理工作进度的影响，对项目成本和质量可能造成的影响，对系统声誉造成的影响等。河（湖）长制综合管理信息平台软件成熟度评价指标体系见表 10-13。

表 10-13   河（湖）长制综合管理信息平台软件成熟度评价指标体系

一级指标	二级指标	三级指标
系统前期（B_1）	项目可行性指标（B_{11}）	管理角色划分程度（B_{111}）
		内容细粒度（B_{112}）
		方案技术可行性（B_{113}）
		方案经济可行性（B_{114}）
		项目推行阻力处理（B_{115}）
	项目需求分析指标（B_{12}）	业务分析的完整性（B_{121}）
		功能模块的代表性（B_{122}）
		业务需求与系统需求的差异度（B_{123}）
	项目计划编制指标（B_{13}）	项目实施标准性与规范性（B_{131}）
		项目总体计划的合理性（B_{132}）
		项目资源配置计划的科学性（B_{133}）
		项目目标控制计划的有效性（B_{134}）
	项目配置管理指标（B_{14}）	管理大纲详细程度（B_{141}）
		关键管理控制点数量（B_{142}）
	项目风险管理指标（B_{15}）	项目风险识别（B_{151}）
		项目风险评估（B_{152}）
		项目风险控制（B_{153}）

续表

一级指标	二级指标	三级指标
系统建设期（B_2）	项目沟通管理指标（B_{21}）	沟通计划编制（B_{211}）
		沟通方式选择（B_{212}）
		沟通人员素质（B_{213}）
	项目模块化指标（B_{22}）	关键模块的代表性（B_{221}）
		数据流程的合理性（B_{222}）
	项目成本控制指标（B_{23}）	总体实际成本（B_{231}）
		关键模块成本偏差程度（B_{232}）
		挣值（B_{233}）
		成本绩效指数（B_{234}）
	项目质量控制指标（B_{24}）	功能的完整性（B_{241}）
		功能的可用性（B_{242}）
		系统响应时间（B_{243}）
		系统资源消耗量（B_{244}）
		系统异常类别与发生概率（B_{245}）
		系统可扩展性（B_{246}）
		质量保证计划的完整性（B_{247}）
		质量标准规范的完整性（B_{248}）
	项目进度控制指标（B_{25}）	里程碑数量（B_{251}）
		进度偏差量（B_{252}）
		进度缓冲计划（B_{253}）
	项目数据库建设指标（B_{26}）	数据库安全级别（B_{261}）
		数据库综合性能（B_{262}）
		数据库技术与经济性（B_{263}）
系统运维（B_3）	系统运营管理指标（B_{31}）	运营过程的规范性（B_{311}）
		运营效率（B_{312}）
		运营质量（B_{313}）
	系统维护管理指标（B_{32}）	系统软件维护日志（B_{321}）
		系统硬件维护日志（B_{322}）
		系统维护成本（B_{323}）
		系统维护的影响（B_{324}）

（三）硬件成熟度评价指标

1. 技术能力指标

硬件的技术能力指标由对内能力和对外能力两项指标构成。

（1）对内能力指标。

1）自然损耗率。自然损耗率用来反映系统硬件在正常运行和正确操作下的折损率，体现硬件的质量性能。

2）抗环境干扰能力。抗环境干扰能力体现的是系统硬件的非自然损耗率，反映系统硬件在不确定的环境中能否正常工作的能力。由于河（湖）长信息化硬件放置的地理位置可能存在很多风险，运行环境中的不确定性因素较多。

3）运行速度。衡量硬件的运行速度通常用等效速度或平均速度。等效速度由各种指令平均执行时间以及相对应的指令运行比例计算得出，即加权平均法计算。计算机的运行速度也可以用时钟频率表示，时钟频率越高表示其运算速度越快。

4）主存容量。一般情况下，主存配置的容量越大，可运行的程序空间越大，运行的速度越快。软件技术的发展对内存配置的需求越来越大，硬件系统的主存容量需要满足系统软件的存储要求。

5）吞吐量和处理量。吞吐量和处理量反映了单位时间内计算机的处理能力，如单位时间内数据的输入输出量。

（2）对外能力指标。

1）外存容量。外存储器的容量大小直接影响到整个系统存取数据的能力和信息存储量，反映了整个系统的数据存储能力，可以随需求扩充。

2）对外通信能力。对外通信能力是指设备是否支持网络操作。如有无支持局域网络操作的硬件配置，有无支持 Internet 网络操作的硬件配置，如 Modem，路由器等。

3）开放性和兼容性。开放性和兼容性反映系统在硬件的设计方面是否符合流行的或通用的工业标准化的总线设计，是否符合标准化的网络接口设计等。

2. 保障水平指标

保障水平指标由组织管理和安保程度两类指标构成。

（1）组织管理指标。

1）授权使用情况。授权使用情况反映系统硬件使用时的合理性，系统硬件应当由已授权的专业人员进行操作和使用，未授权的人员不可以使用。

2）标签及部件完整性。标签及部件完整性反映系统硬件在使用时的规范性，硬件的标签不可以随意更改，组成部件应保持完整，不能随意移动更换。

3）保管员职责明确程度。保管员职责明确程度反映硬件保存时的科学性，可以使得硬件得到专人保管，及时发现可能存在的问题。

（2）安保程度指标。

1）应急维修处理能力。应急维修处理能力反映在系统硬件出现突发状况时的快速反应能力。

2）查错和重组周期的合理性。定期对硬件系统进行查错和科学性重组可以及时发现硬件存在的风险，采取应对措施。

3）硬件更换周期的合理性。硬件的更换周期反映了硬件本身的性能状况和硬件在使用和保存过程中的合理化程度。

河（湖）长制综合管理信息平台硬件成熟度评价指标体系见表 10 - 14。

表 10-14　　　　　河（湖）长制综合管理信息平台硬件成熟度评价指标体系

一级指标	二级指标	三级指标
技术能力（A_1）	对内能力（A_{11}）	自然损耗率（A_{111}）
		抗环境干扰能力（A_{112}）
		运行速度（A_{113}）
		主存容量（A_{114}）
		吞吐量和处理量（A_{115}）
	对外能力（A_{12}）	外存容量（A_{121}）
		对外通信能力（A_{122}）
		开放性和兼容性（A_{123}）
保障水平（A_2）	组织管理（A_{21}）	授权使用情况（A_{211}）
		标签及部件完整性（A_{212}）
		保管员职责明确程度（A_{213}）
	安保程度（A_{22}）	应急维修处理能力（A_{221}）
		查错和重组周期的合理性（A_{222}）
		硬件更换周期的合理性（A_{223}）

三、成熟度评价方法

主要采用模糊层次分析法对系统成熟度进行评价。

（1）相关定义。为了使任意两个方案关于某准则的相对重要程度得到定量描述，模糊层次分析法中采用0.1～0.9标度法对比较因素的重要程度进行度量，见表10-15。

表 10-15　　　　　　　　　　指 标 度 量 标 度

标　度	含　义
0.9	两元素相比，一个比另一个极端重要
0.8	两元素相比，一个比另一个强烈重要
0.7	两元素相比，一个比另一个明显重要
0.6	两元素相比，一个比另一个稍微重要
0.5	两元素相比，同等重要
0.4、0.3、0.2、0.1	反比较，如果元素 a_i 与元素 a_j 比较的结果为 r_{ij}，则元素 a_j 与元素 a_i 比较的结果为 $r_{ji} = 1 - r_{ij}$

依据指标度量标度对一组指标 a_1，a_2，…，a_n 进行两两比较，比较结果所形成的结果矩阵即为模糊矩阵。

$$A = \begin{bmatrix} a_{11}, a_{12}, \cdots, a_{1n} \\ a_{21}, a_{22}, \cdots, a_{2n} \\ \vdots \quad \vdots \quad \vdots \quad \vdots \\ a_{n1}, a_{n2}, \cdots, a_{nn} \end{bmatrix}$$

模糊矩阵是指标权重计算的基础，在模糊矩阵构建过程中通过赋予特殊的性质或使其满足一定条件成为可直接参与权重计算的特殊矩阵，相关矩阵的定义和性质如下：

定义 1 模糊矩阵：矩阵 $R=(r_{ij})_{n \times n}$，若满足：$0 \leqslant r_{ij} \leqslant 1$，其中 $i=1, 2, \cdots, n$；$j=1, 2, \cdots, n$，则称 R 是模糊矩阵。

定义 2 模糊互补矩阵：在模糊矩阵的基础上，矩阵 $R=(r_{ij})_{n \times n}$ 若同时满足 $r_{ij}+r_{ji}=1$，其中 $i=1, 2, \cdots, n$；$j=1, 2, \cdots, n$，则称 R 为模糊互补矩阵。模糊互补矩阵的第 i 行与其余各行的对应元素的差为某一常量，说明该模糊互补矩阵为模糊一致矩阵。

定义 3 模糊一致矩阵：在模糊互补矩阵的基础上，矩阵 $R=(r_{ij})_{n \times n}$ 若满足对任意 i, k, j 有 $r_{ij}=r_{ik}-r_{jk}+0.5$，则称 R 为模糊一致矩阵。模糊一致矩阵除具备模糊互补矩阵的特性外，比较重要的特性是中分传递性，即当 $\lambda \geqslant 0.5$ 时，若 $r_{ij} \geqslant \lambda$，$r_{jk} \geqslant \lambda$，则有 $r_{ik} \geqslant \lambda$；当 $\lambda \leqslant 0.5$ 时，若 $r_{ij} \leqslant \lambda$，$r_{jk} \leqslant \lambda$，则有 $r_{ik} \leqslant \lambda$。该特性说明了模糊一致矩阵与人们判断的协调性，元素重要性程度具有一定的传递性。

模糊一致矩阵不能通过构建模糊矩阵直接得到，需要经过模糊互补矩阵的转化，方法见定理 1。

定理 1 若 $R=(r_{ij})_{n \times n}$ 为模糊互补矩阵，R 第 i 行的和记为 $r_i=\sum\limits_{k=1}^{n} r_{ik}$，对 R 中的元素通过变换公式 $r'_{ij}=(r_i-r_j)/2n+0.5$ 进行变换，由 r'_{ij} 组成的矩阵即是模糊一致矩阵。

由于本书指标来自对系统建设过程的抽象，加上河（湖）长制综合管理信息平台本身的复杂性和不确定性，通过指标构建的模糊互补矩阵通常存在不一致性，此时在向模糊一致矩阵转化时需要根据实际进行调整，调整方法为选取可信度较高第 i 行元素的比较结果作为基准，对第 $1, 2, \cdots, i-1$ 和 $i+1, i+2, \cdots, n$ 行元素与第 i 行对应元素利用定义 2 中模糊互补矩阵的特性进行计算，调整矩阵各行元素值，直至与基准元素的差为常数为止。

（2）计算步骤。采用模糊层次分析法的模糊一致矩阵对河（湖）长制综合管理信息平台的多指标且具有模糊性的权重确定中运用较为合适，其计算步骤如下：

1）建立模糊互补矩阵。模糊层次分析法是通过将指标体系分层，分析每层元素对其隶属的上层元素的相对重要性，为将元素的重要程度量化，本书采用 0.1～0.9 标度法对各层元素进行度量。

2）构建模糊一致矩阵。通过将模糊互补矩阵按照定理 1 的变换公式得到模糊一致矩阵，由于对河（湖）长制综合管理信息平台问题认识的模糊性和认知的局限性，需要对模糊一致矩阵按照定义 3 的内容进行一致性检验，若不满足一致性要求，可以按照模糊互补矩阵调整方法进行调整，重新构建模糊一致矩阵。

3）层次单排序。层次单排序是针对某层指标利用模糊一致矩阵计算该层指标对上层指标的权重，并对其重要性进行排序的过程。权重计算过程如下：

定理 2 若矩阵 $R=(r_{ij})_{n \times n}$ 是 n 模糊矩阵，则 R 是模糊一致矩阵的充要条件是存在一个非负归一化的 n 阶向量 $W=(w_1, w_2, \cdots, w_n)^T$ 及一个正数 a，使得对于任意的 i, j 满足：

$$r_{ij} = a(w_i - w_j) + 0.5 \tag{10-1}$$

固定 i 变换后可得

$$w_i = \frac{1}{a}\left(r_{ik} - \frac{1}{2}\right) + w_k \tag{10-2}$$

其中 $k = 1, 2, \cdots, n$。对 k 进行求和，可得

$$nw_i = \frac{1}{a}\sum_{k=1}^{n} r_{ik} - \frac{n}{2a} + \sum_{k=1}^{n} w_k \tag{10-3}$$

根据权重向量归一化特性可知 $\sum_{k=1}^{n} w_k = 1$，式（10-3）可整理为

$$w_i = \frac{1}{na}\sum_{k=1}^{n} r_{ik} - \frac{1}{2a} + \frac{1}{n}\frac{\pi}{3} \tag{10-4}$$

其中 $i = 1, 2, \cdots, n$，a 值需要满足 $a \geqslant (n-1)/2$ 的基本条件，此处选取 $a = (n-1)/2$。

4）层次总排序。层次总排序是在层次单排序的基础上将各层指标权重转化为各层权重相对于总目标的综合权重。

$$W_i = \prod_{k=1}^{n} w_k \tag{10-5}$$

式中：W_i 为分层指标对于总体目标的权重；n 为总体目标到底层指标的阶数；w_k 为第 k 层单层指标权重。

第六节　河（湖）长制综合管理信息平台运维管理费用

目前，河（湖）长制综合管理信息平台运维费用通过政府财政预算的方式提供，运维预算的依据是往年运维预算编制和预算执行的情况，以及当前组织信息化资产的变化情况。在财政部门规定的期限内上报，财政部门根据该地区信息平台运维的总预算统筹各部门预算。同时，财政部门会对运维预算的执行情况进行监督考核。河（湖）长制综合管理信息平台运维预算由运维预算科目和运维预算计算方法两部分组成。现行的预算编制方法缺乏科学依据，并且没有考虑软（硬）件的成熟度系数。

一、测算依据

河（湖）长制综合管理信息平台运维管理费用测算依据《水利信息系统运行维护定额标准（试行）》《水文业务经费定额标准》《全国统一安装工程预算定额》《水利水电设备安装工程概算定额》等规程规范及有关行业部门颁发的定额。

二、运维费用

河（湖）长制综合管理信息平台运维预算一级科目由采购费用和人工费用组成，其中，采购费用主要是运维备品备件采购费用；人工费用包括硬件设施运维服务费、产品化基础软件维护费、应用软件系统服务费、通信及网络维护费等，见表10-16。

表 10-16 河（湖）长制综合管理信息平台运维费用的组成

一 级 科 目 类 别		一 级 科 目
运维费用	采购费用	运维备品备件采购费
	人工费用	硬件设施运维服务费
		产品化基础软件维护费
		应用软件系统服务费
		通信及网络维护费

河（湖）长制综合管理信息平台运维费用包括自动监测系统、监测预警平台等运行、维护和看管等费用，并根据相关因素进行费用调整。费用调整包括异地维护、电费、信道租赁、运行维护材料等，并根据地理条件、自然条件、设备使用年限、当地物价水平进行调整，委托看管费、材料费、人工费、生活补助费、油料费消耗及住宿执行当地标准。

河（湖）长制综合管理信息平台运维管理费用（C）计算公式：

$$C = C_1 + C_2 + C_3 + C_4 \tag{10-6}$$

式中：C 为运维总费用；C_1、C_2、C_3、C_4 分别为硬件运维费、应用系统运维费、其他费用以及备品备件费用。

（一）基础环境运维费

基础环境运维费（C_1）为各硬件设施的运维费用之和，计算公式为

$$C_1 = C_{11} + C_{12} + C_{13} + \cdots + C_{1n} \tag{10-7}$$

式中：C_{11}、C_{12}、C_{13}、$\cdots$、C_{1n} 分别为各硬件设施的运维定额标准。

在硬件设备运维费用测算时，考虑到厂家不同，设备功能相同，技术因素的影响，使其在运行过程中维修频率不同，考虑到设备成熟度因素，此硬件设备的运维费用需要乘以成熟度系数。由于规模效应的存在，一个运维商承担的运维区域越大，政府运维支出费用越低，然而，考虑地理位置的因素，运维商往往选择自己运维方便的区域给予技术支持，而对那些偏远交通不便的区域，往往不愿去维护，从而要求政府在外包考虑规模效应时，也应考虑地理位置的影响，给予运维商一定的优惠政策。由于硬件设施很多，只考虑价格较高的一些硬件设备，如防火墙、服务器等。那么相应的基础环境运维费 C_1 为

$$C_1 = C_{11}K_{11}q_1 + C_{12}K_{12}q_2 + \cdots + C_{1m}K_{1m}q_m + \cdots + C_{1n}K_{1n}q_n \tag{10-8}$$

$$C_1 = \sum_{i=1}^{m} C_{1i}K_{1i} + \sum_{i=m+1}^{n} C_{1i}q_i \tag{10-9}$$

在基础环境（硬件）费用测算时，考虑成熟度，K_{1i} 为基础环境（硬件）成熟度系数，成熟度等级越高，成熟度系数越小，反之，成熟度等级越低，成熟度系数越大，基础环境（硬件）成熟度系数 K_{1i} 的取值见表 10-17。

表 10-17 基础环境（硬件）成熟度系数（K_{1i}）

硬件成熟度等级	初始级	理论定义级	已管理级	持续优化级
成熟度系数（K_{1i}）	1.2～1.3	1.1～1.2	1.0～1.1	0.9～1.0

（二）应用系统运维费用

应用系统即软件系统运维费（C_2）用由通用软件运维费用和专用软件费用构成。即

$$C_2 = C_{21} + C_{22} \tag{10-10}$$

式中：C_{21} 为通用软件运维费用；C_{22} 为专用软件费用。

1. 通用软件运维费用

通用软件运行维护包括对操作系统、办公软件、系统安全软件、数据库、网络管理软件、工具软件、中间件的版本升级和由软件厂商提供的各种技术支持、软件功能性损坏的修复等服务。通用软件具有高兼容和普遍性，在系统运维中不考虑其成熟度，则通用软件运维费用 C_{21} 为

$$C_{21} + C_{211} + C_{212} + C_{213} + \cdots + C_{21n} \tag{10-11}$$

$$C_{21} = \sum_{i=1}^{n} C_{21i} \tag{10-12}$$

式中：C_{211}，C_{212}，C_{213}，$\cdots$，C_{21n} 分别为各通用软件的运维费用。

2. 专用软件的运维费用

专用软件运行维护定额分为运行性维护和开发性维护。运行性维护是指对软件运行故障的检查和修复，定时的软件功能检测，技术支持等。开发性维护是指对软件框架结构的小范围变更，功能模块的改动、扩充，对软件漏洞进行修正，功能性修改等。

专用软件运行维护费用与系统的成熟度密切相关。系统成熟度越高，即系统越完善，越满足实际业务需求，那么在对系统变更、改造及升级和维护时，所需工作量越少以及技术人员要求越低，相应的专用软件运行维护费用就偏低。反之，系统成熟度越低，系统业务在实际工作时的业务难以满足要求，就需要技术人员对系统进行开发，运行等，工作量大且对技术人员要求较高，那么专用软件运行维护费用就越高。专用软件运行维护费用是系统开发投入资本 T 的一定比例 d。已知单机版软件运行维护定额标准是软件投资额的 8%；B/S、C/S 结构软件运行维护定额标准是软件的 10%；那么，专用软件运行维护费用 C_{22} 为

$$C_{22} = T_1 d_1 K_{21} + \cdots + T_2 d_1 K_{2m} + \cdots + T_n d_2 K_{2n} \tag{10-13}$$

$$C_{22} = \sum_{i=1}^{m} T_i K_{2i} d_1 + \sum_{i=m+1}^{n} T_i K_{2i} d_2 \tag{10-14}$$

式中：K_2 为系统成熟度；T 为系统开发投入资本；d 为每年系统运维费用比率（通常 d 为某个固定值）。

在专用软件费用测算时，考虑成熟度，K_{2i} 为专用软件成熟度系数，成熟度等级越高，成熟度系数越小，反之，成熟度等级越低，成熟度系数越大，专用软件的成熟度系数 K_{2i} 的取值见表 10-18。

表 10-18　　　　　　　　　　专用软件成熟度系数（K_{2i}）

软件成熟度等级	初始级	可重复级	已定义级	已管理级	优化级
成熟度系数（K_{2i}）	1.3~1.4	1.2~1.3	1.1~1.2	1.0~1.1	0.9~1.0

软件系统的测算分为通用软件和专业软件，由于通用软件的普遍性以及其成熟性，其运行维护费为固定值，因此，在进行软件费用测算时，只需考虑专业软件的系统成熟度即

可。假设山洪灾害某专业软件开发费用为 150 万元，一般情况下，给予的维护费用是其开发费用的一个固定比例，通常为 10%，则其维护费用为 15 万元。由于系统成熟度不同，其维护费用在不同阶段是不同的，按固定比率给予维护费用没有完全考虑影响系统维护费用的因素。假定该系统为重复级，其成熟度给予 1.25，则维护费用为 18.75 万元，更符合实际的维护费用。

（三）其他费用

其他费用包括工作人员去各站点进行巡测的汽油费、过路费、车辆使用费、外业差旅费、恢复故障点费以及管理费。

由以上运算可得运维费用 C 为

$$C = \sum_{i=1}^{m} C_{1i} K_{1i} + \sum_{i=m+1}^{n} C_{1i} + \sum_{i=1}^{n} C_{21i} + \sum_{i=1}^{m} T_i K_{2i} d_1 + \sum_{i=m+1}^{m} T_i K_{2i} d_2 + C_3 \qquad (10-15)$$

式中：$\sum\limits_{i=1}^{m} C_{1i} K_{1i}$ 为河（湖）长制综合管理信息平台运维费用中考虑硬件成熟度的硬件运维费用总和；$\sum\limits_{i=m+1}^{n} C_{1i}$ 为不考虑硬件成熟度的基础设施运维费用总和；$\sum\limits_{i=1}^{n} C_{21i}$ 为通用软件运维费用之和；$\sum\limits_{i=1}^{m} T_i K_{2i} d_1$ 为单机版专用软件运维之和；$\sum\limits_{i=m+1}^{n} T_i K_{2i} d_2$ 为 B/S、C/S 结构的专用软件运维费用之和。

（四）备品备件费用

$$C_4 = pr \qquad (10-16)$$

式中：C_4 为备品备件费；p 为基价；r 为规模系数。

当采购数量满足一定规模的时候，按照供应商供应的折扣系数确定规模系数。

三、运维费用的影响因素

河（湖）长制综合管理信息平台运维管理是一个复杂性项目，其运维管理费用与运维地域、运维的项目、运维站点规模以及运维频率紧密相关，对主要影响因素进行分析。

（1）运维的水平。运维商的水平在一定程度上影响运维的费用。运维商的能力水平越高，其运维质量越高，运维费用相对较低；反之，如运维商的能力水平较差，则在运维过程中，单次运维的质量难以保证，会使得项目的运维次数增加，费用相对地增加。

（2）运维站点规模。站点的运维费用与运维站点的规模成正比。运维站点规模越大，运维的项目越多，运维费用就相应的越大；反之，运维站点规模越小，运维规模越小，运维就越简单，费用就越少。

（3）运维的频率。运维的费用与运维的频率成正比关系。运维频率越高，则运维次数越多，设备出故障率越高，费用也就越高；反之，运维频率越低，运维次数相对较少，则运维费用相对较少。

（4）运维的地区。相同的运维项目，在不同的地区，其运维费用也各不相同。对运维商来讲，运维商在投标时，往往会先选择离市区较近、交通方便、距离较近的站点来进行运维；对于在偏远地区的站点，运维商在运维人员水平的选择会降低，以及运维商和运维人员的运维意愿会降低，且其管理人员费用的增加，会使得运维商在项目合同签订时，要求在偏远地区的运维费用增加。同时，政府为了吸引运维商对整个地区的项目运维，会考虑增加一部分费用来吸引运维商来进行全区域的运维工作。因此，运维地区的不同对运维费用的影响也不相同。

第七节　河（湖）长制综合管理信息平台运维管理绩效

一、运维管理绩效考核目标

在河（湖）长制综合管理信息平台运维过程中，为了持续提高运维服务质量，保证系统平稳运行，加强对日常运维工作的管理，进而优化系统运维成本与服务效果，需要进行绩效管理。河（湖）长制综合管理信息平台绩效考核是河（湖）长制综合管理信息平台运维管理的重要组成部分，通过绩效管理可以客观评价平台运维期各参与者的工作状态，不断促进其提高运维服务能力。

（1）实现省对各级河长办运维工作的绩效考核，为下一阶段运维管理费用的拨付提供依据。

（2）实现委托方对运维商的绩效考核，为确定和支付运维管理费提供依据。

（3）及时了解运维工作的完成情况和运维管理部门人员的工作能力和工作态度，为未来的运维工作规划、投资计划的设计提供现实依据。

二、运维管理绩效考核对象

绩效考核的对象由运维模式来决定，不同的运维模式有着不同的责任主体。

（1）各级河长办运维管理部门。当采用各级河长办集中外包模式，需要对各级河长办运维管理部门进行考核。

（2）运维商。除了采用自主运维模式外，均需要对运维商进行考核。

三、运维绩效考核原则

绩效考核需要准确客观地反映考核对象的性能、绩效考核体系的科学与否和实施的有效性。为此，绩效考核必须具有具象化（specific）、数量化（measurable）、可操作性（attainable）、现实性（realistic）以及时效性（time - bound）等原则，即 SMART 原则：

（1）具象化：意思是"具体的"，是绩效指标要切中特定的工作目标，不是笼统的，而是适度细化，并且随情境变化而发生变化，有明确的实现步骤和措施。

（2）数量化：指"可度量的"，是绩效指标或者是数量化的，或者是行为化的，验证这些绩效指标的数据或信息是可以获得的，在成本、时间、数量、质量上都有明确的规定。

（3）可操作性：是绩效指标在付出努力的情况下可以实现，避免设立过高或过低的目标水平。

（4）现实性：是绩效指标是实实在在的，可以证明和观察得到的并非是假设的。所有绩效评价的基础数据都是来源于数据库中，数据基础的客观性是评价系统客观性的基础。

（5）时效性：任何绩效考核都是"有时限的"，即设定完成这些绩效指标的期限，是关注效率的一种表现。

四、绩效考核体系

（一）绩效考核内容

各级河长办的绩效考核主要分为组织项目绩效考核、运营项目绩效考核、经济项目绩效考核3个方面的内容。

1. 组织项目绩效考核

（1）管理机构。包括管理机构设置、岗位设置、人员配备、职工培训计划。

（2）规章制度。包括管理规章制度、岗位责任制度、运维员工及运营商激励制度。

（3）文档管理。日志文档管理制度、技术文档管理。

2. 运营项目绩效考核

（1）日常管理。包括运维技术人员管理、系统运营状况报告、日常人员考勤等。

（2）代码维护。升级影响业务时间量、代码版本控制、版本升级衔接性等。

（3）系统安全措施。数据保存完整性、系统安全性评估、入侵实时监测、文档保存安全性等。

3. 经济项目绩效考核

（1）财政拨款。包括运维资金到位的及时性、到位性。

（2）职工福利及社会保障。包括人员工资及社会待遇、职工医疗保险及养老保险、财务会计制度。

（3）运维商服务费支付。包括服务费支付的及时性、合理性等。

（二）绩效考核指标

各级河长办运维绩效考核指标体系设计见表10-19。

表 10-19   各级河长办运维绩效考核指标体系设计

一级指标	二级指标	三级指标	指标解释	评价标准	分值
合　　计					100
组织项目绩效考核	管理机构	管理机构设置	管理机构设置和人员编制有批文	机构设置合理，人员编制有批文：4分 其他：0分	4
		岗位设置	岗位设置合理	合理：4分 较合理：2分 不合理：0分	4
		人员配备	有关人员按标准配备，分工合理，职责落实； 单位负责人及技术主管干部，熟悉管理、养护修理和调度运用原则及政策法规，掌握业务工作	分工合理，职责明确：4分 分工较为合理，职责较为明确：2分 分工不合理，职责不明确：0分	4
		职工培训计划	有职工培训计划，并按计划落实实施，职工年培训率（培训时间15天以上）达10%以上	有详细计划，并完全落实：4分 有基本详细计划，并基本落实：2分 没计划，且不落实，0分	4

续表

一级指标	二级指标	三级指标	指标解释	评价标准	分值
组织项目绩效考核	规章制度	管理规章制度	建立、健全各项管理规章制度，建立岗位责任制	制度健全且执行良好：4分 制度基本健全，执行一般：2分 制度不健全：0分	4
		岗位责任制度	各项制度张贴公布	制度健全且执行良好：4分 制度基本健全，执行一般：2分 制度不健全：0分	4
		激励制度	制度科学，执行良好，成绩显著	制度健全且执行良好：4分 制度基本健全，执行一般：2分 制度不健全：0分	4
	文档管理	日志文档管理	日志文档保存的完整性、保密性	保存完整且保密：2分 其他：0分	2
		技术文档管理	技术文档保存的完整性、保密性	保存完整且保密：2分 其他：0分	4
运营管理绩效考核	日常管理	运维技术人员管理	技术人员的工作的协调性、工作能力的充分体现	工作协调性高，且工作能力充分体现：4分 工作协调性较高，且工作能力基本体现：2分 工作协调性较差，且工作能力基本没有体现：0分	4
		系统运营状况报告	系统运营实时监测报告	报告准确完整：4分 报告基本准确完整：2分 报告不准确不完整：0分	4
		日常人员考勤	运维负责人员的考勤状况	考勤优秀：4分 考勤良好：3分 考勤中等：2分 考勤及格：1分 考勤不合格：0分	4
	代码维护	升级影响业务时间量	代码维护时间	维护时间超过5天：0分 维护时间：2~5天：2分 维护时间2天以内：4分	4
		代码版本控制	代码版本控制	版本控制良好：4分 版本控制一般：2分 版本控制较差：0分	4
		版本升级衔接性	版本升级衔接性	衔接性良好：2分 衔接性一般：1分 衔接性较差：0分	2

续表

一级指标	二级指标	三级指标	指标解释	评价标准	分值
运营管理绩效考核	系统安全措施	数据保存完整性	业务数据的保存完整性	完整性良好：4分 完整性一般：2分 完整性较差：0分	4
		系统安全性评估	系统安全运行的指标评估	评估很准确：4分 评估一般准确：2分 评估不准确：0分	4
		入侵实时监测	系统安全、入侵监测	检测很准确：4分 检测一般准确：2分 检测不准确：0分	4
		文档保存安全性	系统文档保存安全性	安全：4分 较为安全：2分 不安全：0分	4
经济项目绩效考核	财政拨款	资金到位的及时性	财政资金及时程度	很及时：4分 一般及时：2分 不及时：0分	4
		资金到位的到位性	财政资金到位程度	很及时：4分 一般及时：2分 不及时：0分	4
	职工福利及社会保障	人员工资及社会待遇	人员工资及福利待遇达到当地平均水平以上并能及时兑现	达标且及时兑现：4分 达标未及时兑现：2分 其他：0分	4
		职工医疗保险及养老保险	按规定落实职工养老保险和医疗保险	完全落实：4分 基本落实：2分 没有落实：0分	4
		财务会计制度	严格执行财务会计制度，无违章违纪现象	严格执行：4分 基本严格执行：2分 没有执行：0分	4
	运维商服务费支付	服务费支付的及时性	运维商服务费支付的及时性	很及时：4分 一般及时：2分 不及时：0分	4
		服务费支付的合理性	运维商服务费支付的合理性	合理：4分 基本合理：2分 不合理：0分	4

（三）绩效考核方法

采用定期考核与抽查考核相结合的办法，每月考核一次，根据考核成绩发放基本费用部分和考核费用部分，依据不同的考核得分，扣减或加奖相应的考核经费。年度平均成绩作为年终费用部分的发放依据。

各级河长办运维绩效考核实行百分制，根据考核结果，考核分为 4 个等级。

（1）考核一级。运维管理绩效考核结果 90～100 分者（其中各考核项目得分不低于该项目总分的 70％），确定为一级。

（2）考核二级。运维管理绩效考核结果 75～89 分者（其中各考核项目得分不低于该项目总分的 70％），确定为二级。

（3）考核三级。运维管理绩效考核结果 60～75 分者（其中各考核项目得分不低于该项目总分的 60％），确定为三级。

（4）考核四级。运维管理绩效考核结果 60 分以下者，或各考核项目得分低于该项目总分的 60％者，确定为四级。

其中，考核一级、考核二级、考核三级为合格标准；考核四级为不合格标准。

（四）绩效考核结果应用

根据对各级河长办运维管理部门的绩效考核结果，可以确定下一期的经费拨付方案，可以预先拨付当期运维费用的 70％，剩下的 30％按照绩效考核的结果进行拨款，见表 10－20。

表 10－20　　　　对各级河长办运维管理部门绩效考核得分对支付方案的影响

地市级运维管理部门的绩效考核得分	剩余 30％运维预算经费的拨付方案
90～100 分	全额支付
80～90 分	支付 80％
70～80 分	支付 60％
60～70 分	支付 40％
60 分以下	支付 20％

五、运维商绩效的考核

（一）绩效考核目标

运维服务商的绩效考核是一种质量、效率的综合性客观评价，通过绩效考核达到促进运维商提高运维服务能力的作用。当然也作为运维验收、运维费用支付的重要参考依据。

开展河（湖）长制综合管理信息平台运维绩效考核，不仅可以加强信息平台运维工作的管理，保证信息平台运维工作的质量，而且可以充分调动运维人员的服务积极性、主动性，鼓励先进，增强团队协作能力、组织实施能力，持续提高运维工作的效率。具体而言，运维绩效考核具有以下两个重要目标：

（1）为运维服务供应商提供的运维服务的费用支付提供依据。

（2）激励运维服务供应商提高运维服务的质量和效率。

（二）绩效考核内容

河（湖）长制综合管理信息平台运维绩效考核包括九大类内容：日常管理考核、巡检服务考核、故障/问题处理考核、派工服务考核、电话服务考核、文档考核、合同执行情况考核、用户满意度与特殊事件考核。

（1）日常管理考核：考核各运维服务商是否按合同要求执行运维工作；考核各运维服务商驻厂维护人员资质和能力；考察人员出勤情况，保证现场有足够的技术支持，保证各种特殊情况发生都能配备充足合理的人员；考核重点在合同审查、人员资质审查与考勤管理。

（2）巡检情况考核：考核巡检计划和内容，评估巡检计划完成情况；检查巡检文档编制情况和巡检过程中发现的问题记录情况，保证巡检工作按计划执行，结果信息正确。

（3）故障/问题处理考核：考核每月发生故障次数和解决故障次数；发生故障/问题后是否按合同规定时间响应和解决；故障处理过程中投入人员情况和文档管理情况。

（4）派工服务考核：考核派工完成情况，投入工作量等。重点在于派工工作完成时间、完成率和用户评价。

（5）电话服务考核：电话服务考核包括话务部分和业务部分。话务部分考察话务占线情况、对话务人员服务满意情况；业务部分是对座席员处理问题的情况进行考察，包括电话派工解决情况和系统问题电话解决情况。

（6）文档考核：考核运维过程中产生的技术文档。考核内容包括：总包商定制的运维管理制度、规范、流程和表单；各运维服务商在运维过程中产生的各类一般性技术文档的准确性、详细程度、格式和构成。

（7）合同执行情况考核：运维服务商是否完全满足了合同条款中明确性的服务要求，对所提供服务的团队及人员的资质水平、所采用的运维服务辅助工具的功能、所引入第三服务的能力，与运维服务外包合同中的要求是否相一致。

（8）用户满意度与特殊事件考核：用户满意度考核是指在运维工作执行过程中，最终用户对运营商的工作效率、能力、沟通、培训、解决方式等条件的一个主观评价。特殊事件考核是指在运维过程中，运维商的某一行为或者表现使最终用户在业务进行中或者事件解决中感到非常满意，对此进行公开表扬的事件，借此，应对运维商的考核结果进行调整，以资鼓励。

（三）绩效考核指标

根据绩效考核的内容，将考核的内容细化为二级指标，再将二级指标细化为具体的三级指标，并根据经验为每个指标赋分，总分为100分，见表10-21。

（四）绩效考核方法

1. 考核人设定

绩效考核的执行要确定考核人，即由什么角色执行绩效考核。考核人可以为运维管理单位的专职人员，也可以是由运维参建各方共同成立一个考核机构来执行，而推荐由独立的第三方进行考核。

2. 考核过程设定

绩效核的过程分为日常考核、过程考核和事后考核。

（1）日常考核是指各运维商在日常运维工作中的表现、包括人员资质等。

表 10－21　　　　　　　　　　　绩效考核指标体系设计

一级指标	二级指标	三级指标	指标解释	评价标准	分值
			合计		100
日常管理绩效考核	考勤情况	及时响应率	及时响应人数占总人数的比例	及时响应率30%以下：0分 及时响应率30%～70%：2分 及时响应率70%～100%：4分	4
	安全管理	涉及系统安全和保密	信息泄露和数据遗失情况发生频率	大于等于1次/年：0分 0次/年：3分	3
		违反运维制度流程	违反一定制度、流程开展运维工作的程度	违反5次/年及以上：0分 违反3～5次/年：1分 违反1～3次/年：2分 违反0次/年：3分	3
电话服务绩效考核	话务部分	话务占线率	话务占线占总话务的比例	话务占线率70%及以上：1分 话务占线率30%～70%：2分 话务占线率30%及以下：4分	4
		话务人员服务态度满意度	对话务人员的服务态度的满意程度	非常满意：4分 一般满意：3分 不满意：2分 很不满意：1分	4
	业务部分	电话派工解决率	电话派工解决问题占总问题的比例	电话派工解决率30%及以上：3分 电话派工解决率10%～30%：2分 电话派工解决率0～10%及以上：1分	3
		各系统问题电话解决率	电话解决问题数量占总数量的比例	各系统问题电话解决率30%：3分 各系统问题电话解决率10%～30%：2分 各系统问题电话解决率0～10%：1分	3
派工服务绩效考核	派工完成情况	派工完成率	派工完成比例占据总派工的	派工完成率80～100%：3分 派工完成率50%～80%：2分 派工完成率0～50%：1分	2
	按时完成情况	按时完成率	按时完成事务占总事务的比例	按时完成率80～100%：3分 按时完成率50%～80%：2分 按时完成率0～50%：1分	3
	验收意见	派工工作时间	验收派工时间测度	时间长：1分 时间一般：2分 时间短：3分	3
		派工工作质量	验收派工质量测度	质量高：3分 质量一般：2分 质量低：1分	3
		派工工作态度	验收派工态度测度	态度好：3分 态度一般：2分 态度差：1分	3

续表

一级指标	二级指标	三级指标	指标解释	评价标准	分值
故障处理绩效考核	故障发现	故障发现率	故障发现占总故障的比例	故障发现率80%～100%：3分 故障发现率50%～80%：2分 故障发现率0～50%：1分	3
	故障处理	故障解决率	故障解决占总故障的比例	故障解决率80%～100%：3分 故障解决率50%～80%：2分 故障解决率0～50%：1分	3
		故障处理时间	故障处理占总故障的比例	故障处理时间5天以上：0分 故障处理时间2～5天：1分 故障处理时间0～1天：2分	3
		人工投入	人工投入的多少	投入占总人数30%及以上：2分 投入占总人数10%～30%：1分 投入占总人数0～10%：2分	2
运维文档绩效考核	文档准确性	文档可操作性	文档可操作程度	文档可操作程度高：4分 文档可操作程度低：2分	4
		文档解决问题成功率	文档解决问题成功率	文档解决问题成功率80%～100%：3分 文档解决问题成功率50%～80%：2分 文档解决问题成功率0～50%：1分	3
	文档详细程度	文档包含事故范围	文档包含故障的范围的广度	包含事故范围大：4分 包含事故范围大：2分	4
		处理报告完备程度	处理故障的记录的详细程度	处理故障的记录的详细程度高：4分 处理故障的记录的详细程度低：2分	4
		运维商资料完备性	运维商资料的完备程度	运维商资料的完备程度高：3分 运维商资料的完备程度低：2分	3
巡检服务绩效考核	巡检完成情况	巡检完成率	巡检完成占总巡检的比例	巡检完成率80%～100%：2分 巡检完成率50%～80%：1分 巡检完成率0～50%：0分	2
		文档记录完成率	文档记录按期完成的比例	文档记录完成率80%～100%：2分 文档记录完成率50%～80%：1分 文档记录完成率0～50%：0分	2
	发现问题情况	发现率	故障发现占总故障的比例	各系统问题电话解决率80%～100%：3分 各系统问题电话解决率50%～80%：2分 各系统问题电话解决率0～50%：1分	3

续表

一级指标	二级指标	三级指标	指标解释	评价标准	分值
合同执行情况绩效考核	所提供运维服务的内容的明确性	服务范围	提供的运维服务范围的大小	运维服务范围大：2分 运维服务范围小：1分	3
		服务要求	对于服务人员要求的严格程度	严格程度高：2分 严格程度低：1分	2
	运维成果要求的可度量性	时间长短	成果时间测度	时间长：2分 时间短：1分	2
		费用高低	成果费用测度	费用高：2分 费用低：1分	2
		损失大小	成果损失测度	损失高：2分 损失低：1分	3
用户满意度及特殊事件绩效考核	用户满意度	时间长短	用户满意程度时间测度	时间长：2分 时间短：1分	2
		费用高低	用户满意程度费用测度	费用高：2分 费用低：1分	2
		损失大小	用户满意程度损失测度	损失高：2分 损失低：1分	3
	特殊事件解决	特殊事件解决率	特殊事件解决占总的比例	特殊事件解决率30%：2分 特殊事件解决率10%～30%：1分 特殊事件解决率0～10%：0分	2
		特殊事件解决时间	特殊事件解决花费时间	特殊事件解决时间5天以上：0分 特殊事件解决时间2～5天：1分 特殊事件解决时间0～1天：2分	2
		人工投入	解决特殊事件投入的人工数量	投入占总人数30%及以上：2分 投入占总人数10%～30%：1分 投入占总人数0～10%：2分	2

（2）考核的重点是派工考核和故障/问题处理考核，对于一级以上的系统故障/问题处理过程进行全程跟踪考核，包括响应时间是否及时、处理方式是否得当等。

（3）事后考核是指单项运维工作结束后，考核执行机构对该运维工作总体完成情况进行统计并根据考核指标进行绩效考核，在必要的情况下考核执行机构也可对该工作服务对象进行回访，采集其对工作过程和成果的评价信息。回访是考核执行机构的独立行为，不受任何外界因素的影响，其结果将以参考信息的形式汇报信息处。

（五）绩效考核结果应用

根据指标体系中各项指标，为每个运营商的服务质量进行打分，进而为每个运营商提供的服务的费用支付提供依据。

在具体操作中，为了起到实质性的激励作用，可以预先支付运维服务总费用的70%，对于具体的得分，剩下的 30% 的支付费用可以按照以下标准来支付，见表 10-22。

表 10-22　　　　　　　　　**绩效考核得分对支付方案的影响**

运维商的绩效考核得分	剩余 30% 运维服务费的支付方案
90~100 分	全额支付
80~90 分	支付 80%
70~80 分	支付 60%
60~70 分	支付 40%
60 分以下	支付 20%

第十一章

河（湖）长制综合管理信息化项目评价

河（湖）长制综合管理信息化评价是河（湖）长制综合管理的重要内容，贯穿于河（湖）长制综合管理信息化全生命周期的各个阶段。在河（湖）长制综合管理信息化前期，通过前期评价，可以实现信息化管理决策科学化、民主化，有利于提高决策水平；在建设期，通过中期评价，可以实现自上而下和自下而上的河（湖）长制综合管理信息化管理理念，根据评价结果，可以对实施情况进行调整或对目标进行调整；在运维期，通过后评价，可以总结经验、吸取教训，为今后河（湖）长制综合管理信息化的建设提供参考。由此可见，河（湖）长制综合管理信息化评价是河（湖）长制综合管理信息化的重要内容之一。相对于其他领域的信息化评价，河（湖）长制综合管理信息化评价理论与实践尚处于探索阶段，河（湖）长制综合管理信息化评价理论、方法以及评价规程、规范等需要进一步研究。

本章结合河（湖）长制综合管理信息化评价的特点与要求、河（湖）长制综合管理信息化评价现状，借鉴其他领域的信息化评价的理论、方法及实践，对河（湖）长制综合管理信息化评价体系，河（湖）长制综合管理信息化效益和费用，河（湖）长制综合管理信息化财务评价、经济分析、社会评价、环境评价、方案比选等内容进行了研究。

第一节　河（湖）长制综合管理信息化评价原理与内容

一、评价背景

河（湖）长制综合管理信息化实施前的决策、实施中的控制、实施后的效果等需要进行评价。为此，需要在综合考虑财务、国民经济、社会、环境、风险等方面的基础上，对河（湖）长制综合管理信息化进行科学、有效地评价。河（湖）长制综合管理信息化评价的对象是河（湖）长制综合管理信息化过程中建设的各种功能。河（湖）长制综合管理信息化投资是一种长期行为。河（湖）长制综合管理信息化给用户带来的效益一般是长期、间接、隐性的，其投资回报难以在短时间内直接反映在财务报表上，而是需要经历一个阶段性的过程才能得以体现。河（湖）长制综合管理信息化还有可能对国民经济、社会和环境等形成影响，因此还需要识别和评价河（湖）长制综合管理信息化的各种社会影响，分析当地社会环境对河（湖）长制综合管理信息化的适应性和可接受程度。

河（湖）长制综合管理信息化评价具有紧迫性，同时河（湖）长制综合管理信息化评价具有其自身的特点和要求。传统的项目评价体系已经不能适应河（湖）长制综合管理信息化评价的需要，为此应建立河（湖）长制综合管理信息化评价理论与方法体系、指标体系。

二、评价意义

（1）信息化评价有利于河（湖）长制的健康发展。河（湖）长制综合管理信息化的目的是促进河（湖）长制工作的健康发展。因此，开展河（湖）长制综合管理信息化评价可以经常审视河（湖）长制的信息化过程，有利于政府部门正确把握河（湖）长制综合管理信息化的实施状况及投资价值，为政府进行河（湖）长制综合管理信息化项目和资金支持提供评价的标准和依据，为政府部门宏观决策提供指导依据。

（2）信息化评价有利于提高信息化项目的成功率。河（湖）长制综合管理信息化项目前期的前评价、建设期的中期评价、运维期的后评价等因其采用了有效、科学的理论与方法，因此，河（湖）长制综合管理信息化评价有利于提高河（湖）长制项目的前期决策水平、建设期的控制水平、运维期的经验总结水平。

（3）信息化评价有利于降低信息化项目风险。信息化项目自身的特点决定了信息化项目的风险要大于其他类项目。通过对信息化项目进行风险分析，可以判定信息化项目风险量，以及应采取的风险防范措施。因此，有效的评价有利于规避和控制信息化项目风险，从而有助于提高信息化项目的成功率。

（4）信息化评价有利于业主积累经验，用于指导今后信息化项目的实施。通过对已完成信息化项目的目的、执行过程、效益、影响等进行系统客观的分析和总结，能够使业主充分掌握信息化项目的需求、效益与影响，分析信息化项目实施的实际状态与目标之间的偏差，同时，分析信息化项目成败的可能原因和因素，总结经验教训，通过信息反馈以指导未来信息化项目的决策、管理和建设，改善信息化项目实施运行效果。

三、评价视角

1. 从项目决策的角度

河（湖）长制综合管理信息化评价的基本作用是为信息化项目的决策和实施提供决策支持的依据。信息化项目也具有一般项目的独特性、一次性和风险性等特点，如果单凭经验判断容易出现决策失误，因此信息化项目的决策需要以项目评价作为依据。

2. 从项目实施的角度

在项目实施过程中，通过对信息化项目的跟踪和评价，有利于及时地发现信息化项目设计、实施、费用、进度、质量和资源供应等方面的问题，进而采取纠正偏差的措施，以确保信息化项目的顺利完成。

3. 从政府审批或审查角度

信息化项目评价是国家、政府主管部门开展宏观经济调控的重要手段之一。许多国家的投资管理部门和社会管理部门规定，超过一定规模的项目需要由地方或中央政府的主管部门进行有关的项目经济分析、项目社会评价、项目环境影响评价，政府主管部门有权依据这些评价的结果对项目做出审批，以确保整个国民经济的正常运转、确保环境不受破坏。同时，信息化项目评价有利于合理调整和优化投资结构和产业结构，协调企业经济效益和国民经济效益的矛盾。按照国务院投资体制改革的决定，项目分为政府投资项目和企业投资项目，政府仅对重大项目和限制类项目从维护社会公共利益角度进行核准，信息化项目评价是政府对项目核准的重要依据。

4. 从项目投资的角度

河（湖）长制综合管理信息化的投入资金是否合理，效益是否符合预期，都需要进行评价，可见，信息化评价有利于提高项目投资的有效性。

四、评价原理

河（湖）长制综合管理信息化评价的理论和方法体系是适应时代的需求而产生的，并且日臻成熟。作为应用经济学的一个分支，项目评价是西方经济学主流的一个延伸。微观与宏观经济学说为项目评价理论与方法的建立提供了基础，包括效果理论、发展经济学和福利经济学等，尤其是福利经济学、发展经济学更是项目评价的理论基础。

河（湖）长制综合管理信息化评价包括技术评价、经济评价（财务评价和经济分析）、社会评价和环境评价。

五、评价内容

（一）技术评价

技术评价的任务是分析与考察信息化项目的技术成熟性。技术的先进性、可靠性直接关系到信息化项目的成败。信息化项目技术方案的分析与评价是一项复杂的系统工程，它与环境、财务、经济、人员、组织等问题交织在一起，因此必须综合考虑这些因素。技术评价的重点是技术方案的先进性、适用性、成熟度、经济合理性，硬件和软件设备的先进性、科学性，配套使用情况，购买技术的使用权和专利保护权等。对于引进硬件设备和成套软件，除了获得套件、配件、说明资料之外，还应分析该项专有技术知识产权的获取情况。

（二）经济评价

1. 财务评价

财务评价是在国家现行财税制度和市场价格体系下，预测信息化项目的财务效益与费用。使用财务（市场）价格、现行汇率和基准收益率，计算财务评价指标，考察拟建信息化项目的盈利能力、偿债能力和生存能力，据此判断项目的财务可行性。

2. 经济分析

经济分析是在财务评价基础上，从国家整体角度考察项目的收益和费用，采用影子价格、影子工资、影子汇率和社会折现率，预测信息化项目给国民经济带来的净收益，消耗国民经济资源的数量，评价信息化项目在经济上的合理性。

（三）社会评价

信息化项目的社会评价是识别和评价信息化项目的各种社会影响，分析当地社会环境对信息化项目的适应性和可接受程度。评价信息化项目的社会可行性，其目的是促进利益相关者对项目投资活动的有效参与，优化项目建设实施方案，规避信息化项目的社会风险。

信息化项目社会评价要求应用社会学和系统学的一些基本理论和方法，系统地调查和收集与项目相关的社会因素和社会数据，了解项目实施过程中可能出现的社会问题，研究、分析对项目成败可能产生影响的社会因素，提出保证项目顺利实施和效果持续发挥的建议和措施而进行全面系统的综合评价。

信息化项目的社会评价应贯穿于项目周期全过程的各个阶段。对影响全社会经济、政治、国防、人文和生态环境的重大的信息化项目，需要将社会评价与技术评价、经济评价、环境评价相互补充，共同构成一个全面的评价体系，为项目决策和方案设计提供科学依据。

（四）环境评价

为了实施可持续发展战略，预防因规划和项目实施后对环境造成不良影响，促进经济、社会和环境的协调发展，我国实行环境影响评价制度。环境影响评价是信息化项目前期工作的一项重要的内容。河（湖）长制综合管理信息化项目的实施可以有效提升河（湖）长制管理水平，从而导致河湖环境不断优化。

（五）后评价

项目后评价是在项目实施完毕并运维一段时间之后所做的一种项目评价。项目后评价是对已完成项目的目的、执行效果、效益、作用和影响所进行的系统地客观地分析，是对项目活动实践的检查总结，是分析和判断项目预期目标是否达到，分析和验证项目实施是否合理有效地实现了项目的主要指标。

通过项目后评价人们可以分析出项目成败的原因，总结项目的经验教训，及时有效地反馈项目信息，提高新项目的管理和决策水平。

第二节　河（湖）长制综合管理信息化项目的效益与费用

一、项目效益与费用概念

河（湖）长制综合管理信息化项目效益是指信息化项目为财务、国民经济、社会发展、生态环境等所做的贡献；河（湖）长制综合管理信息化项目的费用是指信息化项目投资、运维费用，以及对国民经济、社会发展、生态环境等所带来的损失或负面影响。其中，信息化项目效益分为财务效益、经济效益、社会效益、环境效益；信息化项目费用分为财务费用、经济费用、社会费用、环境费用。

二、项目效益

从项目的经济属性角度，信息化项目分为纯公益性项目、准公益性项目和经营性项目三类。由于不同类型的信息化项目，其效益和费用存在较大差别，因此，从总体角度，归纳出信息化项目的一般效益，见表 11-1。

表 11-1 　　　　　信 息 化 项 目 效 益 表

效益类型		效 益 描 述
财务效益		管理成本降低；办公成本降低；决策水平提高；营业收入；补贴收入；资产处置收益；技术转让收入
经济效益	直接效益	满足社会的需求；需求的增加；资源的节约；成本的降低
	间接效益	劳动生产率的提高；给上下游企业带来的效益；技术的进步；带动行业发展；带动区域经济发展；对环境的改善
社会效益		改善信息基础设施；促进社会进步；调整和优化产业结构；增加居民收入；提高居民生活水平和生活质量；增加就业；促进地区文化、教育、卫生的发展；促进社会服务的发展；促使收入分配趋于合理；满足人们对文化、技能提高的要求
环境效益		环境质量提高所带来的收益；环境优化导致成本降低

（一）财务效益

财务效益是指信息化项目运维期内业主获得的收入。包括管理成本降低、办公成本降低、决策水平提高等。某些信息化项目可能得到的补贴收入也应计入财务效益。

（二）经济效益

凡信息化项目对社会经济所做的贡献均计为项目的经济效益，信息化项目经济效益包括直接效益和间接效益。

1. 直接效益

信息化项目直接效益是指由项目产出物产生并在计算范围之内的经济效益，一般表现为信息化项目为社会生产提供的物质产品、科技文化成果和各种各样的服务所产生的效益。

信息化项目直接效益的表现形式包括：信息化项目产出物满足国内新增加的需求时，表现为国内新增需求的支付意愿；当信息化项目的产出物替代效益较差的其他厂商的产品或服务时，使被替代厂商减产或停产，从而使国家有用资源得到节省，这种效益表现为这些资源的节省。

2. 间接效益

信息化项目的间接效益是指由项目引起而在直接效益中没有得到反映的效益，例如由于实施项目而改善环境所带来的效益属于间接效益。

（三）社会效益

社会效益是指信息化项目为社会所做的贡献，包括信息化项目为当地居民的生产生活和当地社会的发展带来的正面影响。例如物流企业通过建设 GPS 系统项目实现对企业车辆的实时控制，此时该项目除了给企业带来财务效益外，还带来社会效益，包括因减少交通事故而带来的社会效益。

（四）环境效益

环境效益是指信息化项目对当地环境的正面影响。项目对环境的正面影响可以提高环境质量，好的环境质量可以为当地居民的生活和生态的发展带来效益。

三、项目费用

河（湖）长制综合管理信息化项目的费用有财务费用、经济费用、社会费用、环境费用等构成，信息化项目的费用见表 11-2。

（一）财务费用

1. 建设投资费用

（1）工程费用。工程费用是信息化项目建设阶段的主要投资，包括建设安装工程费用、设备购置费、硬件及基础软件购置费用、软件开发费用等。

（2）其他投资。其他投资包括信息化项目管理费用、设计费用、监理费用、试验科研费用、测试费用、研发费用、知识产权费用、培训费用、财务费用、项目验收费用等。

（3）预备费。预备费是因变更、政策性调整、通货膨胀和价格上涨而导致的投资，包括基本预备费和涨价预备费。

（4）建设期间融资的利息。建设期间融资利息是指因项目建设期融资所需要支付的利息。

表 11 - 2 信息化项目费用表

费用类型			费　用　描　述
财务费用	建设投资费用	工程费用	建设安装工程费用；设备购置费；硬件及基础软件购置费用；软件开发费用
		其他投资	项目管理费用；设计费用；监理费用；试验科研费用；测试费用；研发费用；知识产权费用；培训费用；财务费用；项目验收费用；项目运维费用
		预备费	基本预备费；涨价预备费
		建设期间融资的利息	
	维持运行投资		运行维护服务费用；更新升级费用
	总成本费用	经营成本	外购原材料费；外购燃料及动力费；外购劳务及服务；工资及福利费；修理费；租赁费；其他费（其他制造费，其他管理费，其他营业费）
		折旧费	
		摊销费	
		财务费用	
	税金		营业税金及附加；调整所得税；增值税
经济费用	直接费用		消耗的社会资源；其他人因项目被迫放弃资源而损失的效益；国家外汇支出的增加或外汇收入的减少
	间接费用		项目造成的环境污染和破坏；给上下游企业带来的费用；给行业和区域经济发展造成负面影响；大量出口导致的价格下降；降低劳动生产率
社会费用			导致居民收入减少；降低居民生活水平和生活质量；减少就业；导致收入分配不合理；导致社会不和谐；产生社会矛盾和民族矛盾；阻碍社会的发展
环境费用			环境污染的防护费、治理费、恢复费等费用；环境质量下降导致的损失；环境质量下降导致的成本增加

2．维持运行投资

信息化项目的运行需要持续的投资，包括项目运行维护所需的服务费用和更新升级的费用。

3．总成本费用

信息化项目总成本费用包括经营成本、折旧费、摊销费、财务费用。其中的经营成本包括外购原材料费、外购燃料及动力费、外购劳务及服务费、工资及福利费、修理费、租赁费、其他费（其他制造费，其他管理费，其他营业费）。

4．税金

信息化项目财务费用的税金包括营业税金及附加、调整所得税、增值税等。

（二）经济费用

凡社会经济为项目所付出的代价（即社会资源的耗费，或称社会成本）均计为项目的经济费用，包括直接费用和间接费用。

1．直接费用

项目的直接费用是指项目使用投入物所产生并在项目范围内计算的经济费用，一般表现为投入项目的各种物料、人工、资金、技术以及自然资源而带来的社会资源的消耗。

项目的直接费用表现为社会扩大生产供给规模所耗用的资源费用；当社会不能增加供给时，导致其他人被迫放弃使用这些资源，这种资源消耗表现为其他人被迫放弃的效益；项目的投入物导致增加进口或减少出口时，这种资源消耗表现为国家外汇支出的增加或收入的减少。

2. 间接费用

间接费用是指由信息化项目引起而在项目的直接费用中没有得到反映的费用。信息化项目造成的环境污染和破坏、给上下游企业带来的费用、给行业和区域经济发展造成负面影响、大量出口导致的价格下降、降低劳动生产率等。

（三）社会费用

社会费用是指信息化项目为当地居民的生产生活和当地社会的发展带来的负面影响。项目导致居民收入减少、降低居民生活水平和生活质量、减少就业、导致收入分配不合理、导致社会不和谐、产生社会矛盾和民族矛盾、阻碍社会的发展等。

（四）环境费用

环境费用是指信息化项目对当地环境的负面影响。信息化项目对环境的负面影响将会降低环境质量，最终会给当地居民的生活和生产带来损失。

环境费用包括环境污染的防护费、治理费、恢复费，环境质量下降导致的损失和环境质量下降导致的成本增加。

第三节 河（湖）长制综合管理信息化项目财务评价

一、项目财务评价的概念

财务评价（财务分析）是项目决策分析与评价中为判定项目财务可行性所进行的一项重要工作，是项目经济评价的重要组成部分，是投融资决策的重要依据。

信息化项目财务评价与分析是在现行会计准则、会计制度、税收法规和价格体系下，通过财务效益与费用的预测，编制财务报表，计算评价指标，进行财务盈利能力分析，据以评价项目的财务可行性。

二、项目财务评价的作用

（1）信息化项目决策分析与评价的重要组成部分。信息化项目评价应从多角度、多方面进行，无论是项目的前评价、中间评价和后评价，财务分析都是必不可少的重要内容。在信息化项目的决策分析与评价的各个阶段中，无论是机会研究报告、项目建议书、初步可行性研究报告，还是可行性研究报告，财务分析都是其中的重要组成部分。

（2）重要的决策依据。在经营性信息化项目决策过程中，财务分析结论是重要的决策依据。项目发起人决策是否发起或进一步推进该项目，权益投资人决策是否投资于该项目，债权人决策是否贷款该项目，审批人决策是否批准该项目，这些都是以财务分析为依据。对于那些需要政府核准的信息化项目，各级核准部门在做出是否核准该项目的决策时，许多相关财务数据可作为项目社会和经济影响大小的估算基础。

（3）项目或方案比选中起着重要作用。项目决策分析与评价的精髓是方案比选。在规模、技术、工程等方面都必须通过方案比选予以优化，财务分析结果可以反馈到建设方案构造和研究中，用于方案比选，优化方案设计，使项目整体更趋于合理。

三、项目财务评价的内容

（一）信息化项目财务评价一般内容

信息化项目财务分析的内容随项目性质和目标而有所不同。一般情况下，信息化项目财务分析包括如下内容：

（1）在明确项目评价范围的基础上，根据项目性质和融资方式选取适宜的评价方法。

（2）选取必要的财务分析基础数据和参数进行财务效益与费用的估算，包括营业收入、成本费用估算和相关税金估算等，同时编制相关辅助报表，为信息化项目财务分析做好准备工作。

（3）进行财务分析，即编制财务分析报表和计算财务分析指标。财务分析包括盈利能力分析、偿债能力分析和财务生存能力分析。

（4）在对初步设定的信息化项目建设方案进行财务分析后，还应进行不确定性分析和风险分析，其中，敏感性分析包括盈亏平衡分析和敏感性分析。需要将财务分析的结果进行反馈，以优化原设定的建设方案，必要时需要对原初步设定的建设方案进行较大的调整。

（二）信息化项目财务评价内容

信息化项目盈利能力分析是信息化项目财务分析的主要内容，包括动态分析和静态分析，动态分析也称为现金流量分析。

（1）动态分析（现金流量分析）。信息化项目投资现金流量分析是针对项目基本方案进行的现金流量分析，是在不考虑债务融资条件下进行的融资前分析，是从项目投资总获利能力的角度，考察项目方案设计的合理性。

现金流量分析包括：一是正确识别和选用现金流量，包括现金流入和现金流出，现金流入包括营业收入、补贴收入、固定资产余值及回收流动资金；现金流出包括建设投资、流动资金、经营成本、税金及附加等；二是绘制信息化项目投资现金流量表；三是依据信息化项目投资现金流量表计算项目投资财务内部收益率（FIRR）和项目投资财务净现值（FNPV），这两个指标是现金流量分析的主要指标。

（2）静态分析。除了进行现金流量分析以外，在信息化项目的盈利能力分析中，还可以根据具体情况进行静态分析，选择计算一些静态指标。静态分析的计算指标一般包括：信息化项目投资回收期、信息化项目总投资收益率、信息化项目资本金净利润率。

第四节　河（湖）长制综合管理信息化项目经济分析

一、项目经济分析的概念

经济分析（国民经济评价）是对信息化项目进行决策分析与评价，判定其经济合理性的一项重要工作。信息化项目经济分析是按照资源合理配置的原则，从信息化项目对社会经济所做贡献以及社会为信息化项目付出代价的角度，用国家规定的影子价格、影子工资、影子汇率和社会折现率等经济参数分析、计算信息化项目所投入的费用、可获得的效益及经济指标、对国民经济的净贡献，评价信息化项目的经济合理性和可行性。

经济分析的理论基础是新古典经济学有关资源优化配置的理论。从经济学角度看，经济活动的目的是配置稀缺经济资源用于生产产品和提供服务，满足社会需要。当经济体系功能发挥正常，社会消费的价值达到最大时，就认为是取得了经济效率，达到了帕累托最优。

经济分析可以采用经济费用效益分析或经济费用效果分析的方法。对那些能对行业、区域和宏观经济产生明显影响的项目，还应进行系统的经济影响分析。

二、项目经济分析的作用

1. 反映信息化项目对社会经济的净贡献以及评价信息化项目的经济合理性

信息化项目的财务分析是从信息化项目的投资者角度考察项目的效益。由于投资者的利益并不总是与国家和社会的利益完全一致，信息化项目的财务盈利性至少在政府补贴项目、向国家缴税、市场价格扭曲、项目外部效果等方面可能难以全面正确地反映项目的经济合理性。因而需要从信息化项目对社会资源所作贡献和信息化项目引起社会资源耗费的角度，进行项目的经济分析，以便正确反映项目的经济效率和对社会福利的净贡献。

2. 为政府合理配置资源提供依据

合理配置有限的资源是人类经济社会发展所面临的共同问题。在完全的市场经济状态下，可通过市场机制调节资源的流向，实现资源的优化配置。在非完全的市场经济中，需要政府在资源配置中发挥调节作用。但是由于市场本身的原因及政府不恰当的干预，可能导致市场配置资源的失灵。

项目的经济分析对项目的资源配置效率，即项目的经济效益或效果进行分析评价，可为政府的资源配置决策提供依据，提高资源配置的有效性。对那些本身财务效益好，但经济效益差的信息化项目进行限制和调控；对那些本身财务效益差，而经济效益好的项目予以补贴和鼓励。

3. 政府审批或核准信息化项目的重要依据

在我国新的投资体制下，国家对项目的审批和核准重点放在项目的外部性、公共性方面，经济分析强调从资源配置效率的角度分析项目的外部效果，是政府审批或核准项目的重要依据。

4. 为市场化运作的基础性的信息化项目提供财务方案的制订依据

对部分或完全市场化运作的基础性项目，可通过经济分析论证项目的经济价值，为制订财务方案提供依据。

5. 有助于实现企业利益与全社会利益有机地结合和平衡

对于国家实行审批和核准的信息化项目，应当强调从社会经济的角度进行评价和考察；对于社会经济贡献大的信息化项目，注意限制和制止对社会经济贡献小甚至有负面影响的项目。正确运用经济分析方法，在项目决策中可以有效地察觉盲目建设、重复建设的信息化项目，有效地将企业利益与全社会利益有机结合。

6. 比选和优化项目和项目方案的重要作用

为提高资源配置的有效性，方案比选应根据能反映资源真实经济价值的相关数据进行，这只能依赖于经济分析，因此经济分析在方案比选和优化中可发挥重要作用。

三、项目经济分析的评价目标

信息化项目经济分析的目标是为了更有效和更合理地利用国家和地区有限的资源，使信息化项目投资和建设能够最大限度地促进国民经济的增长和满足国家经济发展的需要。信息化项目经济分析目标要有国民收入增长目标、资源充分利用目标和风险承担与规避目标。

1. 国民收入增长目标

国民收入增长目标是指通过信息化项目的投资建设必须实现使整个国民经济中的国民收入实现增长而不是下降的根本目的，即信息化项目必须能够实现信息化项目国民经济收益大于国民经济费用的目标。

2. 资源充分利用目标

资源充分利用目标是指通过信息化项目的投资建设必须实现能够使整个国家和地区的资源配置更为合理，利用更为充分和对于整个社会的可持续发展更加有利的目标。

3. 风险承担与规避目标

风险承担与规避目标是指通过信息化项目的投资建设不能使整个国家出现很大的风险损失，项目能够对于其引发的风险具有足够的承担和规避能力。

四、信息化项目经济分析方法

（1）经济分析采用费用效益分析或费用效果分析方法，即效益或效果与费用比较的理论方法，寻求以最小的投入或费用获取最大的产出，包括效益或效果。

（2）经济分析采取"有无对比"方法识别项目的效益和费用。

（3）经济分析采取影子价格估算各项效益和费用。

（4）经济分析遵循效益和费用的计算范围对应一致的基本原则。

（5）经济费用效益分析采用费用效益流量分析方法，采用内部收益率、净现值等经济盈利性指标进行定量的经济效益分析。经济费用效果分析对费用和效果采用不同的度量方法，计算效果费用比或费用效果比指标。

五、信息化项目经济分析内容

信息化项目经济盈利能力的指标包括经济内部收益率和经济净现值。其中经济内部收益率是指信息化项目在计算期内经济净效益流量的现值累计等于 0 时的折现率；经济净现值是指按照社会折现率将计算期内各年的经济效益流量折现到信息化项目建设期初的现值之和。

六、信息化项目经济分析与财务评价的区别

经济分析与财务评价的区别体现在：评价主体不同、评价采用的价格体系不同、费用与效益不同、评价指标不同、评价目的不同等。

（1）评价主体不同。信息化项目财务评价主体是业主，而信息化项目经济分析主体是国家。

（2）评价采用的价格体系不同。信息化项目财务评价采用市场价格体系（即财务价格体系），而信息化项目经济分析采用影子价格体系。

（3）费用与效益不同。信息化项目财务评价考虑直接效益和费用，而信息化项目经济分析既要考虑直接效益和费用，也要考虑间接效益和费用。

（4）评价指标不同。信息化项目财务评价的指标是考察项目的盈利能力、偿债能力和生存能力，而信息化项目经济分析的指标是考察项目的经济盈利能力和外汇效果。

（5）评价目的不同。信息化项目财务评价的目的是考察业主为项目的投入和项目为业主带来的财务收益，而信息化项目经济分析的目的是考察项目消耗资源的水平以及项目为国民经济所做出的贡献。

第五节　河（湖）长制综合管理信息化项目社会评价

一、项目社会评价的含义

信息化项目社会评价是指识别和评价信息化项目的各种社会影响，分析当地社会环境对信息化项目的适应性和可接受程度。评价信息化项目的社会可行性，其目的是促进利益相关者对项目投资活动的有效参与，优化项目建设实施方案，规避信息化项目的社会风险。

信息化项目社会评价的应用是基于贯彻和落实科学发展观的需要。科学发展观强调以人为本，强调发展是一个综合、内在、持续的过程，强调人的参与在发展中的重要性，这就要求在信息化项目评价中，必须充分考虑社会和人文因素，对信息化项目进行社会评价。

二、项目社会评价的意义

信息化项目社会评价对国家经济社会发展有重大意义，体现在：一是有利于国家经济与社会发展目标顺利实现；二是有利于吸引外资、扩大开放、深化改革；三是使项目与人民、社会的需要相适应，避免社会风险，提高项目的效益水平及持续性；四是减轻项目对社会的不利影响，保持社会的稳定；五是在项目决策中重视人的因素，注重社会需要，有利于全面分析研究项目，提高项目决策及管理水平；六是社会评价的应用有利于贯彻执行可持续发展战略，促进人类社会的发展。

三、项目社会评价的阶段与范围

（一）信息化项目社会评价的阶段

信息化项目社会评价应贯穿于项目周期全过程的各个阶段。对影响全社会经济、政治、国防、人文和生态环境的重大的信息化项目，需要将社会评价与市场评价、经济评价、环境评价相互补充，共同构成一个全面的评价体系，为项目决策和方案设计提供科学依据。

（二）信息化项目社会评价的范围

信息化项目社会评价是针对有些比较大型的信息化项目（政府上网工程、电信行业3C工程）。社会评价视具体项目而定，而特定项目应根据项目所在行业，识别主要社会影响，选择有关社会因素，设计行业指标，进行社会评价和社会设计。

信息化项目社会评价涉及的内容比较广泛，面临的社会问题比较复杂，能够量化的尽量进行定量分析，不能量化的则要根据项目地区的具体情况和信息化项目本身的特点进行定性分析。对于社会经济和环境方面的评价，现在已经形成了一套比较系统的数量评价指标，而对社会影响方面的评价而言，则以定性分析为主。

四、项目社会评价的目的

信息化项目社会评价是对信息化项目所造成的社会正面影响和负面影响进行全面系统地评价。信息化项目社会评价综合应用社会学、系统科学、心理学、经济学和统计学的一些基本理论和方法，系统地调查与信息化项目有关的社会因素、收集与信息化项目有关的数据、了解信息化项目导致的各种社会问题，在研究和分析影响信息化项目成败的社会因素的基础上，提出保证信息化项目顺利实施和效果持续发挥的建议和措施。

信息化项目社会评价主要有如下两个目的：

（1）了解信息化项目产生的社会效益。信息化项目在立项之前需要研究分析其社会可行性，估算其可能产生的社会效益，评价信息化项目的投资建设和运行对社会发展所做的贡献，一般从以下几个方面进行评价：是否促进当地信息基础设施的建设；是否促进各类信息的流通；是否提高当地的教育水平；是否增进人们的健康；是否促进社会福利的增长；是否有利于调整当地的经济结构；是否促进社会经济的协调发展；是否促进公平分配、减轻或消除贫困；是否促进当地社会的和谐稳定等。

（2）消除信息化项目产生的社会负面影响。信息化项目的实施可能会产生社会负面影响，如通信工程类信息化项目的建设可能会产生一定的辐射，影响当地人们的健康；计算机网络中的不良信息可能会损害当地青少年的心理健康等。信息化项目的社会评价是要尽可能地预测和发现这些不利影响，并预先采取措施，尽量消除或减少这些负面影响，使信息化项目的建设促进项目所在地区的发展，满足当地居民的需要，为信息化项目所在地区的人口提供更广阔的发展机遇，提高项目实施的效果，并使信息化项目为当地的区域社会发展目标服务。

五、项目社会评价的特点

1. 以人为本

信息化项目社会评价贯彻社会发展以人为中心的观点，主要研究项目与人的关系，以实现在信息化项目全生命周期中，信息化项目与项目有关的个人和群体之间相互协调，尽最大限度促进当地的发展。

2. 宏观与微观相结合

项目的社会评价需要分别从国家、地方、社区等不同的层面进行分析。即社会评价既有国家层面的宏观分析，也有针对地方发展的中观分析，还有针对社区发展目标的微观分析，这一点，不同于只进行微观分析的财务评价和只进行宏观分析的经济评价。

3. 定性与定量相结合

信息化项目所涉及的社会因素多种多样，比较复杂，少数可以定量计算，多数社会因素不能或难于定量计算，如项目对社区文化的影响，对社会稳定安全的影响等，常常不能以一定的公式进行定量计算。因此，信息化项目社会评价宜采用定量计算与定性分析相结合的方法，且定性分析在社会评价中占有重要地位。

六、社会评价的框架体系

信息化项目社会评价的主要内容包括：信息化项目的社会影响分析、信息化项目与所在地区的互适性分析和信息化项目的社会风险分析3个方面。每个方面又包括具体的评价内容。

1. 社会影响分析

信息化项目的社会影响分析是从国家、项目所在地等层面综合考虑信息化项目对社会政治、经济、教育、文化、卫生等各个方面的影响。具体来看，信息化项目对社会的正面影响主要从促进当地信息化建设、促进当地信息基础设施建设、促进经济结构调整、提高社会监督水平、提高管理水平、提高服务水平、提高工作效率、增加居民收入、消除贫困、促进公平分配、提高生活水平和质量、促进就业、促进文化教育卫生的发展、转变落后的思想观念、缩小城乡差距、促进区域发展、提高弱势群体的受关注度、促进社会的和谐稳定等方面进行分析。信息化项目对社会的负面影响主要从增加失业、扰乱正常的生产和生活、分散人们的精力、影响部分青少年的健康成长、减少耕地、突出社会矛盾、扩大贫富差距、个人隐私传播加快、影响社会和谐和稳定等方面进行分析。

通过对信息化项目社会影响的评价，编制信息化项目社会正面影响分析表和信息化项目社会负面影响分析表见表 11-3 和表 11-4。

表 11-3　　　　　　　　　信息化项目社会正面影响分析表

序号	社 会 因 素	影响的范围、程度
1	促进当地信息化建设	
2	促进当地信息基础设施建设	
3	促进当地经济结构调整	
4	提高社会监督的水平	
5	提高当地的管理水平	
6	提高当地的服务水平	
7	提高工作效率	
8	增加居民收入，消除贫困	
9	促进公平分配，缩小贫富差距	
10	提高居民生活水平和生活质量	
11	增加就业	
12	促进当地文化、教育、卫生的发展	
13	促进当地落后的思想观念的改变	
14	推进城市化进程，缩小城乡差距	
15	促进区域经济发展	
16	提高弱势群体的受关注程度	
17	有利于当地社会和谐和稳定	

表 11-4　　　　　　　　　信息化项目社会负面影响分析表

序号	社会负面影响因素	影响的范围、程度	可能出现的后果	措施建议
1	增加失业			
2	扰乱正常的生产和生活			
3	分散人们的精力			

序号	社会负面影响因素	影响的范围、程度	可能出现的后果	措施建议
4	影响部分青少年的健康成长			
5	减少耕地			
6	突出社会矛盾			
7	扩大贫富差距			
8	个人隐私传播加快			
9	影响社会和谐和稳定			

2. 社会互适性分析

信息化项目的社会互适性分析是考察信息化项目与当地社会环境的相互适应关系，既要分析和预测信息化项目能否适应当地的社会环境和人文条件，还要了解当地的政府、居民、社会组织等是否接纳和支持该信息化项目。具体从以下几个方面来分析：

（1）分析预测信息化项目的不同利益相关者对该项目建设和运维的态度及参与程度。对有利于信息化项目成功的各利益相关者，调动其积极性，并为其选择合适的参与方式；对反对信息化项目建设的利益相关者，应多交流，尽可能地说服其支持该信息化项目的建设，或调整其利益，促使其不反对该项目的建设；对持中间态度的利益相关者，应尽可能调动其积极性。对于各种可能阻碍信息化项目存在与发展的因素应建立防范措施。

具体分析内容包括：各个利益相关者的重要程度；不同利益相关者群体的人数；不同利益相关者对项目的影响程度；不同利益相关者对信息化项目的态度；不同利益相关者参与项目的方式；不同利益相关者参与项目的程度。

（2）分析预测信息化项目所在地区的社会组织对信息化项目建设和运维的态度，并尽量争取他们的支持和配合，以取得当地社会组织在后勤保障方面给予支持。

具体分析内容包括：一是分析当地政府对信息化项目的态度及协作支持的力度。应当认真考察交通、电力、通信、供水等基础设施条件，以及教育、医疗、卫生、安全、消防等社会福利及生活条件。二是分析当地群众对信息化项目的态度以及群众参与的程度。一个信息化项目，只有造福于桑梓、取信于民众，使群众以各种方式参与到项目的设计、决策、建设、运维和管理中来，才能得到群众的拥护和支持。

（3）分析预测信息化项目能否适应所在地区的社会环境和人文条件。对于为发展地方经济、改善当地居民生产、生活条件而兴建的信息化项目，应分析其是否是当地居民所需要的，以及当地的社会环境和人文条件是否能满足信息化项目建设的需要。

具体分析内容包括：一是信息化项目是否是当地所需要的。如果所建设的信息化项目只是一个政绩工程，并不能满足当地社会的需要，那么这类信息化项目就不适应当地的社会环境。二是当地的社会环境是否能满足信息化项目的需要。信息化项目涉及多种高新的知识和技术，如果当地教育落后，人们的思想观念落后，即使信息化项目建成，也难以运行和推广使用，即当地的社会环境满足不了信息化项目的相关要求。

通过信息化项目与所在地的互适性分析，评价当地社会对信息化项目的适应性和可接受程度，编制社会对信息化项目的适应性和可接受程度分析表见表 11-5。

表 11-5　　　　　　　社会对信息化项目的适应性和可接受程度分析表

序号	社会因素	适应程度	可能出现的问题	措施建议
1	不同利益相关者			
2	当地政府部门			
3	当地群众			
4	当地其他社会组织			
5	当地社会环境和人文条件			

3. 社会风险分析

信息化项目的社会风险分析是识别可能影响信息化项目的各种社会因素，并按照影响程度进行排序，对影响面大、持续时间长、容易导致较大社会矛盾的因素进行预测，分析出现这种风险的条件、可能性和影响程度。如大型通信工程由于占地和辐射所导致的受损补偿问题，如果受损补偿不公平或不合理，当地居民的抵触情绪就会滋生，矛盾就会产生，从而会影响信息化项目的建设和运行，导致信息化项目的预期效益难以实现。

通过分析信息化项目的社会风险因素，编制信息化项目社会风险分析表见表 11-6。

表 11-6　　　　　　　　信息化项目社会风险分析表

序号	社会风险因素	持续时间	可能导致的后果	措施建议
1	民族矛盾问题			
2	宗教问题			
3	弱势群体支持问题			
4	受损补偿问题			

第六节　河（湖）长制综合管理信息化项目环境评价

一、项目环境评价的含义

环境影响是指人类活动（包括经济活动和社会活动）对环境的作用和因此导致环境的变化，以及由此引起的对人类社会和经济发展的影响。信息化项目环境评价是指对信息化项目给环境所带来的影响进行评价。

二、项目环境评价的目的和作用

1. 保障和促进国家可持续发展战略的实施

当前，实施可持续发展战略已经成为我国国民经济和社会发展的基本指导方针。实施可持续发展的一个重要途径是把环境保护纳入综合决策，转变传统的经济增长方式。国家指定环境影响评价法规，建立健全环境影响评价制度是为了在项目实施前就综合考虑到环境保护问题，从源头上预防或减轻对环境的污染和生态的破坏，从而保障和促进可持续发展战略的实施。

2. 预防因信息化项目实施对环境造成不良影响

预防为主是环境保护的一项基本原则。如果等环境污染后再去治理，不但在经济上要付出很大代价，而且很多环境污染一旦发生，即使花费很大代价，也难以恢复。因此，对信息化项目进行环境影响评价，使其在实施之前，就能根据环境影响评价的要求，修改和完善建设方案设计，提出相应的环保对策和措施，从而预防和减轻项目实施对环境造成的不良影响。

3. 促进经济、社会和环境的协调发展

经济的发展和社会的进步要与环境相协调。为了实现经济和社会的可持续发展，必须将经济建设与环境建设和生态保护同步规划、同步实施，以达到经济效益、社会效益和环境效益的统一。对信息化项目进行环境影响评价在于避免和减轻环境问题对经济和社会发展可能造成的负面影响，达到促进经济、社会和环境的协调发展的目的。

三、项目环境评价的原则

信息化项目环境评价的原则如下：

（1）环境与经济协调发展原则。

（2）预防为主、防治结合原则。

（3）污染者负担、受益者补偿、开发者恢复原则。

（4）政策性指导原则。

（5）针对性原则。

（6）科学性原则。

四、项目环境评价的内容

1. 自然环境影响评价

信息化项目的实施会对项目所在地的自然环境造成一定的影响，通信工程类的信息化项目，会因为架设机站或埋设通信线路而开挖地面、架设高空设施等，会改变自然环境，因此建设信息化项目时，需要对自然环境进行环境影响评价。

2. 社会环境影响评价

信息化项目的建设会对项目所在地的社会环境造成一定的影响，这些影响可能是正面的影响，也可能是负面的影响。由于网络工程类信息化项目的建设，当地居民有了上网的条件，可以方便地获取信息，从而增加就业的机会，增加收入，改善工作环境，促进当地文化、教育、卫生等事业的发展，促进当地经济的发展，这些都是正面的影响。当然，信息化项目也有可能造成负面的影响，如网络工程类信息化项目的建设提供的上网机会，可能会使一部分青少年沉溺于网络，影响青少年的健康发展，还有网络上的不良信息也会污染当地的网民，导致社会不和谐。所以在信息化项目的建设前，应充分进行社会环境影响评价。

3. 生态环境影响评价

信息化项目的实施会对生态环境造成影响。通信类信息化项目的建设、发射机站所产生的辐射等会对当地的生态环境造成不利影响，除此以外，信息化项目中废弃的电子设备会污染当地的生态环境。所以在建设信息化项目时也应进行生态环境的影响评价。

4. 组织内部环境影响评价

当信息化项目在一个组织内部建设并实施时，会对组织的内部环境造成影响，比如组织建设管理信息系统，会提高组织的运行和管理效率、节约成本、改善员工的工作环境、

提供信息共享、促使组织结构发生变革等，都是对组织内部的环境造成的影响，所以一个组织在建设信息化项目时，需要对内部环境的影响进行评价。

5. 网络环境影响评价

大多数信息化项目与计算机网络密切相关，信息化项目的实施可能构建新的计算机网络，也有可能直接采用现有的网络，或者对现有的网络进行改造后再使用，信息化项目的实施会对计算机网络造成一定的影响。为此，在建设信息化项目时，需要对网络环境进行影响评价。

6. 其他环境影响评价

其他环境影响评价是指信息化项目的建设和实施除了对上述环境造成影响之外，还有可能对组织内部的计算机软硬件环境造成影响，对建筑物造成影响等。

第七节 河（湖）长制综合管理信息化项目方案经济比选

一、项目方案之间的关系

业主需要从多个信息化项目中选择投资对象。在选择过程中，业主所追求的不是单一信息化项目的局部最优，而是信息化项目群的整体最优。因此，业主在进行项目群选择时，除了考虑单个信息化项目的经济性之外，还必须分析各信息化项目之间的相互关系。项目方案的相互关系分为以下三种类型。

1. 互斥型方案

互斥型方案的特点是各个信息化方案之间具有互不相容性（相互排斥）。对于互斥型方案，业主只能选择一个方案，一旦选中其中的一个信息化方案，必须放弃其他方案。

2. 独立型方案

独立型方案的特点是各个信息化方案之间具有相容性。对于独立型方案，只要条件具备，业主可以同时选择多个方案。这些项目可以共存，其投资、经营成本和效益具有可加性。

3. 层混型方案

层混型方案的特点是信息化项目群内的项目有两个层次：高层次是一组独立型项目，每一个独立型项目又由若干个互斥方案组成。下面重点对互斥型方案进行阐述。

二、项目互斥方案的比选

信息化项目互斥方案的比选最为常见。对于若干个互斥方案，只要信息化项目互斥方案的投资额在限定的范围内，均有资格参加评选。经济效果评价包括两部分：一是考察各个方案自身的效果，即进行绝对效果的检验；二是考察各个方案的优劣，即进行相对效果的检验。

信息化项目互斥方案的比选分为两种情况：一是计算期相等情况下的方案比选；二是计算期不相等情况下的方案比选。

（一）差额投资内部收益率法

1. 寿命期相同

当 $\Delta FIRR \geqslant i_c$（财务基准收益率或要求达到的收益率）时，或 $\Delta EIRR \geqslant i_s$（社会折

现率）时，以投资大的方案为优，反之，则以投资小的方案为优。

2. 寿命期不同

采用差额投资内部收益率法对寿命期不同的两个方案进行比较时，应当按照两个方案年值相等时的折现率计算差额投资内部收益率，据此作出方案的优选。

（二）现值比较法

1. 净现值法

在不考虑非经济因素的情况下，目标决策简化为同等风险水平下盈利的最大化，即分别计算各方案的净现值进行比较，以净现值大的方案为优方案。当 $NPV_A(i=i_C)>NPV_B(i=i_C)$ 时，选 A 方案；当 $NPV_A(i=i_C)<NPV_B(i=i_C)$ 时，选 B 方案。

2. 费用现值比较法

适用于效益相同或效益基本相同、但又难于具体估算其效益的两个方案。当 $PC_A(i=i_C)>PC_B(i=i_C)$ 时，选 B 方案；当 $PC_A(i=i_C)<PC_B(i=i_C)$ 时，选 A 方案。

（三）年费用值比较法

当两个项目的效益相同或效益基本相同，但又难以具体估算效益时，可以采用年费用值（AC）指标对两个项目进行比较。分别计算两个项目的年费用值，以年费用值小的项目为优。当 $AC_A>AC_B$ 时，项目 B 优于项目，否则项目 A 优于项目 B。

（四）最低价格法

对于产品产量（服务）不同，产品价格（服务）收费标准又难以确定的比较方案，当其产品为单一产品或能折合为单一产品时，可采用最低价格（最低收费标准）法，分别计算各方案净现值等于零时的产品价格，并进行比较，以产品价格较低的方案为优。当 $P_{minA}>P_{minB}$ 时，项目 B 优于项目，否则项目 A 优于项目 B。

（五）效益/费用分析法

（1）适用条件。该方法一般用于评价公用事业设计方案的经济效果。这里所指的效益不一定是项目业主能得到的收益，可以是业主收益与社会效益之和。

（2）判断标准。分两步判断：第一步，当某一个方案的效益/费用≥1 时，可行，否则该方案不可行；第二步，对于效益/费用≥1 的 A，B 方案，当 A 方案效益/费用>B 方案效益/费用，选 A 方案；否则选 B 方案。

第十二章

河（湖）长制综合管理信息化关键环节

第一节　河（湖）长制综合管理信息化认识层面

一、加强领导、全员参与

河（湖）长制综合管理信息平台建设需要改变人们的理念和工作方式，加上人们存在信息平台可有可无、信息化等同于购买设备等一些不正确的观点，要想在较短时间内让管理者普遍接受信息化的思想，必须要有领导的重视和领导的参与，体现出"信息化是一把手工程"的理念。从信息化建设经验和教训也可以发现，没有领导的重视，信息化建设难以取得成功。其次，平台建设涉及纵向和横向两个维度的多个管理部门和业务部门，平台建设需要协调的工作量和难度大，需要领导的协调。最后，如何提高上线成功率，需要采用引导与强制推行相结合的策略。在强调领导重视的前提下，要动员与本平台有关的所有人员都要积极参与到本平台的建设与使用中，以确保建成的平台正常投入使用。

二、转变观念、尊重规律

河（湖）长制综合管理信息平台建设要转变传统观念，包括避免重建设轻管理、避免重开发轻需求分析、避免重信息技术轻管理专业、避免重硬件轻软件、避免重建设轻运维、避免重一次性开发轻升级改造、避免一蹴而就等不正确的观念。信息平台建设要尊重建设规律，按照信息化建设的全生命周期开展相关工作，避免出现"三无"现象，即无规划、无可研、无设计。

三、正确处理管理水平与信息化程度之间关系

信息化首先是一种工具，在一定程度上可以起到辅助决策、预警诊断、统计分析等功能。为此，信息化建设程度要与当前河（湖）长制综合管理水平相适应，即河（湖）长制综合管理信息化程度要与当前河（湖）长制综合管理水平相当，否则，河（湖）长制综合管理信息平台建设难以取得成功，换句话说，河（湖）长制综合管理信息化程度不能过分高于当前河（湖）长制综合管理水平。

四、不能图省事，深入参与信息化建设

由于河（湖）长制综合管理信息平台具有个性化需求突出、质量无形性、难以准确描述需求、合同的不完备性、规范性文件不齐全等特点，因此，业主需要全过程、较为深入地参与本平台的建设与运维等工作。将本平台建设与运维的所有工作全部交由承包商完成，而自己一点不介入难以确保平台的成功。

五、把握信息化建设主动权，避免被"绑架"

在河（湖）长制综合管理信息平台建设与运维中，把握主动权显得尤为重要。由于平

台的运维与升级改造依赖于知识产权，尤其是实时的源程序代码等，因此，如果不能正确处理好知识产权归属问题，那么，平台的运维与升级改造完全依赖于原承包商，使得业主处于被动状态，导致业主接受一些不公平的条件，会导致平台功能的下降，甚至是失败。

六、明确知识产权归属（源程序代码）

知识产权归属是影响河（湖）长制综合管理信息平台建设、使用、升级改造的重要因素，它直接制约了平台的运维和升级改造工作，为此，需要在招标文件、合同文件、验收等环节都要明确平台的知识产权归属问题。在验收阶段，需要将实时的知识产权移交给业主，在缺陷责任期，要获得最新版本的知识产权。

七、标准化与定制化相结合

业主需求个性化决定了平台研发的定制化。但由于定制化的河（湖）长制综合管理信息平台存在软件成熟度不高、研发成本高等缺点，因此，在满足业主基本要求的条件下，尽量往标准化方向发展，业主要适应标准化的平台，不宜过分强调个性化需求，否则，既不利于平台的顺利投入运行，也不利于降低研发成本。

第二节 河（湖）长制综合管理信息化技术层面

一、总体规划、分步实施

河（湖）长制管理的重要性、长期性等决定了河（湖）长制综合管理信息平台的建设是一项长期的任务，不可能在短期内一次性建成，需要分阶段实施。为了确保本平台的顺利实施，实现预期的功能，需要进行总体规划，提出总体规划方案，为今后分阶段实施提供依据。

二、重视顶层设计和标准化建设

由于河（湖）长制管理工作政策性强、涉及面广，因此，河（湖）长制综合管理信息平台建设要重视系统的顶层设计，包括建设思路、建设原则、平台构建、适用范围、业务整合、资源整合等，确保本平台能够长期发挥作用。同时，本平台采用标准化建设思路，包括业务流程标准化、平台标准化、数据库标准化、开发技术标准化、运行维护标准化等，为平台的扩展、升级改造等奠定了基础。

三、平台架构要满足"七个一"的要求

为了避免当前水利信息化建设与运维中存在的普遍问题，要根据平台建设"统一规划、统一标准、统一开发、统一使用"的"四统一"要求，建设平台信息化标准体系、建设与运维管理体系、安全保障体系，构建"统一基础设施（一朵云）、统一门户（一张脸）、统一业务应用系统（一运用）、统一应用支撑平台（一平台）、统一空间信息服务平台（一张图）、统一数据资源（一个库）、一个保障体系（一保障）"等"七个一"的河（湖）长制综合管理信息平台。

四、重视需求分析和采用恰当的分析方法

由于业主的需求决定了平台的功能，也是决定平台成败的最关键因素。但是由于业主难以直接将其需求告知承包商，也难以将需求全部用图纸等进行描述，使得业主和承包商就业主需求存在较为突出的信息不对称问题，即承包商难以全面了解业主的真实需求，在

此情况下，承包商研发的功能与业主需求之间常常会存在较大的差异，甚至是巨大的差异。为此，需要采用原型系统等手段进行分析，以满足业主的需求。

五、确保平台的性能

选择适用的系统架构和信息技术，确保系统可扩展性和可修改性。考虑到河（湖）长制综合管理信息平台数据量达到 TB 级，应用系统的数据库逻辑设计，充分考虑本平台业务对象对应表的数据规模。除此以外，平台的并发用户数、瓶颈要求等要满足相应的要求。

六、培养复合型信息化人才，加强队伍建设

当前普遍缺乏既懂河（湖）长制管理又懂信息技术的复合型人才等问题，给平台的建设与运维带来了困难，从而成为严重制约平台建设与运维的关键因素。复合型信息化人才可以有效地减少业主和承包商之间信息不对称问题，从而有利于平台的建设。精通河（湖）长制综合管理的人才不少，但是，既懂河（湖）长制综合管理又懂得信息技术的复合型人才则较为匮乏。一方面，平台建设需要复合型人才，在平台建设阶段，可以通过引进人才、短期培训、学术交流、岗位自学等方式，培养复合型人才；另一方面，通过平台建设与推行，有利于加快培养既懂河（湖）长制综合管理又懂得信息技术的复合型人才的培养。为推进河（湖）长制综合管理信息化资源整合共享工作有序开展，各级河（湖）长以及各级行政主管部门要强化河（湖）长制综合管理信息化专业队伍建设，形成分级明确、分类清楚的专业管理团队、技术团队、服务团队，同时，加强河（湖）长制综合管理信息化专业队伍的培训，整合人才资源，形成相对集中的人力资源优势，提高河（湖）长制综合管理信息化建设管理水平，为河（湖）长制综合管理信息化资源整合共享工作的开展提供充足的人才资源保障。

七、确保信息化建设投入

《"十三五"国家信息化规划》指出，要实现信息化与工业化之间的高度融合，不但平台建设需要相应的资金投入，而且平台运维和升级改造也需要大量的资金投入，因此，在平台建设规划、可行性研究等阶段，应当考虑平台建设与运维、升级改造等方面的资金。在项目立项、资金投入方面向河（湖）长制综合管理信息化资源整合共享类倾斜，每年固定从财政、社会资本等方面落实专门资金支撑河（湖）长制综合管理信息化资源整合共享。新建信息化项目应按照顶层设计要求，规定适当比例投入资源整合共享。积极拓宽各种投资渠道，鼓励各级水利企事业单位、科研教育单位积极申请国家、地方相关科研课题和信息化建设项目，积极引进社会资金，扩大各级各类建设经费的支持。

第三节 河（湖）长制综合管理信息化管理层面

一、设计平台建设管理与运维管理体制

据统计，在失败信息技术项目中，80%由非技术因素导致，只有 20%是由技术因素导致的，而管理因素则是非技术因素中最为主要的影响因素。为此，需要设计科学的河（湖）长制综合管理信息平台建设管理体制，明确平台建设各方职责，包括组织建设管理体制和项目建设管理体制。与此同时，为了确保平台的正常运行，需要设计科学的平台运维管理体制，明确平台运维各方的职责。

二、选择合适的管理模式

建设与运维管理体制属于中观层面，它需要微观层面的管理模式作为支撑。管理模式包括开发模式、承发包模式、运维模式和采购模式4个方面，其中，平台项目开发模式包括平台项目自主开发模式、平台项目委托开发模式、平台项目合作开发模式、平台项目购买或租赁模式4种；平台承发包模式包括平行承发包模式、总承包模式和总承包管理模式；平台运维模式包括集中运维模式和分散运维模式；采购模式则包括单阶段采购模式和两阶段采购模式。根据具体情况，选用相应的管理模式。

三、选择既懂管理业务又懂信息技术的承包商

信息技术知识工具，服务于河（湖）长制综合管理，为此，承包商首先要熟知河（湖）长制综合管理相关业务，能够提出平台的需求，明确平台的功能。只有这样，研发的平台方能满足业主的需要。承包商仅熟知河（湖）长制综合管理业务是不够的，还需要了解目前信息技术现状以及未来的发展趋势，采用合适的信息技术，方可确保平台既不落后，也能满足平台性能的要求。

四、建章立制，出台规范性文件，制定保障措施

目前，相关规范性文件和制度措施基本沿用水利工程项目的相关文件和制度，未能为平台建设与运维管理而制定合理可行的制度。为此，需要制定平台建设与运维管理的法律、法规、规章和其他规范性文件、制度，做到有据可依。制定和完善各种规章制度、各类标准、岗位职责、内控机制、流程设计、操作手册等各类规范性文件等十分重要。只有明晰和规范河（湖）长制综合管理平台建设与运维管理工作，使各项业务有规可循，有章可依，从而减少了管理工作的盲目性和随意性，确保了本平台的正常运行。平台建设需要相应的保障措施支持，制定相应的保障措施，实现投入保障（人力、物力、财力），组织保障、硬件安全保障、环境安全保障、通信网络安全保障、操作安全保障、专人管理保障等。河（湖）长制综合管理信息平台能否顺利实施，制定和完善各种信息化建设与运维的规章制度、标准体系、岗位职责、内控机制、流程设计、操作手册等各类规范性文件等十分重要。只有明晰和规范建设过程管理工作，使各项业务有规可循，有章可依，从而减少了管理工作的盲目性和随意性，确保了本系统的正常运行。平台的建设需要相应的保障措施支持，制定相应的保障措施，实现投入保障（人力、物力、财力），组织保障、硬件安全保障、环境安全保障、通信网络安全保障、操作安全保障、专人管理保障等。

第四节　河（湖）长制综合管理信息化实施建议

平台建设与运维有关单位和部门要落实"一把手"负责制，充分认识信息流引领技术流、资金流、人才流的重要作用，坚定"以信息化驱动现代化"的发展理念，在《全国水利信息化发展"十三五"规划》的统一指导下，有组织、有计划积极主动地推进平台的工作。河（湖）长制综合管理信息平台是一项涉及河（湖）长制综合管理工作各方面的长期战略任务，需要各级部门采取切实有效的措施，为平台建设的健康、有序、持续、高效地向前推进提供可靠保障。为了有效地开展平台建设，针对当前河（湖）长制综合管理信息

化建设中存在的问题，提出如下实施建议：

一、树立正确的信息化建设理念

针对目前河（湖）长制综合管理信息化建设中存在的问题，要树立正确的信息化建设理念。要重视顶层设计，遵循信息化建设内在规律，按照规划、设计、开发、测试、运维、升级改造等过程开展信息化工作；要明确软件知识产权，紧紧把握河（湖）长制综合管理信息化建设的主动权；要克服重建设轻管理、重建设轻运维、重建设轻需求、重硬件轻软件、重信息技术轻管理专业、重一次开发轻升级改造、图省事、过分依赖外部力量等不正确的思想；要正确处理好标准化与个性化之间的关系，在满足个性化需求的前提下，争取信息化的标准化程度。

二、重视需求分析和满足实际需要

从有关水利信息系统建设成功经验和失败的教训分析，需求含糊不明、不能满足委托人的实际需要是导致系统失败的重要原因之一。河（湖）长制综合管理信息化涉及面广，建设管理体制复杂，需求差异性大，加上用户对需求的表达方式、表达方法等缺乏正确的理解，因此，双方要多沟通，系统开发者应当采用一些能够为委托人容易接受的需求分析方法，主动地开展需求分析；要充分考虑委托人的实际需求以及需求的变化；开发商要始终坚持系统是委托人使用的观点，通过与委托人的充分沟通，全面了解委托人的需要求；要设立沟通机制，有效解决委托人与开发人在信息技术方面的信息不对称问题；要避免重信息技术轻业务应用的不正确观点，既要好看也要好用。为此，本书建议采用"系统开发者引导、委托人提具体需求"的需求分析方法。

三、选择适用的系统架构和技术架构

根据河（湖）长制综合管理体制，选用的平台架构，运用相应的先进技术，保证本平台的可扩展、可通信、可靠、可用和可移植，并保证本平台的稳定运行。应用服务器和数据库要满足本平台的需要。在数据配置、交换中，本方案采用相应的技术，保证数据的灵活性和可扩展性。为了保障平台整体的安全可靠性，应当采用反病毒技术、防火墙技术、数据加密技术、访问控制技术、入侵检测系统技术、VPN 等技术措施。本平台采用 JAVA 平台，运用 JavaBean/EJB (enterprise java beans)、XML、LDAP 等先进技术，保证本系统的可扩展、可通信、可靠、可用和可移植，并保证本系统的稳定运行。应用服务器选择 tomcat，数据库选择 oracle。在数据配置、交换中，本方案采用 xml 技术，保证数据的灵活性和可扩展性。为了保障平台整体的安全可靠性，本系统的安全体系主要采用反病毒技术、防火墙技术、数据加密技术、访问控制技术、入侵检测系统技术、VPN 等技术措施。以上技术的采用，使得平台具有更好的可扩展性、安全性、兼容性。

四、选择综合能力强的供应商

河（湖）长制综合管理信息平台的建设将涉及河（湖）长制综合管理、信息技术以及管理学、社会学等方面的知识。要求供应商既要具有河（湖）长制综合管理方面的专门知识、丰富的河（湖）长制综合管理经验，同时，又要具有较强的信息技术等方面的学科。为此，在选择河（湖）长制综合管理信息化供应商时，除了符合中华人民共和国标投标法、政府采购法等法律法规意外，还要充分考虑供应商必须具备河（湖）长制综合管理以及管理学和社会学等方面的专业知识，熟悉河（湖）长制综合管理业务，能够有效设置控制点等。同时，在选择供应商时，还要充分考虑供应商是否具有运维能力、升级改造能力等。可见，平台建设需要既懂河（湖）长制综合管理专业知识，又要了解先进的信息技术，既要能够进行需求分析、设计、开发、测试，又要能够胜任运维、升级改造等任务。平台建设需要涉及管理学、社会学、行为学等方面的知识。在选择开发商时，应当充分考虑开发商所具备的知识结构和技术要求，即既要熟悉河（湖）长制综合管理业务，有效设置控制点，也要掌握信息技术等方面的知识与技术。

五、强化技术应用

积极跟踪国内外新技术进展，依托国家和地方科技力量，开展物联网、云计算、大数据、智能分析等关键技术在河（湖）长制综合管理信息化资源整合共享中的应用研究。积极鼓励和推动产学研结合，加快信息技术成果转化、信息产品研发及推广应用。建立国际交流合作机制，加强系统集成、信息共享、信息服务等领域的交流合作，提升河（湖）长制综合管理信息化资源整合共享技术水平。

六、开展试点示范

围绕通过整合共享提升支撑能力、创新发展方式、推进河（湖）长制综合管理信息化等方面，重点推进跨部门、跨地域、跨层级的资源整合和信息共享，通过创建河（湖）长制综合管理信息化资源整合共享示范点，实施跨部门跨区域信息共享和信息共享基础设施服务等专项，开展试点示范，探索河（湖）长制综合管理信息动态采集汇聚、计算分析和共享服务的新模式，为全面促进河（湖）长制综合管理信息共享积累经验。

七、严格审批监督

有关部门资源整合共享应严格按照河（湖）长制综合管理信息化项目需求分析、项目建议、可行性研究、初步设计和投资概算等环节，切实落实资源整合共享有关要求，对于利于资源整合共享的项目，项目审批部门将不予审批。项目审批部门要将整合共享作为项目绩效管理和验收的重要内容，对未达到信息共享要求的，不予通过项目验收，并限期整改。监察、审计会同有关部门，加强对信息共享相关工作的监督。对项目投入使用后未持续保障信息共享的，财政部门要削减相应的运维经费。

第三篇

河（湖）长制综合管理信息化案例

第十三章

省 级 案 例

第一节 案 例 背 景

省级河（湖）长制建设要理解透彻中央印发的《关于全面推行河（湖）长制的意见》工作要求，逐步把河（湖）长制工作全面铺开，全面建立覆盖省、市、县、乡、村五级河长体系，稳步实现"水清、岸绿、河畅、景美"的江河湖库管理保护目标。各地编制切合实际、接地气、可操作、能落实的工作方案，既要全面贯彻中央精神和自治区要求，也要结合当地乡村建设等活动，突出地方特色。要充分体现党政同责，建立行政区域与流域相结合的省、市、县、乡、村五级河长体系，各级党政主要领导担任总河（湖）长，实行以河（湖）长负责制为核心的各项责任制，逐级逐段落实河（湖）长，明确各级河长职责。要注重因河施策，针对不同江河湖库存在的主要问题，全面开展排查，建立一河一档，按照一江一策、一河一策、一湖一策、一库一策要求，做好江河湖库保护管理工作。要加强制度建设，积极探索符合本地实际、有特色的工作制度，构建江河湖库管理保护长效机制。

第二节 需 求 分 析

一、建设原则要求

1. 统筹规划，分步实施

省级河（湖）长制平台是一个大型复杂系统，涉及众多参与方，各参与方之间的关系较为复杂。为了避免信息孤岛现象，确保系统发挥整体效益，必须在宏观上做好统筹规划，制定具体的实施方案。同时，由于平台规模庞大，需要较多的资金投入，而财政资金是主要的资金来源，为了保证系统既要有一定的前瞻性，也要防止盲目冒进和重复建设，本平台根据当前的迫切需求和当前的突出矛盾，抓住重点，按照轻重缓急，有序推进，实现边开发、边使用，最大限度地发挥河（湖）长制平台的效率。

2. 加强领导，健全机制

根据数据资源、业务应用和基础设施等相关工作特点，建立健全协作机制，明确综合、业务和信息化等部门各自在河（湖）长制综合管理信息化建设中的分工和责任。

3. 统一标准，资源共享

遵循国家信息化和水利行业信息化有关标准，在业务上遵循规划要求，技术上遵循统一的行业标准。通过制定数据交换通用标准体系和建立数据管理制度，规范数据录入、使用、共享、维护行为，实现数据资源的统一管理，以确保各级各类系统之间的数据交换和业务协同，确保业务运行的规范化。同时，结合标准化建设，进行资源整合，包括硬件资源、软件资源和数据资源的有效整合，促进资源的优化配置，逐步建立统一的信息资源安全保障体系，实现信息化管理乃至系统内部跨部门、跨层级的信息共享。

4. 强调实用，注重效益

河（湖）长制平台以需求为导向，以实用性为目标。在对业务需求和数据流程进行综合分析的基础上，明确系统建设的应用目标和预期效果，讲求实效，重点实现系统的可扩充功能和简单易用功能，既满足后续各子系统方便接入，也方便用户操作。同时，加强绩效评估，以应用效果作为检验系统建设成败的首要标准，并重点考虑河（湖）长制管理中最迫切需要解决的需求，优先开发，努力提高河（湖）长制综合管理信息化建设的投入产出比，形成良性的建设循环。

5. 注重层级，分级实施

纵向按照省、市、县、乡、村五级机制建立河（湖）长制分级管理体制，横向满足水利（水务）部门、生态环境部门、发展和改革委、经信委、国土部门、住房和建设部门、农业农村部门、园林绿化部门、交通运输部门、规划部门、卫生健康委、财政部门、公安部门、文化和旅游部门等多个部门协同办公、联合执法。

二、系统建设要求

（一）管理机构设置

按照省、市、县、乡、村五级河长模式进行设置。各级河（湖）长负责组织领导相应河湖的管理和保护工作，包括水资源保护、水域岸线管理、水污染防治、水环境治理等，牵头组织对侵占河道、围垦湖泊、超标排污、非法采砂、破坏航道、电毒炸鱼等突出问题依法进行清理整治，协调解决重大问题；对跨行政区域的河湖明晰管理责任，协调上下游、左右岸实行联防联控；对相关部门和下一级河（湖）长履职情况进行督导，对目标任务完成情况进行考核，强化激励问责。河（湖）长制办公室承担河（湖）长制组织实施具体工作，落实河（湖）长确定的事项。各有关部门和单位按照职责分工，协同推进各项工作。

（二）信息系统开发

建立全省统一的河（湖）长制平台，统一部署、分级使用。依据数据共享、一图表达、统一支撑平台、业务协同以及统一门户的建设思路，按照"四个一、六统一"的技术体系与标准体系，即"一张脸、一平台、一张图、一个库""统一基础设施、统一门户、统一业务应用、统一应用支撑平台、统一空间信息服务平台、统一数据资源整合共享"，构建河（湖）长制统一平台，实现管理跨专业、跨级别、跨平台，以及相关业务系统的相互操作、资源调用、服务共享等目标。

（三）配套设施建设

充分利用云计算、物联网、大数据、移动互联等新技术，完成基础设施体系、资源管理与服务体系、应用体系、安全体系、保障体系等五大体系建设。

三、数据建设要求

（一）网格化管理

河道网格化是将河道划分成一个个单元网格，以村为最基层单位，将行政村内的河道对应到相应河（湖）长进行管理，最终实现全省以村为单元的网格化管理。

（二）数据库建设内容

利用大数据技术，对水利（水务）、生态环境、国土、气象等部门数据进行数据汇集，形成统一的中心数据库。并基于统一编码标准、统一用户管理、统一数据接口、统一服务管理和统一监控管理实现多部门信息共享和业务协同。建立双活数据中心，即两个数据中心的业务同时运行，任何一个数据中心出现问题，业务都会继续运行。

第三节　平　台　功　能

一、平台门户

建设统一门户系统，以"一张脸"为目标指引，以"五化"（集成桌面化、功能模块化、系统定制化、扩展无限化、三端一体化）为技术支撑，完成平台总体界面主框架设计与人性化交互，实现界面风格统一、操作方式统一、配置流程统一、内容表达全面，一站式导航的共享应用目标。河（湖）长制综合管理平台门户见图 13 - 1。

图 13 - 1　河（湖）长制综合管理平台门户

河（湖）长制综合管理平台门户主要功能包括新闻中心、通知公告、河（湖）长信息、河道信息、水质发布、用户登录等功能。

二、工作台

河（湖）长制综合管理信息平台工作台功能满足用户日常的办公需求，包括待办事件、河道水质查询、通讯录、巡查信息、投诉解决情况、统计分析等（图 13-2）。

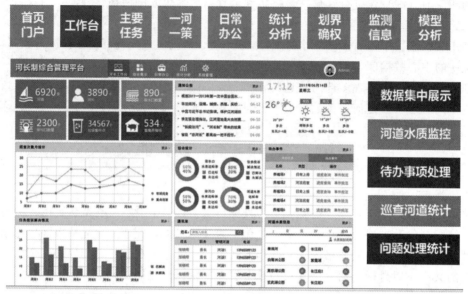

图 13-2　工作台

三、主要任务

根据河（湖）长的六大任务，分别开设水资源保护、水污染防治、水环境治理、水生态修复、执法监管、水域岸线管理等栏目（图 13-3）。

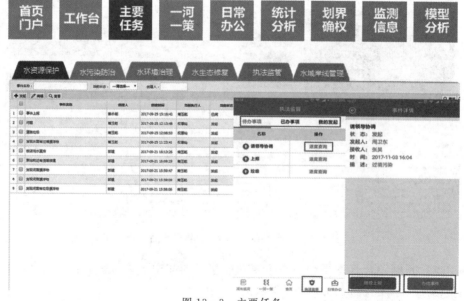

图 13-3　主要任务

四、一河一策

河（湖）长制综合管理信息平台一河一策功能可以查看河（湖）的基本信息，包括河道编号、所属区县、河道起点、河道终点、河道等级、河道长度、河（湖）长姓名、河（湖）长职责。

可以查看河（湖）长基本信息，包括河（湖）长姓名、行政职务、河（湖）长职务、电话、管理范围、河（湖）长照片等（图13-4～图13-6）。

河长信息			
河长姓名	商玉乾	河长职务	镇江河长
行政职务	市委常委、常务副市长	电话	
管理范围			
副河长姓名	步领良	电话	

图13-4 河（湖）长基本信息

图13-5 河（湖）长关联信息

图13-6 五个清单

五、日常办公

为满足河（湖）长日常办公需要，平台提供新闻公告、统计分析、通讯录等功能（图13-7~图13-10）。

图 13-7　通讯录

图 13-8　统计分析

图 13-9　新闻动态

图 13-10　通知公告

六、统计分析

河（湖）长制综合管理信息平台统计分析功能见图 13－11。

图 13－11　统计分析

七、监测信息

河（湖）长制综合管理信息平台监测信息包括水质、水情、雨情等信息（图 13－12）。

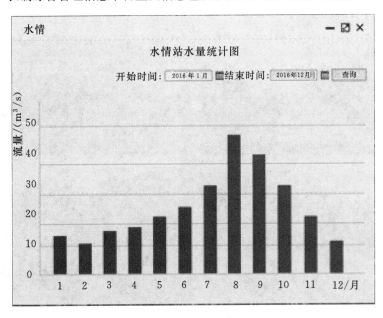

图 13－12　监测信息

八、视频监控

视频监控是在河道上某处设置视频监视点，供实时观看或指定时间回看。地图上以图层的形式显示所有的视频点，点击图标弹出窗口显示视频界面（图 13-13）。

图 13-13　单个视频实时播放界面

视频界面默认显示当前的实时视频，左侧为云控制面板。

点击视频回放显示视频回放界面，左侧选择时间区以后点击播放进行查看。

进入界面加载重点视频进行多窗口播放，可选择当前查看的视频个数（4/9/16），默认显示 9 个。可双击进行放大查看，再次双击返回多窗口查看（图 13-14）。

图 13-14　多画面视频

第四节 运 行 环 境

本案例中省级河（湖）长制综合管理信息平台是基于 J2EE 开发，JDK1.8，采用 B/S 架构，数据库采用 Oracle 11g 数据库，操作系统采用 Linux，应用服务器采用 Tomcat8，支持云服务器，支持主流的各种版本浏览器。

第十四章

区 县 级 案 例

第一节 案 例 背 景

2017年马鞍山市印发全面推行河长制工作意见，要求花山区全面推进河（湖）长制工作。花山区建立了区、街道、村/社区三级的河长制工作体系。区级设立总副河（湖）长、区级河（湖）长、河（湖）长办公室，街道级设立街道总河（湖）长、街道河（湖）长、村或社区设立河（湖）长。区级河（湖）长4人，分管花山区长江段、雨山湖花山段、雨山河花山段、慈湖河花山段及花山区8个小型水库；街道级河（湖）长14人，村级河（湖）长若干，对各个河段进行了细致分段及责任人认定。并对全面推进河长制工作进行了考核机制落实。因此为深入贯彻落实《关于全面推行河长制的意见》，推进"河（湖）长制"信息化管理平台，以信息化技术来加强花山区河湖管护的能力建设势在必行。

第二节 需 求 分 析

一、建设原则要求

（一）统一平台、分级管理

本系统整合环保、水利等治水相关部门共享的监测监控资源、社会共享的监测监控资源，实现系统统一平台建设，按区、镇、村［河（湖）长］进行分级管理，避免信息孤岛，实现统一管理。

（二）整体规划、稳步推进

本系统按照经济可行、功能实用、社会广泛参与的要求，加强顶层设计，统一规划，稳步推进，重集成、出实效，在区级流域流经的镇先行建设，通过稳步推进实现区级河（湖）长制综合管理信息化系统建设。

二、系统建设要求

（一）管理机构设置

按照标准的要求，以河（湖）长制办公室为管理轴心，并与各个专业部门形成互动的工作机制。本区主要采取区、街道（镇）、社区（村）河（湖）长的三级模式，同级协管单位协助管理。

（二）平台开发

平台建设是河（湖）长制综合管理信息化应用系统的核心，需根据标准规范，结合本地的具体情况，把河（湖）长制综合管理信息化管理平台所开发的专用信息系统，作为河

（湖）长管理体系的支撑，同时作为一个业务办公系统。

（三）配套设施建设

配套设施建设包括系统运行的支撑环境，主要包括：网络建设、系统支撑软硬件。

三、数据建设要求

（一）网格化管理

河道网格化是将河道划分成一个个单元网格，以村为最基层单位，将行政村内的河道对应到相应河（湖）长进行管理，最终实现全区长制以村为单元的网格化管理。

网格化设置：每个网格设河（湖）长1名、副河（湖）长若干名，为做好网格化管理的衔接，每个级设立河（湖）长办公室，办公室设在水利（务）局。

一级网格：按照行政辖区和管理范围划定一级网格根据乡镇划细化片区。

二级网格：在各自一级网格范围内，按照行政区划、便于管理等要求进一步细划网格至村［河（湖）长］级。

三级网格：在各自二级网格范围内，按照行政区划、便于管理等要求进一步细划可分水域网格。

（二）数据库建设内容

数据库建设是在水利数据中心上，对水利数据中心进行补充完善。主要包括基础数据库、业务数据库、监督考核评价数据库和统计数据库。

基础数据库：来源主要是天地图，主要有基础地形数据库、正射影像数据库、地理编码数据库。

业务数据库：水利工程库、水资源保护数据库、水污染防治数据库、水环境修复数据库等。

监督考核评价数据库：包括公众监督数据、岗位评价数据、部门评价以及区域评价数据。

统计数据库：包括河（湖）长基本信息统计和各专题数据统计报表。河（湖）长基本信息、水质分类统计、巡查统计、案卷分类统计数等分类别统计；其他数据统计信息包括如水情信息、雨情信息、水工信息等的统计信息。

第三节 平 台 功 能

花山区河（湖）长制综合管理信息化，充分利用现有水利水务信息化资源，采用互联网、物联网、虚拟化和云计算等技术，建设一个区、街道、社区三级应用平台。在天地图的基础上，整理了村级以上河道、监控点、水质监测点等数据，建设治水动态、治水百科、百姓投诉、综合信息汇展、移动督导子系统，融合了信息报送、管理、监督、考核四大工作机制，开发移动应用以及公众服务平台，将河道、项目、水质等信息扩展到手机终端。区、街道（镇）、社区（村）三级河（湖）长可以通过PC端和移动端进行管理；公众可以通过APP、微信、热线电话等参与治水。不同岗位河（湖）长、河（湖）长、河道专管员，以及社会公众提供不同权限、不同纬度、不同载体的查询、上报和管理系统，并以手机端APP等便捷形式，为河（湖）长治水提供智慧"大脑"。

区级河（湖）长：通过 Web 端、手机端 APP 登录系统，查看预警信息与评价统计信息等相关重要信息，全面了解河湖运行状况，为监督决策提供数据支撑。

街道（镇）级河（湖）长：通过 Web 端、手机端 APP 开展河湖业务管理，为河湖管理提供信息化手段。

社区（村）级河（湖）长/河道专管员：村级用户通过 Web 端、手机端 APP 开展基础河湖管理业务。

社会公众：通过公众服务平台实时对河（湖）长、河道进行监督，通过积极引导公众参与和监督，构建全社会共同推进生态环境保护的工作格局。

一、PC 端功能

实现河道的网格化管理，并结合各种渠道的举报（短信、APP、微信、热线电话等），按业务需求形成"上报—派发—处理—反馈"的闭环处理流程；将河道划分成一个个单元网格，以村为最基层单位，将行政村内的河道对应到相应河（湖）长进行管理，最终实现全区河（湖）长制以村为单元的网格化管理。其具备的主要功能如下。

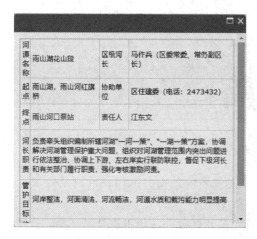

图 14-1 河（湖）长公示牌

（一）河（湖）长一张图

按照河道、河（湖）长、网格、行政区域、业务等各种纬度在 GIS 地图上进行生动展现"河（湖）长关系树"的形式，了解下辖的区、街道、社区河道的基本情况及河（湖）长相关信息。子功能包含：

（1）河（湖）长关系树，显示区、街道、村三级河（湖）长管理河道信息，以不同颜色区分各级河道。

（2）河（湖）长公示牌，显示各级河道信息（图 14-1）。

（3）排污口，查看排污口信息（图 14-2）。

（4）实时水情，水文信息显示当前或历史数据情况及该站的信息。

（5）实时雨情，显示当前或历史数据情况及该站的信息（图 14-3）。

图 14-2 排污口详情

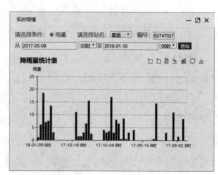

图 14-3 雨量信息

（6）我的河道，查看当前用户管辖的河道，在地图上快速地定位，可以查看河道的信息。

（7）视频监控，在地图上显示视频监控摄像头的图标，通过云台可以远程控制摄像头。

（8）闸站、泵站、堤防，在地图上显示各类闸站、泵站、堤防，进行定位查询。

（9）一河一策信息展示（图 14-4）。

图 14-4　一河一策信息展示

（二）我的河（湖）长

（1）GPS 实时现状，显示当时 GPS 在线的河（湖）长情况（图 14-5）。

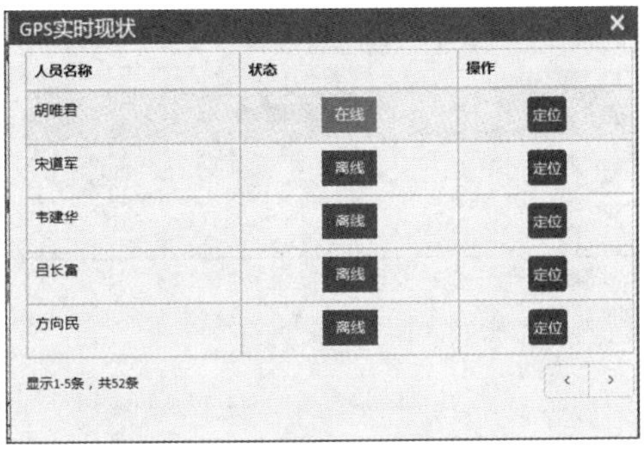

图 14-5　GPS 在线

（2）河道巡查，河（湖）长及各级领导河（湖）长可以查看管辖范围内的巡河记录，以及河（湖）长巡查的路径轨迹情况（图 14-6）。

（三）任务管理

任务管理模块主要针对各类事件的举报、核实、处理、查询等流转过程。子功能如下：

（1）问题上报：系统提供热线电话、微信、网站、APP 等方式进行事件举报，基层河（湖）长或河道专管员通过专用 APP、网站或公众 APP，对发生的各类河道事件进行举报。

（2）待办案卷：事件举报进行到相应流转流程后，流转到当前登录用户，需进行下一步处理时的所有事件（图 14-7）。

（3）待结案卷：当前登录用户待结案卷列表。

（4）已办案卷：显示当前登录用户处理完毕事件。

（5）我的案卷：显示当前登录用户上报且处理完成的事件。

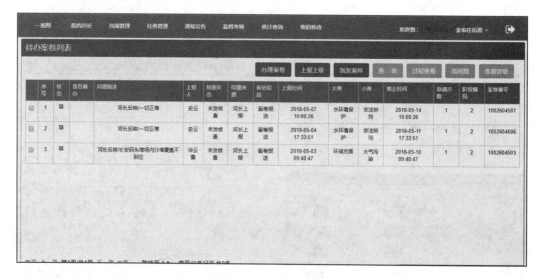

图 14-6　巡河轨迹查看

图 14-7　待办案卷

（四）河湖管理

雨山湖是花山区河（湖）长制的重点保护对象，根据河（湖）长制文件围绕六大任务，针对雨山湖设计的子功能包含：

（1）水域岸线管理，主要是对河道内违建建筑物、占用岸线工程的统计上报及处理。

（2）水污染防治，包含对排污口附近水质与流量进行监测，实时上报水质情况，展示排污标准，设置预警机制并及时反馈。

（3）水环境治理，包含对雨山湖附近黑臭水体实时监控，统计污染来源，展示黑臭水体发现、处理过程，同时提供公众监督意见反映模块。

（4）水生态修复，包含展示雨山湖（河）健康评估结果及处理修复意见。具体展示见图 14-8。

图 14 - 8　河湖管理展示

（五）监督考核

对河（湖）长制考核体制量化处理，将巡河次数、工作日志上报情况、问题处理情况纳入考核指标，进行评分，形成以部门、个人为单位的排名，同时给出相应意见，具体见图 14 - 9～图 14 - 12。

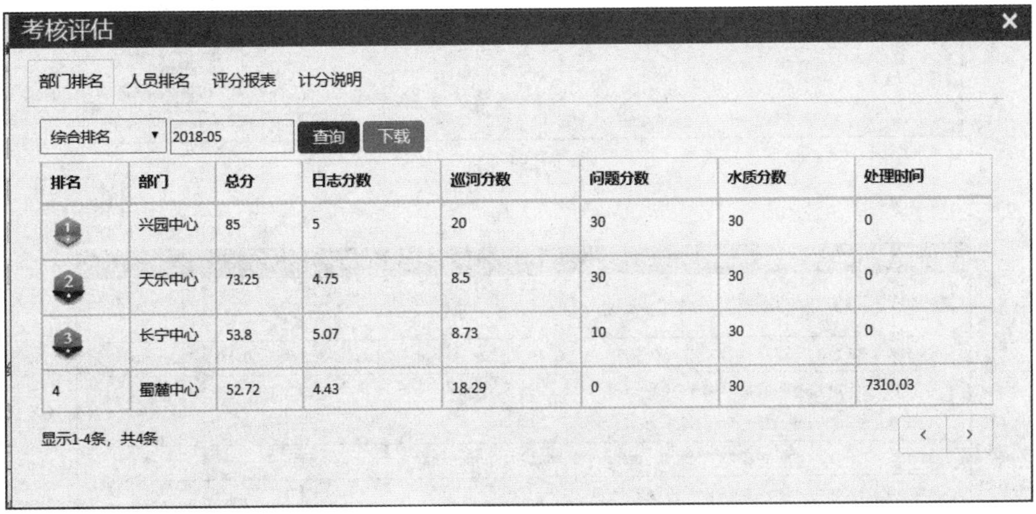

排名	部门	总分	日志分数	巡河分数	问题分数	水质分数	处理时间
1	兴园中心	85	5	20	30	30	0
2	天乐中心	73.25	4.75	8.5	30	30	0
3	长宁中心	53.8	5.07	8.73	10	30	0
4	蜀麓中心	52.72	4.43	18.29	0	30	7310.03

显示1-4条，共4条

图 14 - 9　部门排名

（六）统计查询

综合查询主要为用户针对不同分类数据提供灵活的查询功能，查询结果以页面表格方式呈现。依据业务数据相关性提供事件统计查询、事件分类统计查询、巡河统计查询、日志统计查询及水质统计查询，具体见图 14 - 13～图 14 - 17。

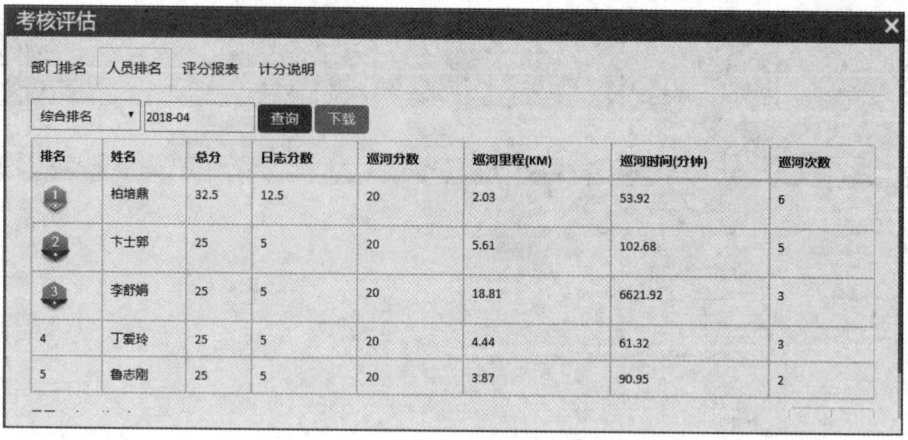

考核评估

部门排名　人员排名　评分报表　计分说明

| 综合排名 ▼ | 2018-04 | 查询 | 下载 |

排名	姓名	总分	日志分数	巡河分数	巡河里程(KM)	巡河时间(分钟)	巡河次数
①	柏培鼎	32.5	12.5	20	2.03	53.92	6
②	卞士郭	25	5	20	5.61	102.68	5
③	李舒娟	25	5	20	18.81	6621.92	3
4	丁馨玲	25	5	20	4.44	61.32	3
5	鲁志刚	25	5	20	3.87	90.95	2

图 14-10　人员排名

考核评估

部门排名　人员排名　评分报表　计分说明

| | 查询 |

中心名称	河道范围	负责人	应巡次数	巡河分数	日志分数	问题分数	水质分数	总分	意见
长宁中心	二级河长	方明	2	5	5	30	30	70	加强巡河,加强日志上传
	二级副河长	张克华	2	5	5	30	30	70	加强巡河,加强日志上传
	二级副河长	吴松	2	5	5	30	30	70	加强巡河,加强日志上传
	二级副河长	许华才	2	5	5	30	30	70	加强巡河,加强日志上传
	二级副河长	李刀	2	5	30	30	70	加强巡河,加

图 14-11　评分报表

考核评估

部门排名　人员排名　评分报表　计分说明

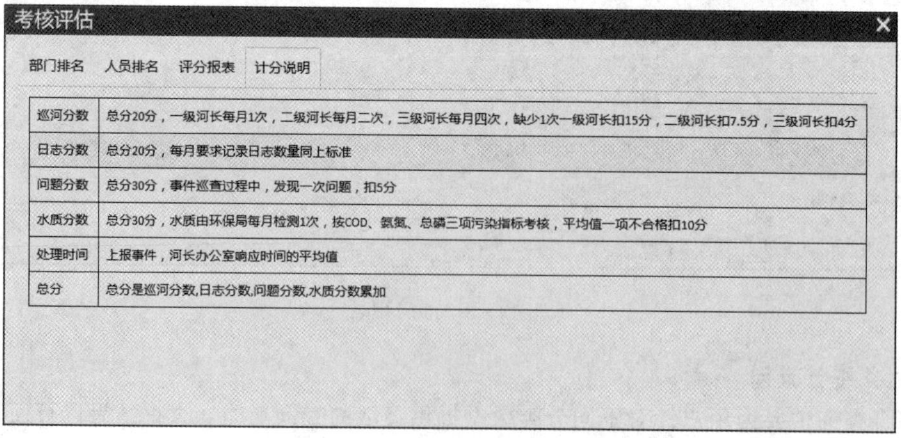

巡河分数	总分20分，一级河长每月1次，二级河长每月二次，三级河长每月四次，缺少1次一级河长扣15分，二级河长扣7.5分，三级河长扣4分
日志分数	总分20分，每月要求记录日志数量同上标准
问题分数	总分30分，事件巡查过程中，发现一次问题，扣5分
水质分数	总分30分，水质由环保局每月检测1次，按COD、氨氮、总磷三项污染指标考核，平均值一项不合格扣10分
处理时间	上报事件，河长办公室响应时间的平均值
总分	总分是巡河分数,日志分数,问题分数,水质分数累加

图 14-12　计分说明

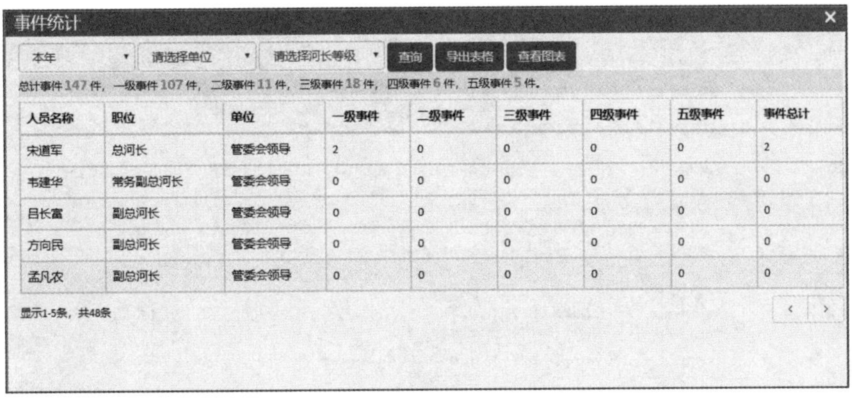

事件统计

本年 | 请选择单位 | 请选择河长等级 | 查询 | 导出表格 | 查看图表

总计事件147件，一级事件107件，二级事件11件，三级事件18件，四级事件6件，五级事件5件。

人员名称	职位	单位	一级事件	二级事件	三级事件	四级事件	五级事件	事件总计
宋道军	总河长	管委会领导	2	0	0	0	0	2
韦建华	常务副总河长	管委会领导	0	0	0	0	0	0
吕长富	副总河长	管委会领导	0	0	0	0	0	0
方向民	副总河长	管委会领导	0	0	0	0	0	0
孟凡农	副总河长	管委会领导	0	0	0	0	0	0

显示1-5条，共48条

图 14-13 事件统计

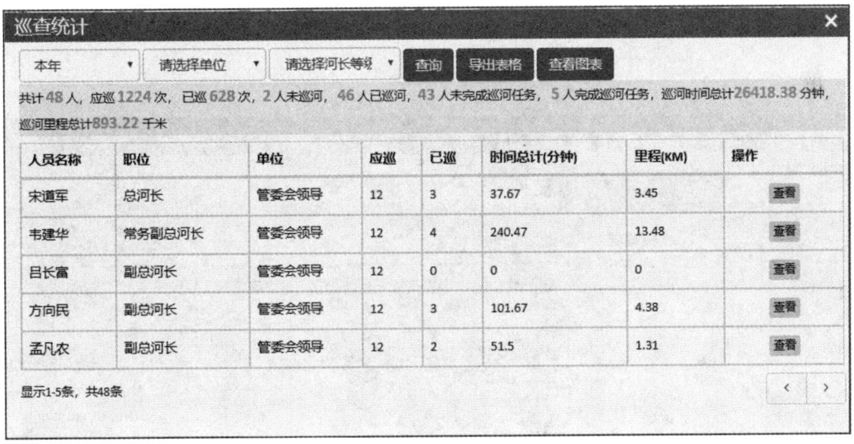

巡查统计

本年 | 请选择单位 | 请选择河长等级 | 查询 | 导出表格 | 查看图表

共计48人，应巡1224次，已巡628次，2人未巡河，46人已巡河，43人未完成巡河任务，5人完成巡河任务，巡河时间总计26418.38分钟，巡河里程总计893.22千米

人员名称	职位	单位	应巡	已巡	时间总计(分钟)	里程(KM)	操作
宋道军	总河长	管委会领导	12	3	37.67	3.45	查看
韦建华	常务副总河长	管委会领导	12	4	240.47	13.48	查看
吕长富	副总河长	管委会领导	12	0	0	0	查看
方向民	副总河长	管委会领导	12	3	101.67	4.38	查看
孟凡农	副总河长	管委会领导	12	2	51.5	1.31	查看

显示1-5条，共48条

图 14-14 巡查统计

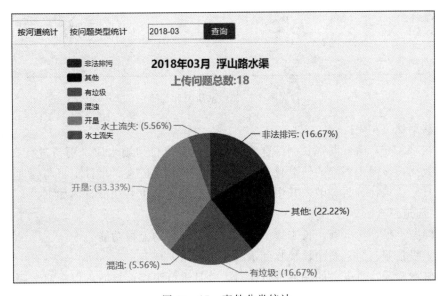

图 14-15 事件分类统计

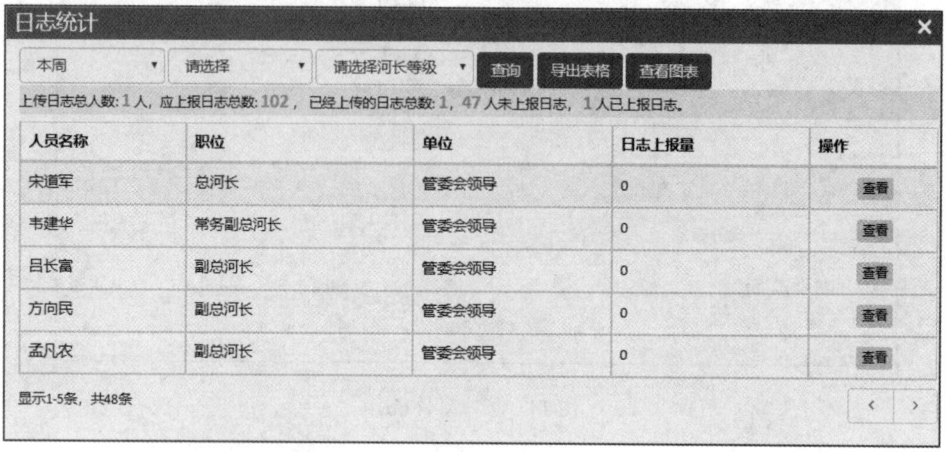

图 14-16　日志统计

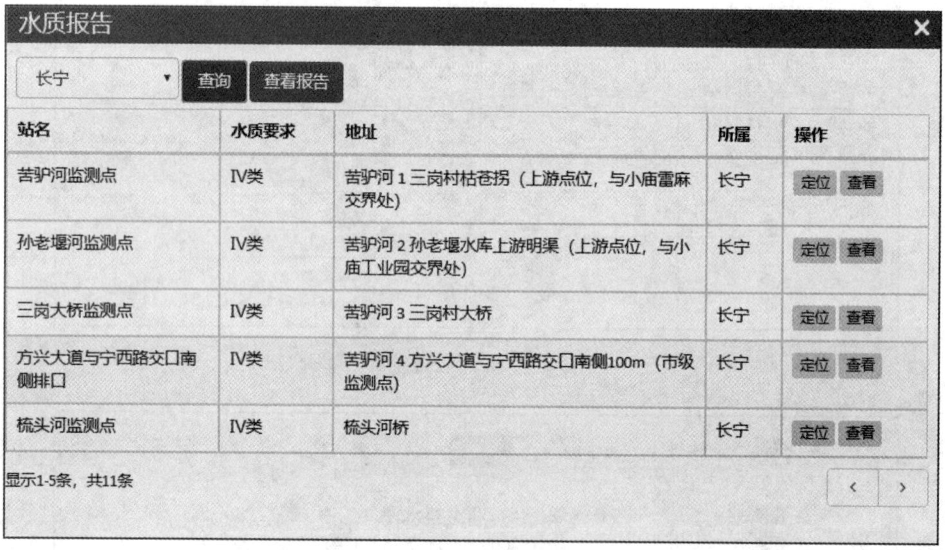

图 14-17　水质统计

二、移动端（APP）

移动端（APP）河（湖）长制综合管理信息化系统将河湖水质、雨情进行实时查看，实现基础数据、涉河工程等的信息化、系统化，还将日常巡查、事件上报与处理、事件反馈、工作日志、统计分析等纳入其中，提高工作效能。其主要功能具体如下。

（一）河道巡查

（1）问题上报，河（湖）长工作中对现场发现问题的上报功能。

（2）上级指派，河（湖）长接收到下级上报上来的任务。

（3）案卷验证，对事件的进展进行比对，并且进行跟踪，从而可以全面掌握事件的进展过程。

（4）已办案卷，查询已办结案卷信息，为绩效考核提供依据。

（5）巡河，实时记录巡河起止时间、巡河轨迹，同时可上报问题与日志编写。

河道巡查的具体功能见图 14-18。

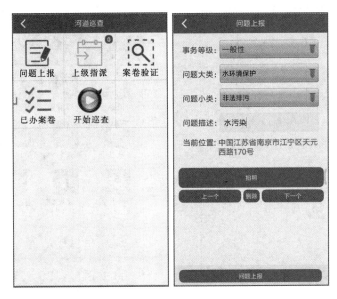

图 14-18　河道巡查及问题上报展示

（二）河道管理

河（湖）长可以实时查询河道水情、雨情、闸站、泵站、堤防等信息，河道管理的具体功能见图 14-19。

图 14-19　河道管理展示

（三）河（湖）长日志

上报、处理、反馈各种紧急涉河事件，撰写电子版的河（湖）长日志，河（湖）长日志的具体功能见图14-20。

（四）通知公告

接收上级领导的通知，并可以发布通知，实现通讯录的功能。通讯录主要展示各级河（湖）长、巡查员相关人员的联系方式和个人资料信息。

（五）每日签到

在河道巡查时，可进行签到，用于绩效考核，每日签到的具体功能见图14-21。

三、公众端

河（湖）长制微信公众平台，完善"河（湖）长制"工作，引导公众参与。以微信移动端"随手拍"为监督手段，公众可以随时随地进行河湖情况查看，利用语音、照片、视频、文字等载体，上传河（湖）长制中心，进行监督，同时河湖的河（湖）长信息、治理方案、治理时间表以及当月的河道水质数据都显示在上面，并实时更新，从而为长效监管机制的建立提供保障。

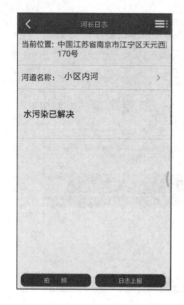

图 14-20 河（湖）长日志展示 　　　　图 14-21 每日签到及通知公告

微信分 3 个栏目：河（湖）长工作栏、公众监督栏、成效展示栏。

（一）河（湖）长工作栏

（1）河（湖）长动态：展示河（湖）长最新的工作动态。

（2）河道新闻：公众实时查看治水动态，了解河道信息，治理方案、治理时间等。

（3）河（湖）长职责：明确责任河段的具体责任人、联系方式等。

（4）一河一策：展示水环境防治与保护规划以及河流生态功能区，让公众了解每条河湖的特有情况。

（二）公众监督栏

（1）随手拍：鼓励社会公众积极举报河道水环境污染违法行为，及时发现、控制和消除水污染安全隐患，并可查询处理结果。

（2）建议献策：公众利用对河（湖）长制工作提出好的建议意见。

（三）成效展示栏

（1）水质情况：按照年度或季度综合展示各级、各段河（湖）长考核断面水质情况。

（2）信息官网：河（湖）长制官方网站。

第四节　运　行　环　境

本案例中河（湖）长制综合管理信息平台由软件、硬件两个部分组成，系统支持谷歌浏览器的访问。

　　硬件部分：采用外部租赁云服务器模式，并采用资源共享方式实现硬件平台支撑。

　　软件部分分为前端、后台和手机端，前端采用开发 J2EE 的 Web B/S 网站应用程序，后台基于 Windows 平台 . NetFramework 4.0 以上开发环境，手机端基于 Java 语言的 Android 4.0 及以上版本，数据库采用 Oracle 10g 数据库，作为平台的基础数据库。

参 考 文 献

［1］ 水利部印发河（湖）长制管理信息系统建设指导意见和技术指南［J］. 人民长江，2018，49
（02）：108.

［2］ 水利信息系统可行性研究报告 编制规定（试行）（SL/Z 331—2005）.

［3］ 水利信息系统初步设计报告编制规定（SL/Z 332—2005）.

［4］ 水利信息系统运行维护定额标准（试行）（2009 年 5 月）.

［5］ 水利信息化项目验收规范（SL 588—2013）.

［6］ 蔡阳，陈明忠，辛立勤，等. 水利信息化标准指南［M］. 北京：中国水利水电出版社，2003：
16-44.

［7］ 俞建军，姚佩琰，王磊，等. 水资源综合信息管理系统的设计与应用［J］. 水电能源科学，2012，
30（03）：147-150+139.

［8］ 李硕，王彦兵，晏清洪，等. 宁夏河长制综合管理信息平台建设探讨［J］. 中国水利，2017
（18）：48-50.

［9］ 刘丹，黄俊，沈定涛. 长江流域水资源保护监控与管理信息平台建设［J］. 人民长江，2016，47
（13）：109-112.

［10］ 欧阳昊. 珠江流域水资源保护信息系统构建探讨［J］. 人民珠江，2012，33（S2）：57-58.

［11］ 李美存，曹新富，毛春梅. 河长制长效治污路径研究——以江苏省为例［J］. 人民长江，2017，
48（19）：21-24.

［12］ 丰景春，鞠茂森，李锋，等. 河长制综合管理信息平台框架与建设要点［J］. 水利信息化，2017
（06）：1-7.

［13］ 张军红，侯新. 河长制的实践与探索［M］. 郑州：黄河水利出版社，2017：64-80.

［14］ 刘劲松，万俊. 如何推进江苏省河道管理河长制机制升级［J］. 水利发展研究，2017，17（06）：
28-30.

［15］ 于桓飞，宋立松，程海洋. 基于河长制的河道保护管理系统设计与实施［J］. 排灌机械工程学报，
2016，34（07）：608-614.

［16］ 赵杏杏，鞠茂森，刘威风，等. 基于大数据可视化的河长制中枢指挥系统建设［J］. 水利信息化，
2017（06）：17-22.

［17］ 杨振东. 基于云计算的中小企业信息化建设模式研究［D］. 青岛：中国海洋大学，2010.

［18］ 吴晓东，王晓燕，陈飞. 信息系统安全加固实战技术之网络设备篇［J］. 道路交通管理，2010
（10）.

［19］ Wang T，Hao J Z，Zhuo L，et al. A management information system—Independent water account
management system：International Conference on Artificial Intelligence，Management Science and
Electronic Commerce，1991［C］.

［20］ Wang F B，Duan L Z，Xiang-Jun L I，et al. Application of UML Object-oriented Modeling Tech-
nology in Management Information System［J］. Computer & Modernization，2005.

［21］ Sørensen C G，Pesonen L，Bochtis D D，et al. Functional requirements for a future farm manage-
ment information system［J］. Computers & Electronics in Agriculture，2011，76（2）.

［22］ 吴洁明，张正. 实用软件维护策略［J］. 北方工业大学学报，2002，14（3）.

［23］ Qiu L J，Wen J，Cai H Z. Design and Implementation of a Management Information System of

Equipment Based on RFID [J]. Computer Integrated Manufacturing Systems, 2014, 834 - 836 (9).

[24] Kaufman L M. Data Security in the World of Cloud Computing [J]. IEEE Security & Privacy, 2009, 7 (4).

[25] Jiawei Han, Micheline Kamber, Jian Pei, 等. 数据挖掘：概念与技术 [M]. 北京：机械工业出版社, 2012.

[26] 刘惠敏. 数据备份策略分析 [J]. 福建电脑, 2007 (8).

[27] 李大伟, 刘飞飞, 李薇薇. 信息系统运行维护的八大意识 [J]. 中国信息界, 2011 (3).

[28] 黄建波, 丁扬, 方芳. 虚拟化与云计算：Asia - Pacific Conference on Information Network and Digital Content Security, 2011 [C].

[29] 胡艳. 云计算数据安全与隐私保护 [J]. 科技通报, 2013, 29 (2).

[30] Haag, Stephen, Cummings, et al. Management information system for the information age [J]. Information Technology & People, 2006, 13 (2).

[31] 侯丽波. 基于信息系统安全等级保护的物理安全的研究 [J]. 网络安全技术与应用, 2010 (12).

[32] Guo J. Design and Implementation of Collegiate Science Research Management Information System Based on C/S and B/S [J]. Computer Engineering & Applications, 2003, 39 (1).

[33] 高林, 周海燕. 管理信息系统与案例分析 [M]. 北京：人民邮电出版社, 2006.

[34] Awad E M. Management Information System [M]. The World Bank, 2011.

[35] 邓海丰. 基于 PMD 的 MSD 系统设计与实现 [D]. 南京：南京大学, 2009.

[36] 雷钢. 基于 Oracle 的数据库安全研究 [J]. 软件, 2012, 33 (1).

[37] 聂元铭, 吴晓明, 贾磊雷. 重要信息系统数据销毁/恢复技术及其安全措施研究 [J]. 信息网络安全, 2011 (1).

[38] 何虹. 浅谈水利信息化项目建设管理机制的构建 [J]. 网络安全技术与应用, 2015.

[39] 赖志成. 水利信息化管理问题分析 [J]. 科技资讯, 2013.

[40] 黄海田, 陆一忠, 吴建刚. 水利信息化工程建设质量管理的途径和重点 [J]. 水利信息化, 2014.

[41] 杨鑫. 水利工程建设的信息化管理 [J]. 北京农业, 2015.

[42] 郑雪玲. 水利工程信息化管理中存在的问题及其对策分析 [J]. 农业与技术, 2016.

[43] 苗飞跃. 水利工程信息化系统集成技术研究和实现 [D]. 扬州：扬州大学, 2014.

[44] 罗军刚. 水利业务信息化及综合集成应用模式研究 [D]. 西安：西安理工大学, 2009.

[45] 张亚琼. 山西省河长制信息化探析 [J]. 山西水利, 2017 (9)：49 - 50.

[46] 李文晶, 鄢煜川, 陈凤平, 等. 基于 Android 的河长制河湖管护系统的设计与实现 [J]. 江西水利科技, 2017, 43 (1)：54 - 58.

[47] 王炜丽. 我市"五水共治"探索建立长效管理机制 [N]. 湖州日报, 2015 - 07 - 01 (002).

[48] 党勤. 我市启动"河长制"信息化系统建设 [N]. 湖州日报, 2015 - 07 - 14 (001).

[49] 陆颖. 水体跨域治理的国外经验 [J]. 上海人大月刊, 2017 (1)：52 - 53.

[50] 程雨燕. 从生态服务视角看全面推行河长制——以美国流域地方治理经验为借鉴 [J]. 环境经济, 2017 (12)：23 - 27.

[51] 尹建龙. 从隔离排污看英国泰晤士河水污染治理的历程 [J]. 贵州社会科学, 2013 (10)：133 - 137.

[52] 王海平. 经济大省如何补生态短板　江苏立法确立河长制 [N]. 21 世纪经济报道, 2017 - 10 - 18 (008).

[53] 袁雪飞. 江苏：打造升级版河长制 [N]. 中国经济导报, 2017 - 04 - 12 (A03).

[54] 梁光源. 探索广东特色治水新路子 [J]. 环境, 2017 (9)：14 - 17.

[55] 刘晓星. 浙江依托"智慧治水"守护一江清水 [N]. 中国环境报, 2017 - 08 - 03 (008).

［56］　朱智翔，晏利扬. 浙江"河长制"治出一方清流［J］. 环境教育，2017（5）：21-24.

［57］　江苏河长制工作手册编写组. 江苏河长制工作手册［M］. 江苏：河海大学出版社，2017.

［58］　克罗恩克，奥尔. 数据库处理基础、设计与实现［M］. 北京：电子工业出版社，2010.

［59］　马锐. 基于监控平台的信息平台运维管理平台设计［J］. 信息网络安全，2013（10）.

［60］　水利部人力资源研究院，河海大学河长制研究与培训中心. 河长制专题培训参阅资料与培训教材. 2017.

［61］　丰景春，李明，王岩，等. IT 项目管理理论与方法［M］. 北京：清华大学出版社，北京交通大学出版社，2011.

［62］　丰景春，李明，张富洁，等. IT 项目估价与定价［M］. 北京：清华大学出版社，北京交通大学出版社，2011.

［63］　李明，杜荣江，张志琴. IT 项目评价与审计［M］. 北京：清华大学出版社，北京交通大学出版社，2016.

［64］　全国注册咨询工程师（投资）资格考试参考教材编写委员会. 工程咨询概论［M］. 北京：中国计划出版社，2008.

［65］　国家发展改革委建设部. 建设项目经济评价方法与参数［M］. 3 版. 北京：中国计划出版社，2006.

［66］　全国注册咨询工程师（投资）资格考试参考教材编写委员会. 项目决策分析与评价（2008 年版）［M］. 北京：中国计划出版社，2007.

［67］　郭新. 投资项目决策分析中的社会评价及其社会评价框架［J］. 黑龙江水利科技，2005（1）：72-74.

［68］　葛世伦. 信息系统运行与维护［M］. 2 版. 北京：电子工业出版社，2014.

［69］　曹汉平. 信息系统开发与 IT 项目管理［M］. 北京：清华大学出版社，2006.

［70］　罗文. 信息系统运维管理咨询与监理服务［M］. 北京：人民邮电出版社，2014.

［71］　田宾. 水利信息系统的安全设计思考［J］. 河南水利与南水北调，2017（8）：87-89.